2018 年地震优秀科普文集

中国地震学会普及工作委员会　编

地震出版社

图书在版编目（CIP）数据

2018 年地震优秀科普文集／中国地震学会普及工作
委员会编． — 北京：地震出版社，2018. 12
ISBN 978−7−5028−5011−1

Ⅰ．①2…　Ⅱ．①中…　Ⅲ．①防震减灾−科普工作−
中国−文集　Ⅳ．①P315. 94-53

中国版本图书馆 CIP 数据核字（2018）第 282953 号

地震版　XM4312

2018 年地震优秀科普文集

中国地震学会普及工作委员会　编
责任编辑：范静泊
责任校对：凌　樱

出版发行：**地震出版社**

北京市海淀区民族大学南路 9 号　　　　　邮编：100081
发行部：68423031　68467993　　　　传真：88421706
门市部：68467991　　　　　　　　　传真：68467991
总编室：68462709　68423029　　　　传真：68455221
市场图书事业部：68721982
E-mail：seis@ mailbox. rol. cn. net
http：// seismologicalpress. com

经销：全国各地新书书店
印刷：北京鑫丰华彩印有限公司

版（印）次：2018 年 12 月第一版　2018 年 12 月第一次印刷
开本：787×1092　1/16
字数：360 千字
印张：14. 75
书号：ISBN 978−7−5028−5011−1/P（5716）
定价：42. 00 元

《2018 年地震优秀科普文集》编委会

主　　任：王　英

副 主 任：申文庄

编　　委：（按姓氏笔画为序）

卜淑彦　万　文　王　英　毛松林　王国军　申文庄

危福泉　李巧萍　李松阳　李　丽　余丰晏　张芝霞

邹文卫　胡久常　徐传捷　热甫克提·阿不力孜

崔昭文　黄向荣　常建军

审评专家：

修济刚　刘玉辰　孙福梁　杜　玮　申文庄　胡久常

前　言

　　我国是多地震国家，早在距今 4 千多年前的帝舜时期，就有了地震的文字记载。我国各族人民在与地震风险相处的数千年里，经历了多次地震灾难，更谱写了防震减灾的壮丽篇章，积累了丰富的史料和经验，形成了中华民族防御与减轻地震等自然灾害的优秀品质和优良传统。公元 132 年，我国东汉时期的科学家张衡发明了侯风地动仪，并于公元 134 年 12 月 13 日验证了陇西地震，揭示了地震与地面震动的关系，比西方国家用仪器测定地震的历史早了 1 千 7 百多年。山西应县木塔历经数十次强震屹立不倒。按照 1∶5 比例制作的我国故宫模型在 10 级地震的测试中依然矗立。充分体现了我国人民的防震减灾智慧。亡羊而补牢未为迟也、凡事预则立不预则废、居安思危思则有备有备无患，等等。古人的朴素认识，对做好当前和未来的防震减灾工作依然有十分重要的意义。

　　汶川地震以来，党和政府更加重视防震减灾工作，采取积极有效措施，不断提高全社会防震减灾综合能力。各族群众更加关心防震减灾事业发展，积极主动投身社会防震减灾实践。各级地震部门抓住机遇，大力推进防震减灾科普"进机关、进学校、进农村、进社区、进企业、进家庭"等活动，编印形式多样、适用于不同受众群体的防震减灾科普展教品，指导各地建设防震减灾科普基地、科普场馆、示范学校和地震安全示范社区、农村民居地震安全工程等等，组织开展应急避险、自救互救等技能培训与演练。各族群众在学习中科学认知地震，在实践中提升技能，公众的防震减灾科学素质明显提升，汇聚成防震减灾的巨大力量，全社会防震减灾综合能力建设取得显著成效。新疆抗震安居和富民安居工程实施以来，历经 60 余次中强地震考验，基本实现 5 级地震零伤亡、6 级地震零死亡，云南景谷 6.6 地震、青海门源 6.4 级地震、四川九寨沟 7.0 级地震等，呈现出大震情小震灾的特点，极大地降低了地震应急救援和恢复重建成本。面对青海玉树、四川芦山、云南鲁甸等重特大地震灾害，在党中央、国务院坚强领导下，举国上下同心协力，海内海外和衷共济，奋勇取得了抗震救灾和恢复重建的伟大胜利。

　　为了总结近年来防震减灾科普工作，推动新时代防震减灾科普事业创新发展，中国地震学会普及工作委员会组织了防震减灾科普征文活动，得到各地科普工作者的积极响应。经过专家组初审和终审，选定 45 篇文章编成文集出版，供广大防震减灾科普工作者学习借鉴。

　　习近平总书记指出，人类对自然规律的认知没有止境，防灾减灾、抗灾救灾是人类生存发展的永恒课题。要总结经验，进一步增强忧患意识、责任意识，坚持以防为主、防抗救相结合，坚持常态减灾和非常态救灾相统一，努力实现从注重灾后救助向注重灾前预防转变，从应对单一灾种向综合减灾转变，从减少灾害损失向减轻灾害风险转变，全面提升全社会抵御自然灾害的综合防范能力。强调，要把科学普及放在与科技创新同等重要的位置，普及科学知识、弘扬科学精神、传播科学思想、倡导科学方法。为进一步做好防震减灾科普工作指明了方向。

提高全民防震减灾科学素质，促进实现人类与地震风险共处，与自然和谐相处，是一项长期艰巨的任务，需要政府和全社会共同努力。在大力推进我国防震减灾事业现代化的过程中，防震减灾科普必将发挥更大的作用。中国地震学会普及工作委员会将全面贯彻落实习近平总书记防灾减灾救灾重要思想，贯彻落实全国科技创新大会和全国地震科技创新大会精神，适应新形势，顺应新要求，会同各方力量，共同推进防震减灾科普事业创新发展，为保护各族群众生命财产安全和经济社会安全发展做出积极贡献。

目　录

理论篇

探索篇

实践篇

理论篇

新时期科普期刊在防灾减灾工作中的作用[*]

——以《城市与减灾》期刊为例

在我国，自然灾害严重威胁着人民群众的生命财产安全，也制约着经济建设和社会发展。要最大限度地减轻自然灾害损失，必须走综合防御的道路，其中，加强防灾减灾宣传教育，提高全民防灾减灾意识，是综合防御的一项重要内容，也是减轻各类自然灾害损失的重要途径之一。

为了普及防灾减灾科普知识，提高社会公众的防灾减灾意识，增加防灾减灾宣传的深度和持久性，北京市地震局于 1998 年 8 月正式创办了科普杂志《城市防震减灾》，2001年顺应综合防灾减灾的社会需求，杂志改名为《城市与减灾》，它的创办使北京市及全国城市防灾减灾宣传工作有了一块稳定的宣传阵地。

1　防灾减灾科普期刊创刊背景

1.1　大众的需求

我国防灾减灾科普宣传起步晚，形式单一，其原因主要源于人们的"谈灾色变"心理，尤其是地震灾害，有关地震研究科技工作者，很少有途径把有关地震的基础科学知识以及防震减灾、应急救援方面的知识传播给大众。特别是在城市，大众掌握的知识越少，心理越惧怕地震，偶尔的地震知识宣传，反而会引起社会的不安，甚至会出现地震谣言。但地震又会在我们身边发生，且造成的损失又非常巨大，在这种形势下，偏重以地震为主题的防灾减灾科普宣传逐步开展起来。

1.2　宣传形式的需要

对公众的防灾减灾科普宣传一直以宣传册、展板等为主要宣传形式，多为突击性、单向性、单灾种的方式进行科学知识的普及，而一种主要灾害发生后，往往会伴有火灾、病灾等其他次生灾害的发生。城市中公众对城市的防灾减灾的综合知识的需求是综合性的和系统性的，单一性和分部门的宣传形式在社会宣传中的效果欠佳。《城市与减灾》科普期刊的信息交流着眼点在城市中和城市之间的双向性、互动性、全面性等宣传特点，使公众更易理解和参与城市防灾减灾活动。《城市与减灾》重视科学与人文的密切关系，在普及科学知识的同时，强调科学精神、科学思想和科学方法的传播，同时，针对城市涉及的各类灾害，以及生活环境及人们生存质量等更为宽泛的减灾内容，不仅讲述科学研究结果，而且更加重视科学研究的过程，易于使读者了解灾害，掌握灾害的特点，从而主动地应对灾害。

＊ 作者：郭心，北京市地震局。

1.3　各级政府更加重视防灾减灾科普工作

1998 年《中华人民共和国防震减灾法》颁布实施后，从国家法制的高度明确了防震减灾科普教育的重要性和必要性。各级政府主管部门加大了对防震减灾宣传工作的投入，如何更加持续、有效、综合地加强公众的防灾减灾意识，普及防灾减灾知识和技能，这就需要一个合适的载体。这一时期我国地震系统各单位先后创办了《城市与减灾》《防灾博览》《中国应急救援》等科普期刊，其内容虽然都是防震减灾科普宣传，但主旨各有侧重，如《防灾博览》侧重于跟踪当代世界地学科技前沿，及时反应最新地学学术水平、科技进展和发展动向，报道科技前沿领域的最新研究成果的同时，理论联系实际，开展教育科学研究和学科基础理论研究，交流科技成果，促进了学院教学研究和学科基础理论研究。这些科普期刊相互间得到补充，极大地丰富了防灾减灾科普宣传教育的深度和广度，使得我国的防灾减灾的宣传进入到一个新的时期，宣传工作达到了一个新的高度。

2　防灾减灾科普期刊的主要宣传内容具有高度的社会性和实效性

防灾减灾科普期刊的主要内容涉及防灾减灾法律法规宣传、防灾减灾工作宣传和防灾减灾科普知识宣传，以及灾害及其引发的其他各种次生灾害的科普知识等，其宣传对象、内容、目的明确、广泛，极具社会实效。

2.1　防灾减灾法律法规宣传

通过向各级政府领导及社会公众宣传党和国家防灾减灾方针政策和法规制度，使全社会进一步理解党和政府关于防震减灾的各项政策、措施，普及法律法规，增强全社会防灾减灾意识和法制观念，使社会公众主动积极参与防灾减灾行动，并增加人们的法律监督意识。如 1998 年 3 月 1 日《中华人民共和国防震减灾法》颁布实施，这是我国防震减灾事业进入法制化管理的标志。有关科普期刊用大量篇幅对《防震减灾法》进行了多角度、多层次的解读，使公众不仅知法、更加懂法，防灾减灾期刊的作用十分显著。

2.2　防灾减灾工作宣传

防灾减灾主要宣传我国各类灾害的监测预报、灾害预防、应急与救援等工作进展和水平、工作成就与现状，让各级政府及政府部门、社会各界理解、重视、支持防灾减灾工作，并借此进一步落实政府的各种应急和救援工作措施，进而推进防灾减灾事业的发展。2008 年汶川地震后，部分公众对地震科研研究工作不甚理解，并产生了抵触情绪。科普期刊的一项重要内容就是让公众正确了解我国的防震减灾事业的根本宗旨，我国防震减灾事业的工作体系以及地震科普知识和如何应对地震灾害等等。

2.3　防灾减灾科普宣传

防灾减灾期刊对灾害科学基本知识的宣传作用像教科书一样，为公众打开了了解各类自然灾害知识的一面镜子，让公众及时了解一个时期各类灾害活动的基本形势，发生的机理、环境和活动特点；现阶段灾害预测的科学水平；灾害及其主要次生灾害的预防措施；监测预报有关程序和规定；社会公众的应急避险和自救互救技能；灾害谣传的识别与预防知识。通过这些防灾减灾科普知识的宣传极大地增强了社会公众的防灾减灾意识，进而提高全社会的防灾减灾能力。

2.4　次生灾害的科普宣传

几乎每一次大地震都伴生有各种不同的次生灾害，有的时候，次生灾害给人民生命和财产带来的损失甚至比地震本身带来的损失还要严重，因此，对可能涉及的各种次生灾害的有关科学知识的普及，也是防灾减灾科普期刊宣传中不可忽略的重要内容。

2.5　国内外关于减灾科学的新动向、新知识、新探索和前沿研究课题的报道

国内外防灾减灾科学的新动向、新知识、新探索以及前沿课题的研究情况的报道和分析，是公众十分关注的内容，很多期刊在版面和内容的安排中均给予了必要的重视。如《城市与减灾》曾全面报道日本、美国等国家的防灾减灾应急指挥与救援的实际情况，对城市应急管理的理论和研究曾连续地向读者做过详细介绍。另外，很多专家学者出国访问的新见识也是读者较为关注的。

3　做好防灾减灾科普期刊的基本思路

从根本意义上来说，防灾减灾期刊能否有效地实现"普及防灾减灾科普知识，加强防灾减灾意识和技能"，最终取决于传播接受的终端——读者在生活中的选择。让读者深刻感受科学减灾就在自己身边，自己也可以参与科学减灾的进程，并利用所学知识最大限度地减轻灾害给我们带来的损失和伤害，是现代防灾减灾科普文化的核心价值所在。防灾减灾科普期刊不仅仅是一种信息源，更应该努力成为一种思想源，倡导从精神层面享受科学知识，从思想层面做好防护和准备，并指导防灾减灾行动。

3.1　主题鲜明，精心策划，有的放矢

我国幅员辽阔，灾害种类多，涉及范围广，有时一期科普期刊针对一个明确主题，围绕这一主题，进行精心策划，会更有针对性。如汶川发生8.0级地震当天，《城市与减灾》虽已交付印刷，但编辑部立刻决定撤换稿件，在第一时间将灾区情况多角度地呈现给读者。随后，又在1周年专刊中特别策划邀请了地震专家、地震幸存者、关注和研究地震灾害的学者，分别从地震现场情况、救援情况、地震后人们的心理状况、生活状况、重建状况以及震后反思几个方面，进行了全方位多角度地报道。3周年专刊则着重报道了灾区人民在全国人民的支持援助下重建家园、开启新生活的主题。汶川地震后，针对公众的质疑，《城市与减灾》运用大量篇幅报道了我国地震监测预报研究工作情况以及活断层与建（构）筑物之间的关系等等，既满足了读者对汶川大地震的基本情况的认知，又宣传了相关的地震科学知识。

3.2　深入挖掘，宣传透彻

《城市与减灾》对中国第一个地震应急避难场所的跟踪报道是一次有益的尝试，对北京元大都城垣遗址公园地震应急避难场所的规划、建设、建成使用以及《北京市地震应急避难场所标志地方标准》等方面进行了详细的报道，为全国各省市大规模的开展灾害应急避难场所建设，提供了有益的参考和借鉴。

这种对某一方面的防灾减灾情况的深入挖掘和透彻报道与宣传，需要期刊的编辑人员

深入到实际中去，走到基层去。在向广大读者介绍之前，自己要深入实际进行学习和体验，这样的报道和宣传才具有穿透性。

3.3　双向交流，沟通互动

《城市与减灾》杂志采用专家写稿和杂志社自采稿件相结合的模式，用大众化的语言将最新的防灾减灾科技成果和最新研究发展介绍给读者，力求杂志科普报道的准确性。同时，杂志每期都刊登一些各个领域的有趣的、读者关心的问题，集纳读者的反馈意见，使杂志与读者产生充分地互动，并使读者真切领会到防震减灾与生活息息相关。除了地震之外，城市中有很多日常生活中经常发生的灾害。如气象灾害、交通方面的灾害、城市环境、大气污染等都是公众十分关心的城市灾害，很多读者的关注构成了双向交流与互动的基础。

4　对新时期防灾减灾科普期刊工作的几点思考

"公众理解科学"是从宏观角度提出的社会整体科普模式，其涉及到与科技传播有关的方方面面，作为防震减灾科普宣传领域的排头兵与生力军的科普期刊，也必须因时而动，顺应社会科普环境的变化，重构媒体运作的新思想、新举措。

4.1　出版防灾减灾科普期刊精品，不仅仅是科普工作者的责任，也是科技工作者的责任

科普期刊是促进科技转化为生产力的有效载体，是科技事业的重要组成部分。因此，防灾减灾科普期刊要积极提供科学大师与普通读者进行知识传授和精神对话的讲坛，通过精心组织和热情支持，不断为科普园地推出由大师手笔挥洒、落地成金的科普华章。请科学大师参与科普创作是中外科学史上一贯的优秀传统，也是我们今天科教兴国的一项重要举措。科学大师成文能做到举重若轻、寓至理于简明、说理切中肯綮、撮要义而不粗疏。防灾减灾科普期刊要成为沟通科技和人文的桥梁，把防灾减灾科普期刊办成科学技术与人文精神相交融的文化结晶。自从 1966 年邢台地震以来，我国许多知名学者成为地震科普作者，如已故中科院院士、著名地球物理学家付承义教授亲自写作的《地球十讲》；中科院院士、著名地质学家马宗晋教授主编的《减灾 600 问》，成为我国防震减灾知识普及的重要作品。

要做出防灾减灾科普期刊精品，就要培养和造就一支充分适应新形势下出版实践的政治强、业务精、作风正的高素质的科普期刊出版和科普作家队伍，加速造就一批优秀的中青年出版人才。要大力培养和加强科普期刊编辑记者的编辑素质、科技素质，努力形成科普期刊编辑记者与科学家、科普作家之间的一种良性互动机制，提高科普期刊的科技含量。在这方面应很好地借鉴国外的经验，比如在英国，有一个皇家公众理解学会，每年定期派科学家到大众媒体去指导科技的报道，同时传媒也要派记者深入实验室增强科技素养。

4.2　优质服务是防灾减灾科普期刊的立足之本

科普的发展经历了两个阶段的演化过程。直到 20 世纪初期，科学家还以钻在实验室

里不与公众接触为荣，所以科学技术的普及是科学家向公众单向输出的关系，这时的科学传播活动被称为科普。二战以后，公众对科学家的道德、对科学技术同人类和环境关系的审视，导致了公众对科学议题的全面参与，科学、科学家和公众由过去的自上而下简单地灌输和接受关系转变成一种新型的互动交流的关系，即"公众理解科学"（Public Understanding of Science）。由"科普"到"公众理解科学"，昭示我们应该转变文风，多从读者的角度去考虑文章的组织编排，倡导让读者参与的办刊方式。要想办好期刊，就要确立优质服务理念，使期刊具备优秀服务品质，这是办刊的前提和基点。唯有真正树立起"以读者为本"、优质服务的意识，我们的刊物才可能真正实现其宣传减灾科学的目标，发挥其将防灾减灾理念和知识普及于公众的功效。

4.3 创新办刊思路，走跨媒介合作的发展方向

当前，数字媒体对纸质媒体的冲击力很大，纸质媒体数字化已经是发展趋势。新时期要想创新防震减灾科普期刊办刊思路，必须走跨媒介合作的发展道路——期刊电子网络化，使网络成为期刊的延伸。防灾减灾科普期刊可以借助数字媒体的聚合力量，发展网络版、手机版，实现跨媒介合作，开辟博客、微博，扩大杂志的影响力，在优势互补中将自己做大、做强，提高期刊的竞争力和水平。网络平台的特色价值之一就在于"互动"和"拓展"。具有全球性、开放性、交互性、及时性和综合性等特点的互联网带给科普期刊的是一种全新的出版模式和信息交流模式，通过网络不仅可以实现期刊编辑办公的网络化、自动化，既实现了"在线投稿""在线审稿"、作者"在线查稿"、读者"反馈"等，更重要的是实现了作者、编者、审者、读者之间的在线互动。

灾害教育课程教材编制方法初探[*]

从灾害教育实施现状调查结果中可以发现，现阶段灾害教育课程比较缺乏，一些教材编撰大多没有建立在系统的研究基础上，并缺乏科学依据[1]。灾害教育课程目标构建、内容选择、编制方法与流程是本书重点研究的内容。

1　灾害教育课程形式及分类

研究所指的课程主要指教材，当然也包括一些教辅材料等教学资源。灾害教育主要通过地理、地球科学等科目进行渗透实施，除专门的地理教材外，还有灾害教育、安全教育读本等科普性专题读物。目前，世界上流行的课外教学材料主要为联合国、欧盟等国际机构或如美国红十字会、亚洲基金会等组织赞助发行，种类较多，语言大多为英语，这也可以反映出防灾减灾不仅仅是一个国家和政府的事情，更是全球所应关注的议题；这不仅仅是学校教育的责任，更是全民教育所应关注的。对于各国来讲，有专门设课的国家；也有渗透实施的国家，具体请见课程部分。

值得注意的是，除传统意义的纸质教材、网络教程外，还有很多与灾害教育相关的游戏，如"躲避地震"等。联合国在最近的一项呼吁应对并减少灾害的运动中表示"减少灾害的教育应该从学校开始，让年轻人们知道如何建设可以抵御灾害的村庄和城市。"此款游戏也是为了响应此主题。阻止灾害游戏，为联合国与英国一游戏公司开发的。希望能通过此款游戏教育人们如何应对自然灾害并降低损失。游戏中模拟龙卷风，地震，洪水，海啸和森林大火等严重的自然灾害状况，玩家们需要在一定的财政预算和时间限制下拯救尽可能多的居民。

教材比较的内容涉及灾害教育的教材有地理教材、专门的灾害教育读本等。研究分别选取我国地理选修、国外地理教材中的灾害教育内容、中小学生防灾减灾读本进行分析。

国外的灾害教育课程形式主要可以分为四类：一是地理课程中的灾害教育内容，以法国、德国、保加利亚、新西兰、南非为例；二是学校各科渗透式教育教材、安全教育读本等，以日本与印度为例；三是专门高中的教材，以舞子高中为例；四是公众教育教材。

2　灾害教育课程编制方法

关于课程编制方法及构建开放的灾害教育课程体系，需要不断探索，以下分别从编制模式、原则、流程及评价标准分析。

---

[*] 作者：张英，北京市地震局宣教中心。

2.1 编制模式

通常情况下，教材的开发是按照五个不同的模式进行开发的。具体的开发模式有目标模式、动态模式、过程模式、坏境模式、行动研究模式[2]。

泰勒将课程开发过程分解为确定目标、选择学习经验、组织学习经验、评价四个阶段，为目标模式，以上四个阶段是一个按部就班的直线式过程。动态模式认为不必拘泥于直线式目标模式，课程开发既可从确定目标开始，也可从其他步骤开始，课程开发过程是一个互动的过程。与目标模式相反，过程模式主张不必预先确定期望达到的行为目标，而应先详细说明内容。注重目标，更注重过程。强调过程的内在价值。环境模式主要由环境分析、目标制定、计划制定、实施、评价五部分组成。在课程开发中，应对学校内外部情况进行全面的分析[2]。

近十几年来，以课程研究专家和科学家为主导的"中心—边缘"模式逐渐转向以一线教师参与为特征的"行动研究"模式。"行动研究"强调笔者和实践者组成团队，在实践过程中发现问题、设计、实施与评价方案，在评价过程中发现新问题、再计划、再实施、再评价。科学家、课程研究专家、教师组成团队，参加研究、开发、使用的全过程，并通过在这一过程中开展多种形式的评价活动，确保教材开发的科学性和实用性。

2.2 编制原则

教育目标的具体落实，主要还是体现在教材内容选择与编制方法上，要合理选取教学资源，并结合中学生的年龄与心理特点，编写教科书，并积极的利用学校及社区各种资源。需要遵循以下原则。

（1）融入式原则。现有课程较多，中小学生负担压力过大，除依靠《自然灾害与防治》选修模块进行教学外（选修人数较少，教育面不广），融入式的灾害教育值得推荐与尝试。"课程整合"即把与防灾素养相关的教学知识分散到诸如地理、语文、社会等学科；"协同教学"即各学科老师要统一写作，开展合作教学研究；"学校本位"即课程主要以校本课程形式存在，学校应积极开展学校灾害教育教学设计及教学实施。

（2）科学性原则。灾害教育是以唤起受教育者的防灾减灾意识，培养相应技能，使他们理解人类与环境的相互关系，树立正确的环境价值观的一门教育科学；灾害教育应有正确的教育理念指导，内容不能出现知识性错误，需要系统考虑；合理设计课文、图像及作业系统等表层系统的结构，同时不能过度强调知识的比例，要提高防灾态度、技能维度内容的比例，构建合理科学的的教科书深层系统。

（3）发展性原则。以学生发展为本、满足学生年龄特点与心理发展规律；及时更新教材数据及内容；同时也要注重基础性，重视教材的基础知识和基本技能的落实。

2.3 编制流程

根据灾害教育目的，需分析学习者应具有的防灾知识、技能及态度要求，按照教材开发要基于学生的实际水平与发展需求的原则来编制教材，另外教材开发还要注重处理不同层次课程的关系，国家级课程应该全面考虑，地方课程应该凸显区域性灾害特色，校本课程应该充分利用社区以及学校教学资源，共同构建有效、融合开放、系统的课程体系。教师与专家应该共同协作致力于教材的开发，课程开发团队成员应包括灾害专家、环境教育专家、社区代表、经验丰富者与教师等。

　　课程编制的流程可以简要概括为：明确课程需求—构建课程目标—设计课程结构—选择课程内容—修改完善课程等环节（图 1），简述如下。

图 1　灾害教育课程编制流程图

　　明确课程需求：教材编写不仅要有理论基础，更要有实践依据，课程需求的理论依据可以参考灾害教育课程目标、内容选择等章节，需求不仅仅要考虑学生的特点，同时也要考虑学科发展需要，以及社会发展对未来公民的要求等方面，课程要具有基础性、发展性与前瞻性。教材编制需要明确受教育者的需求，这可以通过问卷调查的方式获取，也可以通过访谈、现场调查的方式获取，这些都是为了明确学习者的基础与需求。教材应紧密联系学生实际生活，贯彻学习对终身发展有用知识的理念。问卷调查可采取防灾素养调查的方法，明确学生防灾素养的水平，在此基础上思考设置灾害教育课程目标，选择适当内容，设计合理框架，使课程更加适合学生的年龄特点与心理特征。访谈与现场调查主要解决灾害教育实施现状、具体要求与建议，以及学校教学资源概况等内容。

　　构建课程目标：教育给人以美好的愿景，促进人的全面发展。灾害教育的基本功能如下：灾害教育增强了人们的防灾减灾意识，增强了人们自我防护能力，减少生命与财产损失；灾害教育培养了大批防灾减灾人才，推动了防灾减灾事业的发展；灾害教育培育安全文化。关于课程目标构建，可通过国际课程目标比较、防灾宣言文件启示、教师问卷调查等获取相关因素，综合分析后得出。具体分析略去。

　　设计课程结构：应该根据课程目标设计课程结构、选择课程内容，之后进行组合完善，课程安排可分为教材的逻辑顺序与心理顺序；教材的章节顺序安排；教材的图像系统、作业系统与课文系统比例等，内容轻重、顺序先后，比例多少的安排结合课程内容这一起组成了课程结构。教材模块应包括防灾知识模块、防灾技能模块、体验（态度）模块和教学资源四个模块，这几者同等重要且不可偏废。

　　选择课程内容：联合国开展"国际自然灾害减灾十年"，指出"知识是减轻灾害的成败，教育是减轻灾害的中心"，但是公民应该拥有什么样的防灾减灾知识与层次要求尚未取得共识。从编者访谈、理论研究、教材比较、问卷调查等角度分析灾害教育与课程内容的选择。

　　修改完善课程：应该通读全文，修改完善，也可进行试验教学，在此基础上再完善。

2.4　评价标准

　　灾害教育课程的评价是根据一定的教育价值观或教育目标，运用可操作的科学手段，通过系统地搜集信息、资料，分析、整理，对课程教材进行价值判断，从而为不断自我完善和教学决策提供依据的过程。

联合国教科文组织指出，灾害教育课程以学者的角度而言，必须涵盖以下五大原则（Whitehead，1996）：感知自然与人文环境中有可能对人类社区造成伤害的因子；发展有关自然与人文环境系统如何被自然灾害影响的知识；获得与可能发生灾害地区有关的技术、社会、文化、政治和经济的知识；发展积极的"探索"与"问题解决"的技巧，以及适当的价值观，引导处理减灾和共同安全的行为；受到鼓励，能应用行动策略去维持安全与环境质量间的平衡。评价教学资源的三个维度：科技→人文；反应导向→预防导向；风险管理视角→负责任的公民视角（Lidstone，1990）

聘请专家对灾害教育教材进行科学性评价有利于教材评价的进一步制度化、科学化。国内鲜有人研究此类教材的评价问题，故选取国外评价研究进行分析。教科书质量的好坏对学习者有着至关重要的影响，因此许多学者都给出了有关教科书的评价标准的评价建议。这些建议包括许多定性的和定量的评价方法。一些涉及课本内容，一些涉及格式设计，还有一些是内容和格式设计的结合。弗莱什（1951）、怀特（1986）、哈特里（1988）和塞费尔（1991）给出了这些评价建议的规范。弗莱什（1951）的课本分析规范是可读性指数。这关系到单词和句子长度的安排，以保证读者同意理解。这种分析是定量的。怀特（1986）的方法是定性的。他提出了选择教科书的几大问题，问题如下：它切题、相关吗？它更新及时吗？它有趣吗？学生活动多样和恰当吗？地图和图表全面、有趣吗？哈特里（1988）明确说明一本好的教科书应该是这样：对使用者来说有可读性和趣味性；包括精挑细选的图表和图片以帮助自学，且设计合理；活动建议和例子中提供实际经验；与将使用其的学校哲学一致。塞费尔（1991）指出教科书应该通过为学生呈现专门的挑战和机会而在课程中发挥重要作用。教科书应该以增强认知策略的方式来组织。因此，他规定了教科书所应具备的特性，特性如下：标题包含关键词；引入段落和主题句应包括对后面信息的概述；每章之后应有关键词和摘要；插图、图形和图表应该阐明文字中的要点[3]。

笔者认为课程质量的研究应该全面考虑，不应只限于教材内容评价，还应该包括教师和学生对于教科书中自然灾害应对是否有用的观点，考虑实际教学效果等方面。这提示我们可以结合问卷调查、课堂观察等研究方法综合评价其价值。

在回答"您对现有教材中所涉及灾害教育的内容如何评价？贵校是否有相应的校本课程"（2011国培调查）时，大多数教师认为现有教材中涉及灾害教育的内容较少，很难应用于教学中，实用性不强。也有教师认为其设计较好，可以进行深入的教学。调查发现：几乎没有学校有相应的灾害教育校本课程。同时，教师指出灾害教育教材的评价需要考虑以下方面：内容的科学性；知识内容是否按照学生的年龄特点、心理特征来编排；图像系统比例及质量；与课标的适应性；内容的发展性与弹性；教学活动是否能真正改善学生防灾技能及态度等方面。

笔者提出教科书评价基于以下5条标准：相关性；及时更新情况；学生活动多样性及适宜程度；地图和图表全面性和有趣程度；与学科哲学基础一致度（表1）。说明如下。

表 1　教材评价标准

相关性	● 包括的相关主题数目
	● 相关主题的覆盖范围
及时更新情况	● 现在的事实和统计资料
	● 修订少于 10 年
学生活动多样性及适宜程度	● 种类多样的学生活动
	● 课文和练习之间的整合和互助
	● 实际例子
地图和图表全面性和有趣程度	● 图表清晰
	● 图例明确
	● 图名清晰易读
	● 地图色彩适宜
	● 照片能够展示关系以便于合理地解释
	● 照片给人以很大的想象空间
	● 照片可以用作多种作业
	● 照片更新及时
与学科哲学基础的一致度	● 教育的哲学基础是解决问题
	● 比较学习：认知、情感、心理

　　灾害教育课程评价应注重评价的层次性、激励性、针对性和全面性，指标体系考评方案应包括学生学习过程及成效、教师教学过程与结果、学校管理等多方面的评价。灾害教育课程如何以评价促进其发展、完善是研究需要解决的问题，笔者尝试提取以理论评价与实践评价相结合；教师评价、学生评价与专家评价相结合；教材评价与教学评价相结合共同促进其开展。

3　小结

　　如上所述，灾害教育课程研究与实践要注意以下问题：①关于课程目标构建，可通过国际比较、案例研究、文件宣言、教师调查获取。②关于课程内容选择，要求源于生活，重视灾害记忆的传承，分析学科发展、社会要求及学生需求。③关于课程编制方法，按照课程编制模式、原则及流程构建科学、开放的灾害教育课程体系。④关于课程评价标准，针对现阶段教材质量参差不一的情况，灾害教育课程评价亟待深入研究，必须重视课程评价，以使其不断完善发展。

　　目前而言，灾害教育还不是显学，目前尚处于应景之需，如何把防震减灾宣传教育与之融合，促进防震减灾科普教育的融合式发展值得我们思考和探究[4]。我们要不断创新工作方式、形式，而不仅仅重视形式而轻视内容，我们宣教工作的核心竞争力是什么？就是内容的创作，这样才能发挥引领作用。

我们开展了教材等教学资源建设、师资培训等工作。为了提高广大初中学生的安全意识，增强他们的防灾减灾能力，北京市地震局组织力量编撰了《初中生防灾减灾科普教材》《灾害教育读本》，免费发放，希望能提高师生防灾素养、争取惠及更多民众。

参 考 文 献

[1] 张英，防灾减灾教育指南［M］，地震出版社，2015 p. 76。

[2] 张英，灾害教育课程指南［M］，地震出版社，2016 pp. 126～127。

[3] John Lidstone（1996），International perspectives on teaching about hazards and disasters，Multilingual Matters，1996 pp. 123～130。

[4] 张英，王民，谭秀华，灾害教育理论研究与实践的初步思考［J］，灾害学，2011，（1）pp. 111～119。

普及地震科学知识，提高防震减灾素养[*]

2016 年 5 月 30 日，习近平总书记在全国科技创新大会上强调："科技创新、科学普及是实现科技创新的两翼，要把科学普及放在与科技创新同等重要的位置"。党的十九大报告指出："树立安全发展理念，弘扬生命至上、安全第一的思想，健全公共安全体系，完善安全生产责任制，坚决遏制重特大安全事故，提升防灾减灾救灾能力。"为了落实习近平总书记重要讲话精神和中国地震局郑国光局长关于"认真做好地震科学普及工作"的要求，近年来，海淀区按照北京市防震抗震工作领导小组工作部署和市地震局具体要求，把地震科普宣传作为防震减灾工作的一项重要内容，在宣传普及上下功夫、在提高群众地震科学素质上下功夫，认真组织、精心筹划，深入开展地震科普知识的宣传活动，全区上下形成了普及地震科学知识、建设地震安全韧性城区的浓厚氛围。

1　坚持经常性，大力开展科普宣传活动

近年来，海淀区结合区域实际，按照"上下结合，双轮驱动"的思路，以"六进"为基本形式，线上线下比翼齐飞，区防震减灾领导小组各成员单位、各街镇结合自身实际，每年都制定了地震科普宣传工作方案、计划。全区上下统一部署、周密安排、统筹推进，在全社会深入开展地震科普知识宣传教育活动，实现地震科普知识宣传报刊有"文"、电视有"影"、网络有"言"、参与有"众"，不断扩大地震科普知识覆盖面和普及率。

广泛普及提高知晓率。 每年利用全国防灾减灾日、"7.28"唐山地震纪念日、科技活动周，围绕地震科普知识，制定多种宣传口号，制作宣传画、横幅展板、公益广告牌，定制宣传品，在全区人员密集场所和各街道、社区、学校张贴悬挂，加强环境景观布置。在《海淀报》、海淀有线电视等区属媒体上开设专刊或专栏宣传地震科普知识，充分利用政务网站、地震三点通公众号、微信群、手机短信、QQ 群、LED 屏等新兴媒体手段，以及区内各单位内部刊物、信息简报等各类载体，加大科普宣传力度，使地震科普知识家喻户晓、人人皆知，提高了地震科普知识的知晓率。

群众参与加深认知度。 面向群众、发动群众、吸引群众参与地震科普知识的学习宣传。利用社区大讲堂、科普夏日文化广场、团区委"星光自护，快乐成长"假日讲堂、中小学生"安全教育日"等传播平台，面向广大干部群众、学校师生宣传地震科普知识。组织区防震减灾宣讲团，经常深入基层和企业开展地震科普知识宣传活动。组织"防震减灾，我讲解"大赛，为区属科普传播者、讲解人员和科普志愿者搭建学习交流平台，讲解地震科普知识，并选拔和培养地震科普讲解队伍，发挥其带头和酵母作用。近年来，各街镇普遍组织群众开展了不同规模、不同形式的地震科普知识竞赛，通过让群众亲自参与到

---

* 作者：曹金龙，北京市海淀区地震局。

地震科普知识的学习宣传中来，有助于地震科普知识的传播和防震减灾意识的强化。

推进"两个"创建强化辐射度。开展地震安全社区、防震减灾科普示范学校创建活动，是做好地震科普宣传的有效途径和重要平台。近年来，区委区政府把创建地震安全社区作为为民办实事的重要内容，发文、登报向社会进行公开承诺。目前，全区创建了37个区级、10个市级、4个国家级地震安全社区。通过创建活动，辐射和带动了周边社区和居民群众的科普宣传，扩大了社会影响力。"少年兴则国兴，少年强则国强"。海淀区把创建防震减灾科普示范学校作为地震科普知识宣传的主战场和辐射源，区地震局注重加强与教育主管部门合作，多次召开联席会议，共商创建大计，统一思想认识，实现了联动创建、联合保障，取得了丰硕创建成果。目前，已建成和在建的防震减灾科普示范学校26所，其中6所被评为北京市防震减灾科普示范学校，4所被授予国家防震减灾科普示范学校（教育基地），达到"教育一个学生，带动一个家庭、影响整个社会"的效果。通过开展"两个"创建，充分发挥了示范的引领带动作用，激发了广大群众群众的学习热情，把地震科普知识宣传引向深入。

2 坚持主题性，深入开展群众性科普宣传活动

随着中国特色社会主义进入新时代，人民群众对防震减灾知识的需求与日俱增。面对新形势、新诉求，海淀区大力开展"防震减灾大舞台 有你参与更精彩"主题宣传教育活动，使地震科普知识教育走进学校课堂，走进政府机关，走进企业园区、走进社区居民、走进村民小组、走进千家万户，有力地推动了地震科普知识在全社会的普及。

注重形式多样化。区防震减灾领导小组各成员单位、各街镇、各中小学结合实际工作和自身特色，以地震科普知识为主题，开展形式多样、内容丰富的宣传教育活动，包括征文演讲、文艺演出、科普报告、书画展、图书漂流、畅读畅享、手抄报等。如田村路街道在玉海园二里社区、中关村街道在太阳园社区分别举办了别开生面的"防震减灾科普夏日文化广场"，通过文艺演出、知识有奖问答、发放资料的方式宣传地震科普知识，特别是田村路街道4名社区防震减灾宣传员表演的群口快板"防震减灾记心牢"，以行动的形象、艺术的语言宣传地震科普知识，增强了地震科普知识宣传的渗透力。

注重品牌效应。把地震科普知识的主题宣教活动与已有的品牌文化活动相结合，发挥品牌活动的辐射效应。海淀区结合"首都科普""海淀区市民学习"品牌下的防震减灾特色科普活动子品牌——海淀区防震减灾科普大讲堂、海淀区防震减灾讲解大赛、平安中国·平安海淀防灾宣导系列公益活动，传播地震科普知识，影响受众群众。如2014年5月30日上午，在"六一"儿童节来临之际，习近平总书记来到海淀区民族小学，参加庆祝"六一"国际儿童节活动。之后，作为全国防震减灾科普示范学校，民族小学每年"5.12"或"7.28"期间都开展重走习总书记之路活动，利用沿途设置的科普长廊、雕塑、模型开展地震科普知识宣传。

注重具象化。精心设计宣传作品、辅导读物等可看、可读、可感的载体，宣传地震科普知识。所有防震减灾科普示范学校都编印了防震减灾校本教育，推动地震科普知识进入学校课堂。八里庄街道世纪景园社区以"梦娃"形象为基本元素，制作了传统文化与地震

科普知识系列合页展板，传播防震减灾文化知识。在宜居的世纪城畔、美丽的紫竹院路边，有一座开放式的"曙光防灾教育公园"，每天，来这里散步、锻炼的人络绎不绝。海淀区地震局与曙光公司合作在这是建立了永久性的地震科普知识浮雕、雕塑、模型及宣传橱窗、模拟地震的倾斜小屋等，形象化、通俗化、具象化的宣传，使地震科普知识深入海淀千家万户。

3　坚持融合性，加快推进全国科技新创中心核心区建设

海淀区拥有首都政治和科技、教育、人才优势以及文化、自然地理等明显的区位功能优势和资源优势，是首都中心城区、全国科技创新中心核心区和全国文明城区。"认真做好地震科学普及工作"，关键是要把地震科普知识宣传教育纳入国民教育、公共安全教育和精神文明建设体系。我们在立足区情特点、发挥资源优势的基础上，充分调动相关部门、各单位的积极性和主动性，统筹各种资源、途径和载体，发挥广大干部群众的主体作用，推动全社会共同宣传地震科普知识。

在开展地震科普"六进"活动的过程中，我们注重做好五个结合：即把地震科普"六进"活动与建设学习型城区活动相结合，与平安校园、安全生产月、平安社区、新农村建设相结合，与重大活动、重大节庆纪念日相结合，与文明城区建设相结合，与地震工作队伍建设和提高地震工作者素质相结合。"五个结合"，紧密围绕区委、区政府的工作中心，内容涵盖经济、政治、社会、文化的方方面面，十分切合海淀社会经济发展的实际，既能促进防震减灾融入经济社会发展大局，改革防震减灾系统自我设计、自我循环、自我检验的封闭运行状况，以开放心态，推动各类可资利用的资源互联互通；又能全面开发利用防震减灾资源服务经济社会，逐步使防震减灾从边缘进入中心，成为经济社会发展不可或缺的要素，成为人民群众生活中不可或缺的依靠；还能使地震工作者贴近生活，从社会生活中吸取营养，提高地震工作者素质，加强地震工作队伍建设，推进防震减灾事业的科学发展。2017 年，海淀区结合"一带一路"高峰论坛、党的十九大召开，以高度的政治责任感，面向全社会开展形式多样、丰富多彩的地震科普知识宣传活动，提高各界群众的防震减灾意识和技能；组织"三网一员"培训班，对来自 29 个街镇和 8 个微观监测台、8 个宏观观测站的地震宏（微）观观测员、地震灾情速报员、防震减灾宣传员和防震减灾助理员，围绕地震监测、震情速报、地震科普知识和防震减灾管理工作培训，使参训人员既掌握了防震减灾工作基本知识，又提高了专业技能，同时使基层防震减灾工作既接"天线"，又接地气。海淀区地震局结合落实党组织"双报到"制度深入马连洼街道 8 个对口联系社区，做亮主题宣传、做活技能宣传、做深焦点宣传，既增加了对社会的了解，也在社会实践中提高的综合素质。

主动出击　扎实做好防震减灾宣讲工作[*]

——记河南省开展科普宣讲活动

"5.12"汶川特大地震带给我们的许多经验和惨痛的教训表明，社会公众防震减灾意识和应急避险技能是减轻地震灾害中人员伤亡的决定性因素之一。而防震减灾科普宣传是防震减灾工作的重要组成部分，是提高社会公众防震减灾意识和素质的重要手段。通过防震减灾宣传教育，使广大社会公众学习地震基本知识，了解防御地震灾害的基本技能，熟悉地震避险要领，掌握地震自救互救方法，从而最大限度地减少地震发生时人员的伤亡。

从汶川到玉树，再到芦山，严重的地震灾情震撼着人们的心灵，人们对防震减灾科普知识的需求也变得越来越迫切，积极性空前高涨，全省很多学校、社区、机关企事业单位均要求派专家进行防震减灾科普知识讲座。为此，2013年河南省地震局成立了河南省防震减灾宣讲团，并开始在全省范围内广泛开展防震减灾宣讲活动，得到了社会各界的称赞，取得了很好的宣传效果。

1　宣讲活动的组织实施

1.1　成立河南省防震减灾宣讲团

2013年，河南省地震局印发了《关于成立河南省防震减灾宣讲团的通知》。宣讲团成员共计13人。每个成员都是从全省地震系统中精心挑选的，既有我省地震专家学者、也有省地震局有关部门和省辖市地震局的领导。

宣讲团的主要任务是，研讨我省防震减灾科普宣传工作方向，创新工作方法。针对社会公众不同对象，组织编制各类防震减灾科普讲座标准课件或其他宣传材料。根据工作计划和社会需求，有计划地进机关、进学校、进社区、进企业、进农村开展防震减灾科普宣传，举办防震减灾科普知识讲座，接受新闻记者采访，参与报纸、电视台、电台和网站有关访谈节目的录制，参加防震减灾科普宣传活动，接受社会公众咨询等等。

1.2　编制科普讲座课件

2014年，省地震局组织宣讲团成员为骨干和其他有关专家，在认真调研和研究借鉴国内其他省市同行专家科普课件的基础上，结合河南省的实际，针对社会不同的对象，编写制作了"领导干部、中小学生、机关企事业职工、农民、军人"等5个类型的防震减灾标准课件，并集中编写人员对5个课件的内容和形式，经过多次的修改和完善，努力使课件达到图文并茂、深入浅出。每个课件既有防震减灾基础理论和防灾技能的共性内容，又有针对不同受众对象的个性内容，为在我省全面开展防震减灾科普讲座打下了坚实的基础。

---

* 作者：刘臻，河南省地震局。

宣讲团成员对课件进行修改和完善

1.3 积极推进全省防震减灾宣讲活动

2015 年，根据社会公众对防震减灾科普知识的需求，结合我省防震减灾工作的实际情况，按照局党组的要求和全省年度重点工作安排，河南省防震减灾宣讲团启动了面向全省的科普宣讲活动。在年初下发的全省防震减灾宣传工作要点中，省地震局把开展科普宣讲工作作为当年的一项宣传要点，要求各省辖市、省直管县积极支持、配合省防震减灾宣讲团开展宣讲工作，要求每个省辖市和省直管县至少分别商报 3 场和 1 场讲座报告会，并且要求讲座的受众对象尽量不一样。接到通知后，各省辖市和省直管县响应积极，积极上报自己的宣讲计划。省地震局根据上报的讲座时间和听众对象，结合宣讲团成员个人特点，进行精心的安排，列出详细的计划表。截止目前，13 名宣讲团成员已先后前往全省 18 个省辖市开展了 100 多场的宣讲活动。

在全年讲座完成后，省地震局还会召开宣讲工作座谈总结会。会上，大家相互交流宣讲经验和工作体会，查找宣讲工作和课件本身存在的问题，提出进一步修改完善宣讲课件的意见，以及今后宣讲工作的发展建议。会后省地震局组织部分人员对课件进一步修改和完善。

2 宣讲活动特点

2.1 宣讲覆盖面宽

宣讲活动的覆盖面非常宽。一是地理空间上覆盖了全省所有的 18 个省辖市。二是宣讲对象几乎覆盖了社会的各行各业。包括市县党校的各级领导干部、中小学校学生、机关事业单位干部职工、部队官兵、消防战士、城市社区居民、企业工人、农村农民等等。三是受众人数众多。每场讲座的听众少的有 60－70 人，多的达到 3000 多人，听众总数达到两万人左右。

宣讲团成员在驻马店为中学生进行宣讲

2.2　重点放在基层

讲座活动中注重把宣讲对象重点放在基层，很多时候宣讲团成员面对的宣讲对象是学校师生代表、社区代表、农民朋友、家庭代表、企业代表、基层领导干部等。通过开展宣讲活动，让基层群众面对面的接收到防震减灾知识，从而去提高他们的防震减灾的预防意识，让他们学习到基本的防震减灾知识、应急避险和自救互救的技能。

2.3　宣讲针对性强

一是宣讲内容针对性强，每个课件内容不仅涵盖了地震基本知识、防震减灾工作介绍、地震防御的有效途径、应急避险技能、自救互救要领、震后注意事项等具有共性的内容，更重要的是课件针对不同的受众对象具有各自特点和不同的内容。二是每个宣讲团成员结合实际需要，在调查实践和经验总结的前提下，因地制宜，因人而异。各地区的宣讲活动根据当地的地质构造背景和历史地震情况，力求准确把握当地的实际情况，宣讲的内容重点突出。

2.4　宣讲成效明显

经过三年宣讲活动的开展，全省各地反应热烈，宣讲成效非常明显。一是台上台下积极互动。宣讲团成员往往在宣讲结束前会给听众留下 10－20 分钟自由提问时间，以增强宣讲成员与受众之间的互动，这样不但调动了受众的积极性，同时还营造了愉快轻松的宣讲氛围，从而达到了更好的宣传效果。二是为准确了解当地听众对防震减灾宣讲团开展宣讲活动的真实看法和宣讲效果，宣讲团设计了《河南省防震减灾宣讲团调查问卷》。问卷内容包括个人信息、宣讲评价、宣讲内容、宣讲形式、宣讲效果和其他建议等内容。每场宣传讲座开始前就发放《调查问卷》30 份，宣讲活动结束后会把填好的《调查问卷》收回。年底对收回的问卷进行详细的统计，统计表明，宣讲活动的满意度达 90% 以上，社会各界对此次宣讲活动给予了较高的评价，收到了良好的宣讲效果。

宣讲团成员在修武县为全县机关事业单位职工进行宣讲

3　宣讲活动的经验和启示

通过宣讲团成员的共同努力，防震减灾宣讲团宣讲活动取得了显著成绩，宣讲团成员用自己的实践证明了这是提高公众防震减灾知识和应急避险能力行之有效的措施，是强化防震减灾知识宣传教育的重要举措，也为今后全省防震减灾科学宣传工作更好的开展，积累了诸多好的经验和启示。

3.1　宣讲活动得到当地政府的高度重视和大力支持

在每场宣讲活动中，当地领导除了为宣讲活动提供较好的宣讲场所外，还为宣讲员提供充足的后勤保障，还特别邀请到当地人防办、地震局、卫计委等众多政府应急管理相关职能部门的干部参加。另外不少市县还要求临时增加讲座场次。

3.2　对宣传活动全面综合计划，精心制定活动方案

开展宣讲活动是省地震局每年的一项重要工作，为了让各省辖市积极做好配合工作，让整个活动更加有条不紊地进行，省地震局对活动进行了全面综合计划，制定了有效的、可行性强的活动方案。方案下发各地后，严格按照计划开展讲座活动，尽量不对宣讲活动时间进行临时调整，避免"牵一发而动全身"的事情发生，同时，提前公布了赴各市县宣讲团成员分组名单，保证宣讲团成员有足够的时间与当地地震部门沟通联系和充分做好前

期准备。

3.3 不断动态总结经验,提高自身宣讲水平

13 名宣讲团成员都是全省地震系统的精英,有着较为丰富的宣讲经验,工作认真负责、热情耐心,每个人都能够发挥各自长处,围绕主题展开宣讲,使活动得以有效开展。宣讲团还善于总结经验,做好计划。在每一场宣讲后,宣讲团成员都会及时进行总结,并和其他成员进行交流,分享宣讲经验。不断发掘宣讲亮点,及时改进不足之处,充分做好下一场宣讲计划和准备。

3.4 建立长效宣传机制

省防震减灾宣讲团虽然做了不少工作,也取得了很好地宣传成效。但更重要的是要想通过这样的方式、办法建立起长效的宣传机制,因为防震减灾宣讲工作仅仅依靠省宣讲团是远远不够的。要进一步扩大宣传覆盖面和宣讲成效,就一定要借助全省的社会力量才行。一是要在全省各市县成立各类防震减灾宣讲团,而河南省防震减灾宣讲团的重要任务之一就是对全省各市县宣讲团成员进行培训和指导。二是现有宣讲课件需要进行进一步地修改完善并及时更新,并借助于互联网和其他全民教育网进一步扩大防震减灾科普宣传教育的覆盖面。

地震科普宣讲的内容组织和形式设计初探[*]

通常我们认为开展科普工作有几个方面，一是场馆建设运营，二是科普产品产出，三是科普活动组织。

科普宣讲是贯穿在上述所有科普工作方面的润滑剂。首先，场馆运营方面，科普宣讲是沟通科普展项和观众之间的桥梁，通过科普宣讲，可以把展项呈现的知识富有启发性地传达给观众。其次，借助于互联网的力量，优秀的科普宣讲本身就是可以进行扩散传播的科普产品。最后，在科普活动组织中，直接与观众面对面的科普宣讲，是决定科普活动效果最重要的一环。

地震科普宣讲是地震科普工作非常重要的环节。在关于地震的场馆运营、产品产出和活动组织方面，科普宣讲也日益呈现出极高的重要性和需求程度。如何做好地震科普宣讲的内容组织和形式设计，是各地在开展地震宣讲工作时都要面临的问题。笔者结合这两年从事地震科普讲解实践以及参加全国防震减灾科普讲解大赛的经历，就这个问题总结一点体会。

1　地震科普宣讲的基本定位

1.1　地震科普宣讲的功能定位

地震科普宣讲，主要是通过宣讲人的口头表述，向听众传达有关地震的科学知识、防震避险和自救互救的基本技能，以及防震减灾的法规政策等。一般而言，为了让听众获得比较好的理解和感受，宣讲人需要借助于图片、影音、模型等工具来辅助宣讲。

地震科普宣讲的开展模式有两种。一种是"走进来讲"，主要是各类地震科普场馆的讲解、组织社会公众参与的专题科普活动讲解等；另一种是"走出去讲"，主要指通过"科普进机关、进基层、进社区、进学校、进企业、进公共场所"等送科普的形式，把地震科普宣讲作为一种产品形式，主动对接受众进行宣讲。

1.2　地震科普宣讲的时长定位

就某一个科普知识主题展开宣讲，一般而言，受众能保持注意力集中的时间不超过 10 分钟。曾有人这样理解和形容"演讲"，说这是听众拿自己的时间成本来和你演讲内容里对自己有用的那部分进行交易。虽然科普宣讲不能和商业演讲那样追求销售效果相提并论，但用最少的时间、最精炼的语言，表达最准确的内容，这仍然是必要的追求和要求。全国科普讲解大赛把作品讲解时间限定在 4 分钟，在互联网上传播流行的 TED 演讲，单个作品的演讲时间一般也不超过 10 分钟。开展地震科普宣讲，某一个主题的宣讲时间，建

────────────

　* 作者：王晓民，浙江省地震局。

议尽可能地控制在 10 分钟以内。对于时间要求比较长的课程，比如 40 分钟的地震科普课，可以设计三到四个互相关联的主题统筹考虑。

1.3 地震科普宣讲的受众定位

按照《全民科学素质行动计划纲要》的提法，科普宣传针对未成年人、农民、城镇劳动者、领导干部和公务员 4 类群体应当有不同考量的重点内容和形式。地震科普宣讲按照科普工作"六进"的要求，所要面对的受众对象符合上述的分类。尤其针对未成年人的地震科普占比最高，在未成年人群体里，又要针对未成年人知识结构成长和心理发育程度，匹配最合适的宣讲方式。

2　地震科普宣讲的内容组织

2.1　地震科普宣讲内容的科学性

科普宣讲不同于演讲的最大区别在于，演讲更侧重于观点的传播效果，而对观点的科学性正确性要求不高；而科普宣讲的核心要求是内容的科学性，兼顾演讲艺术层面的技巧要求。地震科普宣讲内容的科学性是内容组织的重点，同时也是难点。

由于对地下结构了解的局限性，科学上对地震的认识仍然相当有限，从开始尝试用数学和物理学来研究地震距今也就三百多年，对地震成因、布局研究等有重大突破的板块构造学说，问世到现在也就半个世纪。地震科学进展中大部分成果至今仍然是假说，不确定性是存在的，对地震相关内容的理解多数都要从概率的角度。

地震科学的特点，决定了地震科普宣讲，从内容上要遴选那些被学界普遍认可的观点，而不是争议很大也没有验证依据的观点，从语言上要强调概率意义的准确，而不是简单的准确。

地震科普宣讲人应当首先确保自身可以理解内容的科学性，才能通过自己的语言组织和再加工把内容更好地传达给受众。如果自身对内容的科学性理解有困难，切不可囫囵吞枣内容照搬。宣讲人自身都难以理解的科学内容，要让受众获得较好的理解效果是不可能的。所以，宣讲人要对宣讲内容进行认真仔细的理解，尤其是固定名词、惯有说法等，要有清晰准确的思考和理解，确保理解科学性，否则，要么调整内容方向，要么可以试试反向的质疑。比如这些年在传统媒体以及互联网上传播甚广的"地震逃生黄金 12 秒"，其实是不科学、不严谨、不准确的概念，如果不加思考的复制传播，其实是在误导受众。

2.2　地震科普宣讲内容的关联性

地震科普宣讲内容有两个关联方向，一个是地球科学，另一个是公共安全教育（图1）。

地震是一种自然现象，研究地震的方式方法属于自然科学范畴，地震是地球能量释放的一种形式，人类通过对地震的认知进一步了解地球，同时，人们又从地球科学其他相关学科的角度对地震进行研究，比如地球物理学、地球化学、地质学、土壤学、水文学、海洋学等，因此地震知识通常被列入地球科学范畴。对地震知识的科普宣讲，离不开对地球科学基本内容的了解，地球科学是地震科普宣讲获取素材和灵感的源泉。地震科普宣讲人在内容组织时，应当尝试以地震为线索，把知识覆盖范畴延伸到整个地球科学，把地震融入地球科学，让地球科学支撑地震科普宣讲。这要求地震科普宣讲人注重对地球科学知识的日常学习，厚积薄发，方能旁征博引。

地震科普宣讲内容的另一个关联方向是公共安全教育。较大地震发生时，建筑及其附属物受地震力影响产生摇晃，可能对生命安全形成威胁。地震避险逃生之所以是地震科普宣讲的重要内容，就是基于地震的破坏能力和安全威胁，尤其对未成年人而言，应对这种安全威胁的能力较弱。教育部对中小学生公共安全教育非常重视，制订和推进了《中小学生公共安全教育指导纲要》，地震知识和避险逃生技能列入了自然灾害安全模块。地震知识的教育教学，充分引入了安全教育循序渐进的阶段性教育理念，按照中小学生年龄分段，从知识、技能、态度多维角度开展安全教育。地震科普宣讲，应当依照中小学生公共安全教育的一般性原则，内容上要体现分类和侧重，线索上要遵循个人安全到公共安全的过渡，探求最适合受众群体知识结构和心理特征的内容和方式。

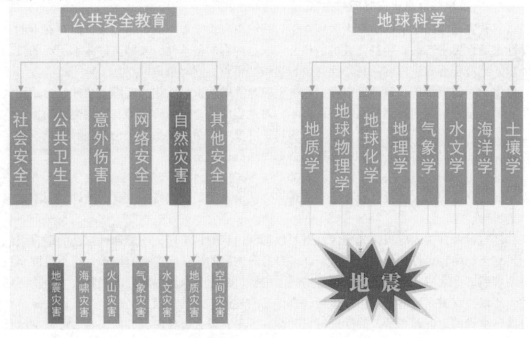

图 1　地震科普宣讲内容关系性示意图

2.3　地震科普宣讲内容的趣味性

趣味性是科普宣讲的重要标志性要求，趣味性是一种使人愉快、有意思、有吸引力的特性。地震科普宣讲内容在什么样的情况才具有趣味性呢？心理学告诉我们，人的感情和情绪因需要的满足与否而具有肯定或者否定的性质。可见，内容应当在满足受众需要的前提下才能引起受众的兴趣。

地震科普在属性上是容易受欢迎的，一是因为人们对探求未知领域具有天然的好奇心，二是因为人们通常都有掌握应急技能的心理需求。地震科普宣讲在内容上要尽量朝着"好奇心"和"应急技能"方向选择，把一些不太符合受众需求的内容点弱化。人们愿意接受科普的根本原因，是相信宣讲的内容里有对自己和身边人有用的部分。对照受众的需求，内容组织上满足受众的兴趣点，这是地震科普宣讲内容组织的重要原则。

语言组织上要符合趣味性的要求。即便内容满足了受众的兴趣需求，在讲述内容的语言组织上，尽量用通俗、简单、风趣、幽默的话语，善用比喻和联想。同样的内容，在地震专业课堂上可以讲半天，可以用许多理论和公示进行计算演示，但科普宣讲不可以，前者是枯燥的，后者是有趣的。科普宣讲应当要对科学内容进行改造加工，改造的标准就是让内容更加有趣，容易理解和消化。

2.4 地震科普宣讲内容的结构组织

开展地震科普宣讲，根据宣讲时间做好内容结构的设计，对于宣讲效果的达成非常重要。

内容结构意味着宣讲思路和线索设计的布局，通常有经验的科普宣讲人善于做一些精巧的内容结构设计，以有效抓住听众的注意力。下面以一个4分钟时长的科普宣讲为例展开叙述。

第一分钟：开门见山。可以考虑针对宣讲的主题，做一些案例的引入，比如某一个大地震的震例、某一个灾后救援的困难情况等，引入的案例要和宣讲的主题有符合逻辑的联系，并且案例本身要有吸引力，不管这个吸引力是来自案例内容还是形式。案例有了吸引力，才会把听众的注意力顺利过渡到宣讲主题本身。案例的引入展开尽量控制在30秒以内，到1分钟快结束之前，一定要基本将宣讲的主题亮出来。

第二分钟：庖丁解牛。这个时段要集中话语对宣讲主题的科学原理做细致的阐述。注意对科学原理的阐述要通俗易懂，尽量采用类比和联想的办法，借助于生活中常见的例子，让听众对原理本身有概念性的理解。这个时段主要涉及阐述科学原理，对宣讲人运用科普语言的改造功底考验极大，讲解生动与否，直接关系到能不能延续听众的注意力。特别需要注意的是，这个时段是宣讲主题信息的集中解析，组织的信息量不能太满，别让听众一次记住太多的信息。有研究表明，大多数人一次可以记忆的条目不超过4个，一次的信息量太多会对听众的理解记忆产生负面效果。

第三分钟：强化巩固。这个时段主要对前面的科学原理的理解效果进行强化巩固。科普宣讲人介绍了一个新的需要记忆的信息点，一定需要用示例或者练习来强化它，以便让它从听众的一般印象转移到长期记忆中。注意配合知识点理解的示例或者案例不能复杂，以简单有效为原则。

第四分钟：画龙点睛。一般而言，听众接收信息注意力最强的阶段集中在开篇和结尾，所以，收官阶段内容组织的重要性毋庸置疑，一个优秀的科普宣讲作品一定是"虎头豹尾"的。收官的"点睛"之笔可以从宣讲主题的延展入手，设计一两个带有启发性的话题，或者简单的应用案例，以及对未来的期待，也可以对宣讲主题进行提炼之后的强调，加强记忆。

3 地震科普宣讲的形式设计

3.1 地震科普宣讲人的基本要求

地震科普宣讲人自身的基本素质要求，对宣讲效果有很大关系。

其一，宣讲人要具有平等交流的亲和力。虽然亲和力的要求无分性别，但就客观现状而言，目前从事科普宣讲的队伍里，女性比例要远高于男性，是因为女性宣讲人对受众（尤其是青少年）更加有亲和力，更加容易让受众放松和接受。而男性宣讲人要获得受众的心理接纳，无疑要在亲和力塑造方面做足功课。

其二，宣讲人要自信表达，吐字清晰。宣讲人的自信应当建立在对宣讲内容的熟悉和了解基础上，建立在对受众年龄段和知识结构了解基础上，建立在对自身语言风格把控上。宣讲人的讲解吐字要清晰，发音要洪亮，并且针对讲解内容，在语气和节奏上有意识地作一些区分，比如讲故事案例的时候，语气要舒缓平顺，讲重点知识点的时候，发音要铿锵有力，重点加强。

其三，宣讲人要仪态端正，着装整洁。通常在科普场馆的讲解员都有统一的着装，以黑色系的职业套装为主。良好的着装有助于给受众留下不错的印象，比如通用款的职业套装，简洁大方，适用于大多数科普讲解环境。也有一些特殊的情况，比如讲解自救互救知识，讲解员以救援队长的形象出场，有助于建立受众对讲解员的信任感；而面对低幼龄儿童，讲解员采用卡通形象包装，则有助于瞬间拉近与孩子们的距离。

3.2 地震科普宣讲的技术手段搭配

地震科普宣讲需要借助一些技术手段，辅助宣讲内容，帮助听众理解宣讲主题。主要的技术手段有借助于投影技术的宣讲课件和科普道具模型。

通常的课件是 PPT 模式，也有直接以视频模式作为课件进行讲解的，区别在于 PPT 模式机动性和可调整型强一些，但画面感不如视频模式优美流畅。作为宣讲课件的 PPT，要注意三点，一是文字尽量精简，多用画面和符号，听众在听讲解的同时，注意力不会过多集中在 PPT 的文字上，但浏览画面则不受影响。二是整体风格要贴近受众的喜爱程度，力求轻松活泼，不可以把科普宣讲的 PPT 做成学术报告的画风。三是画面元素之间的切换要融合连贯，重视动画效果的运用，让宣讲课件随着宣讲人的讲解"动"起来。

科普道具模型可以是购买的地理课堂教具，当然，最好的教具来源于生活中常见的物品，稍加构思就成为科普讲解的道具（图2）。比如讲解利用地震波探测来了解判断地球分层，可以类比生活中凭借拍西瓜的震动手感，来判断西瓜内部是否成熟，西瓜就成为科普讲解的道具。这些灵感大多来源于宣讲人的日常积累和敏感联想，当科普宣讲人经常琢磨如何让科普宣讲对听众产生足够的吸引力，就会逐渐获取科普道具就地取材的灵感和能力。

3.3 地震科普宣讲的节奏控制

在地震科普宣讲中注意节奏控制，目的是为了尽可能地让听众对宣讲内容保持注意力。当听众出现走神的时候，需要宣讲人调动多方面因素，重新凝聚听众的注意力回到宣讲的轨道来。需要注意的是，这些调整要在合理的内容架构下进行，宣讲内容条理清晰、逻辑清楚始终是保持听众注意力的关键，讲解技巧和形式手段，是帮助听众集中精神理解和消化宣讲内容的辅助。

通常而言，开篇阶段听众的注意力集中程度是最高的，随后则可能会下降得很快。同样一个宣讲作品，宣讲人需要在实践中反复观察听众的注意力，准确判断听众出现注意力涣散的时刻，并有针对性地在宣讲节奏中作一些调整。比如，在听众注意力不佳的阶段，

图2　防震减灾科普讲解大赛选手用玩具当讲解道具

切入有意思的案例，或者设计一个与主题相关的互动实验。这个就好比电影讲究点燃观众的"兴奋点"，影片剪辑隔几分钟就要出现一个兴奋点一样。另外，宣讲人要充分利用自身的手势、表情、动作等肢体语言，尤其是面对青少年的宣讲，富有童趣的肢体动作往往能吸引听众的注意力。

　　一个优秀的地震科普宣讲作品，节奏把握绝对不是一蹴而就的，需要在反复实践中根据听众的注意力反应，对讲解内容、讲解形式、讲解语气和动作等进行合理的调整，这需要宣讲人在实践中认真钻研，寻找灵感，加强科普语言转化和形式设计，调整到最佳的科普宣讲状态。

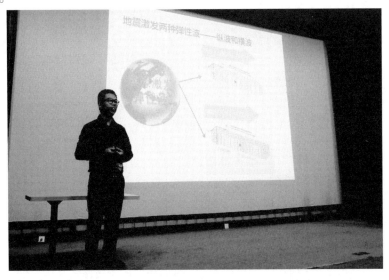

图3　笔者参加首届全国防震减灾科普讲解大赛（获得了一等奖）

笔者参加了首届全国防震减灾科普讲解大赛并获得了一等奖（图3）。回顾参赛过程，从初赛、复赛到决赛，每次比赛的讲解作品都有不同程度的调整，有从内容角度化繁为简加强提炼的，有从分段布局角度调整讲解比重的，有从加强听众注意力角度设计"燃点"实验的，也有从烘托主题角度设计情景互动的。经过一路调整，一路淬炼，终于把一部宣讲作品打磨成相对的精品，并且获得了听众和评委的认可。这次参赛过程感触最深、获益最多的，就是在比赛过程中与选手和评委老师之间进行了很多思维和灵感的碰撞，加深了对地震科普宣讲内容组织和形式设计的理解，于是整理总结了上述体会，以期对后来的参赛者和广大地震科普宣讲人有一些启发。

参 考 文 献

［1］吴瑞英，论科普作品的趣味性［J］，中国科技期刊研究，1998，9（3）。

［2］仇娜，张高健，气象科普讲解技巧［J］，陕西气象，2010（1）。

［3］邱成利，刘文川，提高科普讲解能力的方式与途径初探［J］，科普研究，2015（5）：83～90。

关于地震科普传播与发展的探讨[*]

1 引言

进入 20 世纪以来，随着科学技术资源的不断丰富和广泛应用，普及和传播科学技术成为了科技发展的一个重要方面，科研设备与设施等科普资源成为了科学普及与传播的重要资源与支撑。面向公众开放科技资源，开展科普活动成为政府科技管理的重要内容和公众的普遍需求。互联网应运而生后，科学传播获得了与以往不同的新传播渠道。

近年来，在实施《全民科学素质行动计划纲要（2006—2010—2020 年）》（以下简称《科学素质纲要》）的推动下，我国科技传播与普及（以下简称为"科普"）事业发展迅速，科普理念进一步提升，科普政策环境不断优化，科普实践取得丰富硕果，公民科学素质建设成效显著，科普事业在管理模式、运行机制、科普内容、科普队伍、科普方式等一系列方面也发生了重要变化。当然，我们也应该清醒地看到，我国科普事业发展还存在着许多亟待解决的问题，政策法规体系需要进一步完善，投入需要进一步加大，科普资源建设特别是科普资源共建共享应该进一步加强，科普能力尚待进一步提高，适应新媒体时代的科普方式方法也亟待进一步创新，科普理论与实践研究也需要进一步深化，对科普事业发展决策的支撑力度应该进一步提高等。本文在地震科学领域科普传播做了初步的一些探讨，旨在抛砖引玉，引发同行们对此类问题的关注与思考。

2 地震科普传播的重要意义

地震这种自然灾害的外在表现是突发性强、破坏性大。现阶段的人类科学水平，对这一灾害的了解还非常有限，在对地震的预报方面也还远远没有达到需要的高度，而同时对地震的预防能力也十分薄弱，在地震的灾害面前，人民的生活、生产受到很大的威胁。虽然我国曾有成功的对 1975 年辽宁海城地震做出短临预报的案例，但从世界范围来说，地震预报仍处于探索阶段，研究人员尚未完全掌握地震孕育发展的规律，这使社会各界和地震学家们更加的认识到了对地震灾害进行预测的复杂。在这种局面下，就突显出可靠、全面的做好防震减灾科普宣传工作的重要性，也使地震研究机构更加清楚的认识到了专家与公众之间交流、对话的必要性。从某种意义上说，这种科普宣传或教育就担当了专家与普通大众之间对接的平台。纵观近几年来，国际、国内发生的一系列重大地震灾害给现代化的经济和社会设施造成了极大的破坏和损失，为人类带来了非常惨痛的教训，充分的提醒了我们，做好对地震灾害的事前预防和事后处理等防震减灾方面的教育和科普宣传，对于

* 作者：袁国铭，中国人民大学；高方平，刘帅，防灾科技学院。

减轻地震灾害造成的损失和伤亡具有非常重要的意义。

3 地震科普事业与产业

一般来说，地震科普事业是为社会公益目的、由国家机关或其他组织利用国有资产举办的、在地震科学领域从事研究创作精神产品生产和公共地震科学传播服务的公益性组织机构。而所谓地震科普产业是指从事地震科普产品生产和提供地震科学服务的经营性行业。从性质看，地震科普事业具有公益性，地震科普产业具有经营性；从管理体制看，地震科普事业通常实行公益性管理体制，地震科普产业实行经营性企业管理体制。

3.1 地震科普事业及其发展

国际上，地震灾害相关立法做得最好的国家是日本，日本制定了《灾害对策基本法》、《地震防灾对策特别实施法》等。我国于 2002 年 6 月颁布了《中华人民共和国科学技术普及法》，这是世界上第一部科普法；2006 年，国务院颁布了《全民科学素质行动计划纲要》。而地震科普相关的法律法规体现在：《中华人民共和国防震减灾法》由第八届全国人民代表大会常务委员会第二十九次会议于 1997 年 12 月 29 日通过，自 1998 年 3 月 1 日起施行（2008 年 12 月 27 日修订）；2001 年 11 月 15 日中华人民共和国国务院令第 323 号公布《地震安全性评价管理条例》，自 2002 年 1 月 1 日起施行（2017 年 3 月 1 日修订）。

世界上专门规范地震科普传播的法律是一块空白，但近年来，专门针对地震预警立法的呼声越来越高，防灾科技学院的李纪恩、李一行老师在 2013 年他们的论文《地震预警立法问题的探讨》中就专门提出："由于地震预警关系到社会公众的切身利益，很有可能引发一系列社会问题，比如错报或误报导致经济损失，进而引发行业、企业或公众的不满情绪等等"，探讨了地震预警立法的必要性、紧迫性以及可行性。提出了地震预警立法的思路：主要涉及预警信息的获取、信息的发布和信息的利用 3 大方面；立法内容包括：发布主体、接收主体、发布条件、发布途径、发布内容和相关法律责任。

1996 年 4 月成立了以科技部为组长单位，中央宣传部、中国科协为副组长单位的国家科普工作联席会议制度，成员单位由中央、国务院和群众团体中有关科普工作的部门组成。随后，中国各地也相应地建立了地方科普联席会议制度，这对于有效动员各种力量开展科普工作，提供了制度上的保证。《中华人民共和国科学技术普及法》中明确规定了科协组织是科普工作主力军的地位，它担负着科普工作的组织和实施的任务。中国科协所属 167 个全国性学会，其中 138 个成立了科普工作委员会。中国科普创作协会成立于 1979 年。在 22 个直属事业单位中，中国科学技术馆、科学普及出版社、中国科普研究所等从事科普事业的有 14 个。截止到 2017 年年底，全国已建县级以上科协 2881 个，学会 65482 个，企业科协 10674 个，大专院校科协 328 个，街道科协 4191 个，乡镇科协、科普协会 32511 个。科协机构已经形成从中央到地方有系统的最完善的科普组织。

地震科普总体上是属于科普的一个分支领域，与之相关的中国灾害防御协会成立于 1987 年，是全国性综合社会团体，业务主管部门为科技部，委托管理单位为中国地震局。相关地震科普传播的政府管理及活动机构则主要由中国国家地震局及其直属省级地震行政管理部门、科研院所、直属事业单位承担，包括：30 个省（自治区、直辖市）地震局，

15 个直属事业单位（研究所、中心、学校），1 个直属国企（地震出版社）等。中国的大型科普活动包括科技周、大型科普展览、科技下乡等。与地震科普传播相关的活动主要由中国国家地震局组织，截止 2016 年底，地震局与中国科协签订地震科普合作框架协议，在科普宣传平台、科普产品开发、少数民族科普等方面深化合作；推进地震科普进入中国科技馆、中国数字科技馆。注重开展"互联网＋防灾减灾科普"，利用微博、微信、客户端等新媒体开展活动。每年组织"平安中国"防灾宣导系列活动，推进防震减灾知识"进机关、进学校、进社区、进企业、进乡村、进家庭"。扩大防震减灾示范试点创建覆盖面，认定 4 个国家级防震减灾示范城市、19 个示范县、4129 个示范社区、5488 所示范学校。社会公众的防震减灾意识和能力不断提升。

3.2　地震科普产业

科普产业是指以市场机制为基础，向社会提供科普产品和科普服务及其关联产品和服务的各类经济组织及活动的集合。这个定义主要反映如下科普产业的内涵：

（1）科普产业一定是以提供科普产品和科普服务为核心产品或其关联产品和服务集合。

（2）产业主要通过市场机制发生和发展。

（3）科普产业是经济组织及活动的集合，遵循经济规律，与公益性科普事业有所区别。

科普事业和科普产业相互关联、相互渗透、相互转化。科普事业强调公益性，主要在政府计划机制下运行，对社会提供无偿的或不以营利为目的的科普公共产品和科普公共服务的活动。科普产业遵循经济规律，以满足科普市场需求为前提，以市场机制为基础，以科普企业为主体。

从我国现行的《文化及相关产业分类》（以下简称《分类》）来看，也没有直接涉及地震科普文化产业的内容。但地震科普文化产业却与各产业分类处处有所联系。

《分类》在《国民经济行业分类》（GB/T4754－2002）的基础上，规定了我国文化及相关产业的范围。《分类》将文化产业分为文化服务与相关文化服务两大部分。文化服务部分包括：①新闻服务；②出版发行和版权服务；③广播、电视、电影服务；④文化艺术服务；⑤网络文化服务；⑥文化休闲娱乐服务；⑦其他文化服务；相关文化服务部分包括：⑧文化用品、设备及相关文化产品的生产；⑨文化用品、设备及相关文化产品的销售。其中，①、②、③可归入文化产业核心层；④、⑤、⑥、⑦可归入文化产业外围层；⑧、⑨则可归入相关文化产业层。《分类》根据产业链和上下层分类的关系，又将九大类文化产业分为 24 个中类。《分类》最后根据产业的具体活动类别，将 24 个分类分为 80 个小类，对应相关的国民经济行业代码。文化产业的九大类别、24 个中类与 80 个小类都没有出现与地震科普直接相关的内容，但地震科普却又基本与《分类》中的各个类别均有所联系。如表 1 所示。

表1 地震科普文化产业分类

《文化及相关产业分类》的九大类别	与其相关的地震科普文化产业内容
①新闻服务	科学新闻、地震科普新闻等
②出版发行和版权服务	地震科普书籍、地震科普音像制品等
③广播、电视、电影服务	地震科普广播、科普电视、科普电影与科幻电影等
④文化艺术服务	地震科普艺术表演、自然博物馆、科技馆等
⑤网络文化服务	地震科普网络文化服务等
⑥文化休闲娱乐服务	科普旅游、科普休闲等
⑦其他文化服务	与地震科普文化产业相关的代理、广告、会展、培训服务等
⑧文化用品、设备及相关文化产品的生产	地震科普用品、设备及相关产品制造等
⑨文化用品、设备及相关文化产品的销售	地震科普用品、设备及相关产品销售等

4 地震科普传播产品的分类

地震科普产业的分类是一个涉及理论性和实践性的重大问题。这里根据不同的分类标准，对地震科普产业具体包含的类型做出粗略划分。地震科普产业按照产品类型可以分为四大类，划分详见表2。

表2 地震科普产业分类表

产品形态		产业分类
地震科普内容产品		科普展教品、科普新闻、科普图书、科普期刊、科普广播、科普通讯、科普影视、科普音像制品、科普动漫、科普剧、科幻电影、科普游戏、科普玩具、其他科普创意产品
地震科普服务产品	科普场馆和网络服务	科普基地、科普画廊、科普活动室、科技馆、博物馆、科技活动中心、科普网络服务、网上科技馆、网上博物馆科普产品展示和交易网络平台
	科普旅游资源服务	地震（火山）遗址遗迹公园、现代企业园区、科技园区旅游资源、高校和科研机构旅游资源、各地地震博物馆等
	科普文化娱乐服务	科普休闲中心、科普艺术表演
地震科普内容相关产品		科普内容产品的生产设备，相关产品设计、制造、销售、服务以及科普动漫衍生品
地震科普服务相关产品		与科普服务产品相关的代理、广告、会展、培训服务、科普平台开发，与科普服务产品相关的基础设施的建设、维护

按照流通、消费等价值环节，可以将科普产业分为科普生产企业、科普流通企业。如表3所示，科普产业的相关产品、服务形态及产业链条如下。

表 3　科普产业链

科普产品或服务		产业链条		
		生产环节	流通环节	消费环节
科普内容产品	科普图书	创作者	科普书店	读　者
	科普影视	创作者及演员	媒　体	观　众
	科普动漫	创作者	销售公司	动漫消费者
	科普玩具	生产商	销售公司	玩具消费者
科普服务产品	科普场馆	设计建筑商	展品、展览	观众、游客
	科普旅游	科普示范园区 高校科研机构	旅游资源	观众、游客
	科普文化 娱乐服务	科普休闲中心	娱乐内容服务	观众、顾客

5　促进地震科普传播发展的政策建议

早在 1994 年，《中共中央国务院关于加强科学技术普及工作的若干意见》就指出，要引导基层科普组织和机构"面向社会，面向市场，按市场经济规律运行，开展多种形式的有偿服务"，要加快地震科普传播发展的步伐，在政府政策方面需要做到以下几点：

5.1　扶持骨干地震科普企业，培育地震科普产业发展主体

坚持政府引导、市场运作、科学规划、合理布局的原则，选择一批成长性好、持续发展能力强的科普企业，加大项目扶持和政策扶持力度，尽快壮大科普企业规模，提高地震科普产业集约化经营水平，促进科普领域资源整合和结构调整。

5.2　建设地震科普产业研发中心，增强产业创新能力

应当着力推进地震科普产业的内容创新、服务创新和产业业态创新，而这些创新必须要有相应的研发基础。发展地震科普产业的当务之急是在相关专门科普研究机构中建设地震科普产业的研发中心，引领地震科普产业的研发工作。同时，还可以依托大型科普场馆等地震科普基础设施建设地震科普产业研发中心，与高校和科研院所的相关实验室、地震科普产品的生产企业合作建设科普产品研发中心。

5.3　扶持新兴地震科普产业业态发展，增强地震科普产业的影响力和带动力

抓住国家大力发展文化产业和现代服务业的机遇，通过服务外包、地震科普产品与服务采购，扶持相关地震科普动漫、科普影视、科普出版、科普会展、数字科普、科普旅游等新兴地震科普产业业态发展，推动地震科普产业跨越式发展。

5.4　实施重大科普项目，带动地震科普产业发展

应当充分调动社会各方面的力量，加快建设一批具有示范效应和产业拉动作用的重大地震科普产业项目。要着眼于利用正在实施的"科普惠农兴村计划"等地震科普项目中的

科普产品和科普服务需求，带动相关地震科普产业的发展。积极促进开发"国家地震科普动漫振兴工程"、"优秀地震科普作品出版工程"等重大地震科普产业建设项目。

5.5　积极推进和加快地震科普产业园区和地震科普产业示范基地建设

根据全国地震科普资源布局现状，结合各地区对地震科普资源的需求情况，加强对科普产业园区和科普产业示范基地布局的统筹规划。坚持标准、突出特色、合理布局、提高水平，促进各种地震科普产业资源合理配置和产业合理分工。

5.6　推进地震科普产业市场体系建设

地震科普产业市场体系建设应着力建设传输快捷、覆盖广泛的科技传播渠道。发展数字科普产品和科普服务，支持全国科普网络建设；推进地震科普网站整合，鼓励通过战略联盟合作等方式，推动地震科普网站的区域整合和跨地区经营；支持地震科普出版发行企业以资本为纽带实行跨地区兼并重组；鼓励非公有资本进入科普创意与设计、科普动漫等领域；优先选用拥有自主知识产权、产品质量水平高的地震科普产品。

5.7　建立健全地震科普产业的标准体系

由于地震科普产业的散缓小弱，地震科普产业的标准化体系建设一直是个空白，地震科普产业的标准体系建设可以促进地震科普产业与现代科技紧密结合，是推动地震科普产业发展的重要技术保障，是繁荣和发展科普产业的重要基础性工作。随着地震科普产业的发展，科普产业标准数量少、水平低、适用性较差、缺乏统一规划等问题日益凸现，加快地震科普产业标准化建设工作成为一项十分紧迫的任务。

5.8　实施地震科普产业人才建设工程

支持高等院校建设科技传播与普及专业；支持地震科普产业人才培养基地建设，加快培养、培训地震科普创意研发设计、地震科普产业经营管理、地震科普服务营销经纪人才；鼓励高等院校、科普研究机构和科技、文化企业开展地震科普产业人才的国际交流；支持地震科普企业、地震科普研究机构引进外国科普产业人才或建立博士后科研工作站，培养高端科普产业人才；培育高水平的科普产业经营管理团队和科普产业领军人才。

6　结语

地震科普传播作为科技、经济与文化的特定领域结合点，有着自身特有的行业领域特点，在发展社会主义市场经济的大背景下，正在成为我国公民科学素质建设和国家软实力建设的重要增长点。我国科普产业潜力巨大、前景广阔，随着社会的知识化发展，科普产业在我国公民科学素质建设和创新型国家建设中的地位和作用必将更加突出。发展地震科普产业，应当以扩大社会效益为导向，以提高经济效益为支柱，以满足人民群众的科技文化需要为前提，以回应科普市场需求为轴心，合理调整和优化科普产业结构和科普产品品种结构，科学地进行地震科普内容产品的创新和科普服务的创新。

参 考 文 献

陈昌泳，地震科普宣传在防震减灾中的重要性［J］，科普传播，2012.6（上）：5～6。

董光璧，探索科普产业化的道路［J］，求是，2003（5）：48。

李纪恩，贾鹏民，地震预警信息发布与传播立法若干问题探析［J］，世界地震工程，2017，33（02）：1～5。

李纪恩，李一行，地震预警立法问题的探讨［J］，国际地震动态，2013，（05）：17～21。

全民科学素质行动计划纲要（2006—2010—2020）［M］，北京：人民出版社，2006。

胡升华，"大科普"产业时代的来临［J］，中国高校科技与产业化，2003（11）：69～70。

曾国屏，关注科普与文化产业发展的结合［J］，新华文摘，2007（10）：122。

任福君，张义忠，刘萱，科普产业发展若干问题的研究［J］，理论探索，2011（3）：5～13。

关于地震应急期科普工作的思考[*]

　　自 2008 年 5 月 12 日汶川 8.0 级特大地震以来，社会公众对地震的关注度迅速上升，媒体对国内外地震事件的报道篇幅也大幅增加，这为开展地震科普提供了良好的氛围。然而，每逢国内外发生强烈地震，社会上都会出现一些有关地震的谣传，或引发针对地震工作的负面议论，从侧面反映出地震科普工作的不足或缺失。加强地震科普工作，特别是地震应急期的科普工作，无疑是当下社会公众的迫切需求，更是地震工作主管部门的责任。

1　地震应急与地震科普的基本概念

1.1　地震应急

　　所谓应急，就是应对突然或短时间内可能发生的需要紧急处理的事件。客观上，事件是突然发生的，或短期内可能发生；主观上，需要紧急、迅速应对、处理这种事件。基于应急的概念，可以将地震应急理解为突发的或短期内可能引发负面影响乃至灾害的地震或地震谣传事件，具体可分为短临预报（预测）地震、突发强烈地震、出现地震谣传。这一概念与地震应急救援中地震应急的概念有所不同，后者主要指突发破坏性地震事件。至今，由政府向社会发出短临预报的地震极少，但由地震主管部门向政府提出预测意见，政府采取相关措施并取得减灾实效的震例已有近 20 次。事实上每一次地震都是突然发生的，持续时间很短。所谓突发强烈地震，是指未有短临预报的强烈地震，包括强烈有感地震和破坏性地震。地震谣传的出现往往与某地近期发生的地震事件、当地环境异常，以及地震预测意见外泄有关。将地震应急事件进行分类，是为了针对不同的地震应急事件采取科学合理的应对措施。

1.2　地震科普

　　所谓科普，就是利用各种传媒以浅显的、让公众易于理解、接受和参与的方式向大众介绍自然科学和社会科学知识、推广科学技术的应用、倡导科学方法、传播科学思想、弘扬科学精神的活动。与科普具有很高关联度的一个词是宣传。所谓宣传，是指通过多种内容和形式，阐明某种观点，使人们相信并依照行动，具有激励、鼓舞、劝服、引导、批判等多种功能，基本功能是劝服。宣传与科普皆具有传播性、目的性（影响受众）、社会性（面向社会）和现实性（社会需求），也都具有依附性，只是宣传侧重依附新闻，科普侧重依附科学知识。不同的是宣传具有倾向性（意识形态），强调"是"或"不是"，而科普则具有科学性，强调"为什么是"或"为什么不是"。基于科普与宣传的概念，可以将地震科普理解为传播地震知识，解读地震信息服务、防震减灾科学技术和法律法规，以增

　　* 作者：胡久常，海南省地震局。

强全民防震减灾意识和技能的活动；将地震宣传理解为阐明防御和减轻地震灾害的途径、弘扬抗震精神，引导、激励全社会共同参与防震减灾的活动。不论是地震科普或是地震宣传，都是以最大限度减轻地震灾害风险为目的、服务公众的公益活动。由此，笔者认为，地震科普与地震宣传是相辅相成的，尤其是在地震应急期间，地震科普要与地震宣传协调推进，为灾区民众答疑解惑、排忧解难，为抗震救灾工作提供服务。

2 如何做好地震应急期科普工作

2.1 厘清地震与地震灾害

地震与地震灾害是两个不同的概念。厘清地震与地震灾害，可将社会关注的焦点引向地震灾害而不是地震本身，是做好地震应急期科普工作的基础。

地震，又称地动，可泛指由地球内部或外部原因引起的地面振动、晃动，乃至破裂等现象。人们通常所说的地震，主要指构造地震，是由地球内部某处激发的地震波传播到近地表时快速释放能量所引起的地震。地震活动是地球上最频繁的自然现象之一。据统计，地球上每年发生 500 多万次地震，即每天要发生上万次的地震，其中绝大多数震级太小或震中距离我们太远，以至于我们感觉不到，真正能对人类造成严重灾害的地震大约有十几次，能造成特别严重灾害的地震大约有一两次。

地震灾害是指由地震引发的可能造成人员伤亡和经济损失的一系列灾害现象，包括原生灾害和次生灾害。原生灾害，是指由地震的原生现象即地震波引起的强烈地面振动所造成的地表、建（构）筑物以及基础设施等的破坏，也称直接灾害。地震造成的地表破坏主要包括：断层错动、地裂缝、滑坡、崩塌、泥石流、砂土液化等；基础设施不仅包括公路、铁路、机场、通讯、水电油煤气等公共设施，即俗称的基础建设，而且还包括教育、科技、医疗卫生、体育、文化等社会事业即"社会性基础设施"。地震次生灾害，是指地震直接灾害发生后，破坏了自然或社会原有的平衡和稳定状态，从而引发的诸如火灾、水灾、毒气泄漏、放射性污染、爆炸、海啸，以及瘟疫、饥荒、动乱、人的心理创伤等，并由此造成的经济社会发展迟缓乃至倒退等。

2.2 明确地震应急期科普工作的导向

长期以来，每逢发生强烈地震，地震预报往往成为社会舆论的焦点。这导致社会普遍误认为造成人员伤亡和财产损失是由于未能预报地震，而忽视了其根本原因是防震减灾工作的诸多不足。近年来，因反复强调地震预报是世界难题，地震工作部门被社会指责的声音少了，然而形象则显尴尬。因此，地震科普工作，尤其是地震应急期的科普工作应把握正确的导向，就是防震减灾，而非地震预报。防震减灾是防御和减轻地震灾害，主要通过地震监测预报、震害防御和应急救援等三大途径实现，基础是地震科技。地震监测预报是基础，是地震部门的核心业务，主要为防震减灾提供地震速报、地震预警、地震预测、地震预报、地震动参数区划、地震灾害预估、地震应急响应，以及地球内部结构和地球环境变化研究等信息服务。震害防御是关键，是全社会共同的责任，地震造成人员伤亡和财产损失根本取决于是否对潜在地震灾害，尤其是建筑物等工程结构破坏灾害进行全面防治。

应急救援是最大限度减少人员伤亡和财产损失的最后保障。因此，地震应急期地震科普就是将防震减灾尤其是地震灾害防御工作的内容，以浅显的、让公众易于理解、接受和参与的方式传播给社会大众，以增强地震应急保护意识和抗震设防的社会责任意识，提高自救互救技能，传播防震减灾文化等。在新中国成立前，我国的地震灾害除房屋垮塌等直接灾害外，还有因缺乏救灾而发生的震后饥荒和瘟疫等次生灾害，这也是我国历史上地震伤亡人数巨大的根本原因。新中国成立后，因国家财力不足等原因，建筑物普遍不设防或设防不足，地震灾害主要是建筑物垮塌等直接灾害造成大量人员伤亡，因救灾及时，饥荒、瘟疫等次生灾害则显著减少。20 世纪，我国地震伤亡人数占全球的一半，而自 20 世纪以来，全球地震伤亡人数呈上升趋势，但我国的地震伤亡人数占全球地震伤亡人数的比例已下降到约10%。自 1998 年 3 月 1 日《中华人民共和国防震减灾法》颁布实施后以来，我国新建、改建、扩建建（构）筑物抗震能力和举国体制下抗震救灾能力的显著提高，尤其是2008 年 5.12 汶川特大地震之后发生的一系列大地震造成的人员伤亡数已呈大幅下降趋势。

2.3　抓住地震应急期各阶段科普工作的侧重点

地震应急期可划分为短临、震后应急和结束三个阶段。每个阶段科普工作的侧重点不同，短临阶段侧重解读地震应急预案，普及地震自救互救知识和防震减灾法律法规，强化防震减灾意识和技能等；震后应急阶段侧重解读科学防灾减灾救灾，对新闻热点的追踪和分析，及时回复社会疑虑，消除相关不稳定因素；结束阶段应全面总结前期科普工作的成绩和不足，以为今后的工作提供有益的借鉴。此外，根据地震应急事件的影响程度，可将其划分为地方性的有感地震或地震谣传、区域性的强烈地震或地震谣传、全国性的特大地震或地震谣传。在地震应急期间，应根据地震和谣传影响程度的地方性、区域性或全国性，实施属地管理、跨省协调或全国联动的防震减灾科普工作。随着网络新媒体的快速发展，在地震应急期开展联动地震科普宣传成效会更加显著和不可或缺。

2.4　丰富地震应急期科普工作的方式方法

不论是在地震应急期，或是在平时，科普工作既要强调内容，也要注重方式方法，以达到最好的科普效果。地震科普的方式方法包括图书影像、广播电视、互联网络、动漫游戏、科普报告、培训演练、科普场馆等。图书影像多为专业编著、制作，具有专业性；广播电视多为官方发声、专家解读，具有权威性；互联网络传播快，受众广，最具扩散性；动漫游戏具有虚拟场景的观赏性和趣味性；科普报告根据需求、确定主题，现场专业解读，针对性很强；培训演练可强化防震减灾意识和技能，最具实效性；科普场馆具有综合性，虚拟场馆在知识性功能方面将逐步替代实体场馆，实体场馆应强化不同场景的地震体验和应急避险，以及自救互救训练等。此外，应积极推进地震科普进机关、进校园、进社区、进企业、进农村、进军营、进网站活动。

3　地震应急期科普工作展望

事实上，强化地震应急期科普工作，很大程度反映了平时地震科普工作的不足或缺失。笔者曾到多地震和火山喷发的日本进行过为期一周的考察调研，发现日本有许多的地震或火山科普馆，各地还经常举行地震、火山灾害应急救援演练。这全面增强了日本国民的防灾减灾救灾意识和技能。在日本，大众并不太关注地震会否发生，因为他们相信地震随时随地都可能发生，也了解地震预报是世界科学难题，不会去相信或传播有关地震预报的谣传。在东京考察期间，恰遇一次有感地震，便与同行的导游聊起地震。他说在东京居住已十多年，不时会遭遇有感地震。我问他怕不怕发生大地震？他说怕，但没用，会时刻保持对大地震的警惕，也就是要有地震意识，毕竟1923年东京发生过一次8级左右地震，死了10多万人。也有专家说东京随时可能会发生大地震，是日本岛陆地震最危险的地区之一。然而，东京作为日本的首都，也是日本人口聚居最多和最密集的地区，市民并没有因为恐震而逃离东京。日本很注重建筑物抗震设防和地震灾害专业救援，这在某种程度上增强了人们的地震安全感。此外，地震科普的常态化培养了国民自觉的、习惯性的地震避险意识和较强的自救互救技能。因此，地震在日本造成的人员伤亡已大幅减少。在日本，没有"地震应急期科普"这一说，这是由日本地震科普的广泛性和常态化决定的。在中国，要实现地震科普的广泛性和常态化还任重道远，当下应加强地震应急期科普工作，做好地震应急期科普工作，也有事半功倍的作用，既可助力抗震救灾工作有力、有序展开，还能在地震灾难应对过程中切实提高大众的防震减灾意识和能力。

基于地震应急期科普与公众心理变化的初步分析与研究[*]

1　引言

　　中国是世界上自然灾害最为严重的国家之一，灾害种类多、分布地域广、发生频率高、造成损失重。在全球气候变化和中国经济社会快速发展的背景下，中国自然灾害损失不断增加，重大自然灾害乃至巨灾时有发生，中国面临的自然灾害形势严峻复杂，灾害风险进一步加剧。人类未来，将面临"复合型灾害"的应急管理、危机管理、风险管理，我们必须科学面对，高效协同应对、最大限度减轻灾害风险，全面提升全社会抵御自然灾害的综合防范能力。

　　2018 年 3 月，根据第十三届全国人民代表大会第一次会议批准的国务院机构改革方案设立"中华人民共和国应急管理部"，4 月 16 日在北京正式挂牌。根据 2007 年 11 月 1 日起施行的《中华人民共和国突发事件应对法》，突发事件包括"自然灾害、事故灾难、公共卫生事件和社会安全事件"四大类。新组建的国家应急管理部，主要职责集中在自然灾害和事故灾难这两大突发事件，在应对过程中侧重做好应急准备、监测与预警、处置与救援。

　　中共中央总书记习近平 2018 年 4 月 17 日下午主持召开十九届中央国家安全委员会第一次会议并发表重要讲话。习近平强调，"要加强党对国家安全工作的集中统一领导，正确把握当前国家安全形势，全面贯彻落实总体国家安全观，努力开创新时代国家安全工作新局面，为实现"两个一百年"奋斗目标、实现中华民族伟大复兴的中国梦提供牢靠安全保障"。国家应急管理部的组建是全面贯彻落实总体国家安全观的重要举措之一。

2　破坏性地震的发生对社会公众心理影响的初步分析

2.1　中国地震多发、灾害严重

　　中国是地震多发国家，震级大、频度高、分布广、灾情重是我国地震灾害的基本特点，我国以占世界 7% 的国土承受了全球 33% 的大陆强震，是大陆强震最多的国家之一；20 世纪全球因地震死亡 120 万人，我国占 59 万人，居各国之首。我国大陆大部分地区位于地震烈度Ⅵ度以上区域；50% 的国土面积位于Ⅶ度以上的地震高烈度区域，包括 23 个省会城市和 2/3 的百万人口以上的大城市。我国西部目前仍然处于 7 级以上强震活跃时

　　* 作者：龙海云，黄志斌，中国地震台网中心；李丽，中国地震灾害防御中心；张小涛，赵萍，中国地震台网中心；刘正奎，中国科学院心理研究所。

段，东部存在发生 6 级以上地震可能，震情形势十分严峻，国家脱贫攻坚重点地区与地震高烈度地区高度重合。尽快提升全民防震减灾科学文化素养，是一项非常紧迫而艰巨的任务。

根据中国地震局 2017 年地震活动情况信息发布情况，2017 年中国共发生了 19 次 5 级以上地震，其中大陆地区 13 次，含 3 次 6 级以上地震，最大地震是 8 月 8 日四川九寨沟 7.0 级地震，台湾地区发生 5 级以上地震 6 次，最大的是 2 次 5.6 级地震，1 次发生在高雄，另外一次发生在台东。从各个省份的情况来看，四川的地震活动水平最高，发生了九寨沟的 7.0 级地震和青川 5.4 级地震；其次是西藏，西藏发生了米林的 6.9 级地震和 3 次 5.0 级地震；5 级以上地震频次最高的是台湾地区，发生了 5 级以上地震 6 次，但是强度不高，最高震级 5.6 级。新疆地区仍然保持中强地震活跃的态势，发生了精河 6.6 级地震和 3 次 5 级地震。云南发生云南漾濞 5.1 级地震，此外在重庆发生了武隆 5.0 级地震。2017 年我国因地震造成人员死亡是 37 人，还有 1 人失踪，638 人受伤，直接经济损失是 147.66 亿（以上数据截至到 2017 年 12 月 25 日）。

2017 年 10 月 11 日，中国地震局举办了"防震减灾与一带一路"新闻发布会。"一带一路"沿线地区部分国家地处环太平洋地震带和欧亚地震带上，历史地震灾害严重。通过防震减灾国际合作提高其抵御地震灾害风险的能力，既照顾人民，又对"一带一路"的顺利实施提供了重要的保障。

2.2 破坏性地震的发生对社会公众心理影响的初步分析

破坏性地震的发生对社会公众的心理造成了很大的影响。地震灾害是人类面临的重大自然灾害。《现代汉语词典》对灾害和灾难的界定分别为"灾害是自然现象和人为行为对人和动植物以及生存环境造成的一定规模的祸害"；"灾难是天灾人祸所造成的严重损害或痛苦"。地震灾害在人类历史上是一种很常见的自然灾害，如果地震级别比较低，没有造成人员伤亡和其他损失，严格意义上说就不能称为一种自然灾难，但是上升到一定程度，就可以演化成为灾难。

当破坏性地震发生，导致重大灾害时，对人们的心理影响是较大的，甚至会造成严重的心理伤害。2008 年 5 月 12 日我国汶川发生 8.0 级大地震，造成了大量人员伤亡和财产损失，惨烈的灾难让幸存者、伤残者、失踪者家属、救援人员和社会大众等直接或间接的相关群体，陷入了种种心理困扰或心理疾病。根据中国科学院心理研究所刘正奎教授研究的关于"重大自然灾害后个体与群体在时间和空间上心理应激反应的相关研究"中提出的"基于时空二维的灾害心理援助工作模型框架"，我们可以清楚了解破坏性的地震发生给人们的心理以及行为都带来了很深的影响。

地震灾难的不确定性和破坏性以及长期性等特征，给人们带来了长期的心理伤害，心理伤害是无形的看不见的，但是它的影响却是巨大的、极具破坏性的，会在很长时间保存下来，当外界一有某种刺激，这种冲击形成的心理创伤就有可能造成新的，甚至是"无震"的地震心里创伤。2010 年由中国科学院研究生院时勘教授主编、科学出版社出版的《灾难心理学》中都有详尽的描述。

通过地震灾区的实地调查，走访和大量的问卷分析，发现极震区及附近的人们（地震灾难中心），也就是灾难的直接受害者，他们亲历了生命和财产受到的威胁，很多人失去生命、亲人，财产严重损失，受到的心理创伤最为严重。极震区附近地区（灾难的周边地带），主要是灾难的次级受害者，他们体验到灾难对人们生命和财产的威胁，并目睹受灾情况，心理恐慌度较高。最后是非极震区（非灾难区），主要是社会大众，他们通过各种信息渠道，特别是新闻媒体，了解到灾难给灾区人民带来的巨大伤害。由于担心这样的事也可能发生在自己身上，他们对灾情的风险知觉、恐慌和担忧程度都比较高（表1）。

表 1 破坏性地震发生后地震应急及社会公众心理变化

类别	震后 24 小时	震后 2—3 天	震后 4—10 天	震后 10 天
应急管理主要任务	救人治伤安置（救助阶段）	治伤 救人 安置（救助阶段）	安置灾民生活 安置 治伤 救人	恢复重建 复原阶段
极震区（灾难中心）	心理应激阶段 身体的各种资源自动地迅速动员起来用以应对压力	心理应激阶段 身体的各种资源自动地迅速动员起来用以应对压力	心理冲击阶段（急性应激障碍）	心理复原阶段（急性应激障碍）
极震区周边地区（次灾难中心）	灾难的次级受害者，体验到灾难对人们生命和财产的威胁，目睹受灾情况心理恐慌度较高。	心理恐慌度较高	心理恐慌度较高	心理恐慌度较高
非极震区（非灾难区域）	社会大众，通过各种信息渠道，特别是新闻媒体，了解到灾难给灾区人民带来的巨大伤害。担心这样的事也可能发生在自己身上，对灾情的风险知觉、恐慌和担忧程度都比较高。	高度关注灾情 高度恐慌和担忧	高度关注灾情 高度恐慌和担忧	高度关注灾情 高度恐慌和担忧

3 地震应急期科普的特性分析

3.1 地震应急期科普的概念

科普的定义：根据《中华人民共和国科学技术普及法》（以下简称《科普法》）和《全民科学素质行动计划纲要》（以下简称《纲要》），将"科学普及"定义为："国家和社会采取易于公众理解、接受、参与的方式，普及科学技术知识、倡导科学方法、传播科学思想、弘扬科学精神的活动。"

地震应急期的科普是否可以这样理解和解释：地震应急期间的国家和社会采取易于公众理解、接受、参与的方式，普及地震应急科学技术知识、倡导地震应急期的科学方法、传播地震科学思想、弘扬地震科学精神的活动。

3.2 地震应急期科普的时效性

地震应急期的科普是有时效性的，在《现代汉语词典》中对时效性的解释是："指在一定时间内能起的作用"，更多的体现是"及时""即时"，其特性是在拥有特定的时间空间，地震（主震）发生后的时段。

根据中华人民共和国国务院发布的《破坏性地震应急条例》的规定："临震应急期一般为 10 日；必要时，可以延长 10 日。"，地震应急期一般为 10 天左右，10 天以后，灾区将转入恢复重建期。在临震应急期，有关地方人民政府应当根据震情，统一部署破坏性地震应急预案的实施工作，并对临震应急活动中发生的争议采取紧急处理措施。地震应急期与地震震级的大小有关，震级一般指 7 级左右，应急期在 10 天左右，如果震级在 8 级以上，应急期应稍长些，震级在 6 级以下，应急期应稍短些。

地震应急期一般分为特急期、突急期和紧急期。特急期一般为震后 24 小时，其主要任务是救人；突急期一般为震后 2~3 天，其主要任务是治伤；紧急期一般为震后 4~10 天，其主要任务是安置灾民生活。

3.3 地震应急期科普的实效性

地震应急期的科普同时还应更具有实效性，在《现代汉语词典》中对实效的解释是："实效是实际的效果"，实效性更具有其针对性，能解决实际问题，地震应急期的科普内容，应更加具有针对性。

加强地震应急期的防震减灾科普工作有利于提高公众对地震的正确认识，有利于帮助公众克服对地震的恐慌情绪；有利于提高全社会应对处置地震事件的整体效率；也可以说，地震应急期的防震减灾科普工作是有效提高公众对于地震的心理防御能力的重要措施。

4 国家突发事件的应急管理

中国十分重视突发事件的应急管理，2007 年 8 月 30 日由中华人民共和国第十届全国人民代表大会常务委员会第二十九次会议通过的《中华人民共和国突发事件应对法》，2007 年 11 月 1 日正式施行。这是我国第一部应对各类突发事件的综合性法律，它的颁布实施标志着我国应急管理工作在法制化轨道上迈上了一个新台阶，对于提高全社会各方面依法应对突发事件的能力，及时有效控制、减轻和消除突发事件应起的社会危害，保护人民生命财产安全，具有重大作用和意义，对我国防灾减灾工作产生了深远的影响。在党的十八大以来，以习近平同志为核心的党中央，在依法治国的理念下，在应对各类突发事件中更加依法、有力、有序、有效，积极构建了全方位的立体化的公共安全网络。

突发事件，是指突然发生，造成或者可能造成严重社会危害，需要采取应急处置措施予以应对的自然灾害、事故灾难、公共卫生事件和社会安全事件。按照社会危害程度、影响范围等因素，自然灾害、事故灾难、公共卫生事件分为特别重大、重大、较大和一般四级。国家建立统一领导、综合协调、分类管理、分级负责、属地管理为主的应急管理体制。

应急管理是指政府及其他公共机构在突发事件的事前预防、事发应对、事中处置和善后恢复过程中，通过建立必要的应对机制，采取一系列必要措施，应用科学、技术、规划与管理等手段，保障公众生命、健康和财产安全，促进社会和谐健康发展的有关活动。

危机管理在西方国家的教科书中，通常把危机管理（Crisis Management）称之为危机沟通管理（Crisis Communication Management），原因在于，加强信息的披露与公众的沟通，争取公众的谅解与支持是危机管理的基本对策。风险管理（risk management）是指如何在有风险的环境里把风险可能造成的不良影响减至最低的管理过程（图1）。

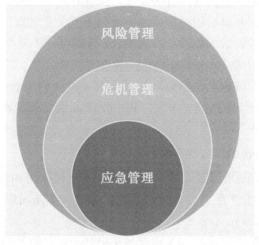

图 1　应急管理、危机管理、风险管理之间的关系示意图

4.1　地震突发事件的风险沟通与谣言控制

在地震灾难性事件发生的初期，人们获得的知识和信息表现出不完全性，不对称性和模糊性。在这种情况下，信息的传播往往呈现失真性、放大性和快速性，这在很大程度上会加剧人们的心理恐慌，使社会形态发生意想不到的变化，这些失真、放大并快速传播的信息就是谣言。谣言是一种畸形的言论，具有情绪性和感染性，容易引发群体的恐慌情绪，要想有效地降低群体的恐慌情绪，加强风险沟通至关重要。风险沟通的目的就是降低民众对灾难的风险知觉，让人们认识到危机的真实性，并最终能执行合适的决策。因此，在危机决策过程中有一点必须谨记：做到风险沟通与谣言控制并重。

4.1.1　地震灾害总是伴随着谣言

每当地震灾难性事件发生后，政府是民众的权威的信息源，是社会秩序的稳定器。政府在第一时间发布地震灾情状态及救灾信息，有利于防止灾后人们的恐慌情绪和谣言蔓延，有利于稳定公众情绪和社会秩序。大灾之后的信息透明，第一时间告诉公众，突发公共事件新闻发布机制进步的背后，是中国政府"以人为本"执政理念和制度建设的积极推行。

4.1.2　谣言的生成与传播机制

地震发生后，人们非常恐慌，恐慌会促使人们去收集相关的信息，往往由于各种原因，信息往往不够充分，或者带有很强的模糊性。地震谣言与认知失调，在认知失调的压力下，人们会关注各种小道消息，并且不加批判地把这些未经证实的消息（谣言）当作事实，一方面人们会主动地需求谣言；另一方面也会散布谣言，因此，造成谣言的迅速传播，甚至造成更大的恐慌。

4.1.3　谣言的传播——从众心理

当自己身边的大多数人都相信某种传闻的时候，人们会迫于从众的压力，而表现得相信这种传闻。从众的心理在谣言的传播过程起到了推波助澜的作用。从众指的是人们为了和团体的规范保持一致而改变自己的感知、观念、行为的现象。地震突发事件中集体无意识与集体非理性行为（从众心理）。集体无意识是瑞士心理学家，分析心理学创始人荣格的分析心理学用语。心理学研究表明，虽然每个个体都有理智，但是，当人们采取集体行动时，却会发生非理性、"无意识"的集体性越轨行为。集体无意识的条件包括两个方面：流言和谣言、社会信任机制的缺乏。因此，在发生危机期间，很容易发生集体非理性行为，这使得一部分社会成员无意中卷入了冲击社会的活动中，造成对社会社会秩序的严重破坏（图2）。

图 2　谣言的生成机制示意图

4.2　地震灾害"心理台风眼"效应

台风（Typhoon）是赤道以北，日界线以西，亚洲太平洋国家或地区对热带气旋的一个分级。在气象学上，按世界气象组织定义，热带气旋中心持续风速达到12级（即64节或以上、每秒32.7米或以上，又或者每小时118公里或以上）称为飓风。"台风眼"即台风中心，发生在热带海洋上的强烈天气系统，从外围到中心最初逐步增加，然后迅速增加，但到了直径数十公里的中心区域内，风力迅速减小，降雨停止，出现了白天可看到阳光夜晚可见到星星的少云天空。这就是台风等热带气旋中特有的"眼"，气象学中称之为台风眼。

地震灾害的"心理台风眼"效应，就是在地震灾害发生后，灾难带来巨大心理冲击或影响会随着人际传播，特别通过现代媒介迅速传播，产生涟漪效应，会对灾害发生区域以外产生心理震荡。这种心理影响在空间上呈现出"心理台风眼"效应。李纾等在"5·12"汶川大地震发生后的社会心理影响研究发现，从灾害发生的中心地带向外扩散出去，灾害的破坏程度一般是逐级减小，但是，社会公众对风险认知或心理恐慌则表现出类似气象学中的"台风眼"现象。具体表现为非灾区居民对灾难的风险知觉、恐慌程度和对灾情严重程度的担忧反而高于灾区居民。随着公众主观判断所在地灾情严重程度的增加（从非受灾、轻度受灾、中度受灾到重度受灾），其对健康（发生大规模传染病的可能性）和安全（需要采取的避震措施的次数）的担忧反而随之减少。结合心理免疫理论和费斯廷格的认知失害后，越接近高风险地点，心理越平静。2011 年，"3·11"日本大震后福岛核泄漏事件，经过媒体传播，产生的心理恐慌直接引发我国各地抢购盐、醋风潮，再次表现出灾害的"心理台风眼"效应。

认识心理台风眼现象有助于政府因时因地制定应急策略。比如在危机发生区域应着重于危机解决方案，而在危机发生地之外，消除公众的紧张情绪显得更为重要。同样，在危机过后政府部门不但不应立即停止各种有助于消除公众负面情绪的举措，反而应该予以加强。

4.3 地震突发事件应急管理中应关注人们心理韧性的构建

2017 年 6 月初，中国地震局召开了全国地震科技创新大会，启动了《国家地震科技创新工程》（以下简称"创新工程"），针对我国特殊的构造背景和孕震环境，提出"透明地壳""解剖地震""韧性城乡"和"智慧服务"四项科学计划，争取到 2025 年，使我国地震科技达到国际先进水平，国家防震减灾能力显著提升。其中"韧性城乡"的计划提出，一方面是要科学评估全国地震灾害风险，研发并广泛采用先进抗震技术，显著提高城乡可恢复能力，不断促进我国地震安全发展，另一个重要的方面就是希望在社会心理韧性的构建取得突破性的进展。

心理韧性；韧性的英文为 Resilience，原本是物理学概念指物体受到外力挤压时回弹。引申为面对严重威胁，个体的适应与发展仍然良好的现象。对心理韧性的研究始于美国，但各国研究者对科学意义上韧性的概念还未取得共识。国内学者也称为抗逆力；在面对挫折、困难时，有一些人能够很快适应环境的挑战，迅速恢复到正常的心态，好像一根弹性很好的弹簧，受到压力后能够迅速回弹。心理学家把这种迅速反弹的能力称为抗逆力（图 3）。

人类应该如何面对地震灾难，这是一个值得我们人类思考的问题。遭受强烈地震肯定会给我们的正常生活带来巨大的影响。灾难过后，无论是地震中的幸存者，还是参与救援

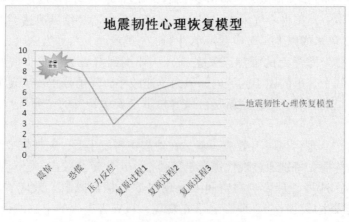

图 3　地震韧性心理恢复模型

的人员，甚至通过媒体报道获知震灾信息的非灾区居民，大多都会产生创伤后的心理反应，这是人类对异常环境和事件的正常反应，此时应告知公众如何正确认识人类对这种灾难正常的心理反应、如何适当处理这些反应，并倡导对此给予足够的关注。地震应急期的防震减灾科普工作增强了社会公众抗御地震的能力，社会效益是非常显著的。心理韧性、地震应急期科普应注重人们心理韧性的构建。

5 地震应急期科普的实例分析

5.1 四川九寨沟7.0及新疆精河6.6级地震应急期概述

5.1.1 四川九寨沟7.0级地震应急期概述

2017年8月8日21时19分，四川阿坝州九寨沟县（北纬33.20度，东经103.82度）发生7.0级地震，地震造成四川、甘肃、青海、宁夏、陕西等多省震感明显。8月8日晚上22时，中国地震局根据《国家地震应急预案》，启动Ⅰ级应急响应。8月9日国务院抗震救灾指挥部根据四川九寨沟7.0级地震震情灾情综合判断，决定启动国家Ⅱ级地震应急响应。据四川省政府新闻办8月13日公布，"8.8"九寨沟地震共造成29人遇难，1人失踪，543人受伤，直接经济损失80.43亿。地震造成公路破坏、房屋损毁、严重人员伤亡，还引发地质次生灾害，山体崩塌、滑坡、滚石等，表现出地质灾害规模小、数量多、集中连片、影响范围广、危害大的特点。此外，这次地震造成九寨沟旅游产业暂时中断。世界自然遗产和风景名胜区局部严重损毁，间接经济损失难以估量。截至8月13日8时00分，共记录到余震总数为3286个，其中4.0～4.9级地震3个，3.0～3.9级地震26个，最大余震为8月9日10时17分四川阿坝州九寨沟县4.8级。8月19日，中国地震局决定终止四川九寨沟7.0级地震应急响应，地震应急期为12天。

5.1.2 新疆精河6.6级地震应急期概述

2017年8月9日7时27分，新疆博尔塔拉州精河县附近（北纬44.27度，东经82.89度）发生6.6级地震。8月9日8时，中国地震局根据《国家地震应急预案》，启动Ⅲ级应急响应。截至08月10日11时，新疆维吾尔自治区党委宣传部公布，地震共造成精河县32人受伤，其中2人重伤，142间房屋倒塌，1060间房屋受损，61处院墙和26座畜圈倒塌、4条牧道受损，县城6栋楼房裂缝，受地震波及的伊犁哈萨克自治州有544间房屋、36座畜圈受损。8月12日，新疆精河6.6级地震现场应急处置工作进入总结阶段，截至8月12日10时，共记录到余震总数337个，4.0—4.9级地震6个，3.0—3.9级地震13个，最大余震为4.7级。8月14日，中国地震局决定终止新疆精河6.6级地震三级应急响应，地震应急期为6天。

5.2 中国地震台网中心地震应急任务

《中国地震台网中心地震应急预案（修订）》（震台网发〔2014〕3号）是根据《中华人民共和国突发事件应对法》（简称"突发事件应对法"），《中国地震局地震应急预案》（中震发救〔2013〕75号）制定的。在台网中心地震应急预案中明确规定地震应急工作的基本职责是："速报地震参数及大震监测应急快速产出，地震应急快速信息服务；提供灾区社会、经济和人文、灾害损失评估等基本情况以及辅助决策意见；余震监测、应急专题图件制作、提出震后趋势判断的初步意见；保障信息网络的畅通，保证抗震救灾指挥部技术系统的正常运行；确保各类信息的及时上报、发布和更新，门户网站运行维护、舆情跟踪研判；派出本单位地震现场应急工作队员参加现场应急工作"。国家突发事件的应对主要分为预防与应急准备、监测与预警、应急处置与救援、事后恢复与重建等四个重要过程。台网中心在地震应急应对中的主要职责是地震监测与预警。

中国地震台网中心（以下简称台网中心）是我国防震减灾工作的重要业务枢纽、核心技术平台和基础信息国际交流的重要窗口。台网中心防震减灾业务工作具有极强的社会属性。台网中心防震减灾宣传和科普工作的受众群体，也应该更多的是面向社会公众进行防震减灾科学技术普及和宣传工作，是传递正能量的过程。对于动员全社会广泛和自觉地参与防震减灾实践，切实提升全社会防震减灾综合能力，最大限度地减轻地震灾害风险为根本宗旨，更好地服务和保障经济社会发展，具有十分重要的意义。

《中华人民共和国政府信息公开条例》2007 年 1 月 17 日国务院第 165 次常务会议通过，自 2008 年 5 月 1 日起施行。在现代社会条件下，防震减灾的公众理解和公众参与对地震科学的发展和防震减灾具有划时代的重要意义，因为防震减灾归根到底是需要全社会共同参与的一项系统工程。我国防震减灾工作中一直十分重视地震科学的公众理解和公众参与（图 4）。

图 4　中国地震台网中心地震应急工作示意图

5.3　四川九寨沟 7.0 及新疆精河 6.6 级地震应急期科普应对实例分析

5.3.1　2 分钟完成地震自动速报、第一时间让公众知晓准确地震参数信息

中国地震台网中心全国 24 小时地震监测，面向社会公众实时发布地震监测信息。2017 年 8 月 8 日 21 时 19 分四川九寨沟 7.0 级地震发生；8 月 9 日 7 时 27 分新疆精河 6.6 级地震发生，地震发生后，台网中心地震自动速报系统 2 分钟以内完成自动速报并及时推送地震速报短信，让公众在第一时间掌握地震发生的准确地震参数信息。

5.3.2　第一时间快速反应、给出原震区震后趋势、平息社会公众恐震情绪

四川九寨沟 7.0 及新疆精河 6.6 级地震发生后，台网中心第一时间快速反应，召开紧急视频会商会，第一时间给出原震区震后趋势，后续在二级地震响应期间，通过滚动会商、专题会商等形式，密切跟踪地震序列，研判震后趋势。正确的震后趋势判定及强余震预测结果，是地震应急、抗震救灾及恢复重建等工作的决策依据，对平息社会公众恐震情绪，维护社会生活的稳定具有重要的作用（图 5）。

图 5　全国 24 小时实时地震监测示意图

5.3.3　震情应急指挥、沉着应对、迅速响应、灾情评估与调查

启动地震监测应急快速信息服务，提供灾区社会、经济和人文、灾害损失评估等基本情况，地震发生 15 分钟后，通过国务院抗震救灾指挥部应急响应指挥决策技术系统，对四川九寨沟 7.0 及新疆精河 6.6 级地震进行灾害预评估，地震发生 25 分钟整装待发奔赴现场，为各级领导决策提供了可靠的依据图 6、图 7。

图 6　四川九寨沟 7.0 及新疆精河 6.6 级地震地形图

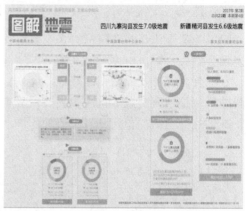

图 7　四川九寨沟 7.0 及新疆精河 6.6 级地震
震中人口分布及灾害评估图

5.3.4　科学防震避震、有效减轻灾害损失、地震突发事件的正确舆论引导

台网中心制作了 5 集地震科普短片。2017 年 8 月 8 日四川九寨沟 7.0 级地震，8 月 9 日新疆精河 6.6 级地震，再次引发了人们对防震避震知识的关注。为最大限度减轻地震灾害损失，使公众掌握科学的防震避震常识和正确的应对方法，由中国地震局办公室监制，中国地震台网中心联合中央电视台制作的 5 集地震科普短片在中央电视台、央视新闻客户端首播，并被腾讯视频、搜狐视频等多家媒体平台转播。

短片分为 5 集，分别为《地震发生时如何第一时间科学避震》《震后如何紧急规避次生灾害》《地震被埋如何紧急自救互救》《地震破坏程度与哪些因素有关》《震后余震活动特点及防范措施》，以大众的语言、形象的动画向公众介绍了震后避险、次生灾害及余震防范、自救互救等防震避震常识，通过多种媒体平台广泛传播，使公众在发生地震灾害时，能够采取科学、有效的防范措施，有助于平息恐慌情绪，正确引导舆情，树立地震部门正面形象。

地震发生后，中国地震局立即启动地震 II 级应急响应，在第一时间，迅速行动，紧张有序完成了媒体应对与舆论引导等应急科普宣传工作，接待新华社、人民日报、中央电视台等 20 家主流媒体共 40 批次。新媒体在地震应急科普宣传中发挥了积极作用，中国地震台网中心利用机器人进行地震速报，以 "25 秒 540 字 5 张图片" 获得主流舆论充分肯定，舆论高度评价机器人地震速报的高效，同时也指出，对待人工智能需保持理性，应看到其作为程序化的机器，与能够思考的人仍存有差距图，见 8、图 9。

5.3.5　地震应急科普 "功夫" 在平时

《习近平谈治国理政》一书中，习总书记讲过这样一段话："平安是老百姓解决温饱后的第一需求，是极重要的民生，也是最基本的发展环境"。

2018 年是 "5·12" 汶川大地震十周年。汶川大地震给我国造成了巨大的人员伤亡和财产损失。2008 年 5 月 12 日 14：28 四川汶川发生了 8.0 级大地震，死亡人数 6.9197 万人，受伤人数 37.9197 万人，失踪人数 1.8222 万人，直接经济损失约 1 兆人民币。据中国地震台网中心测定：余震：5497 次，$M_s 4.0$ 以上 255 次，$M_s 5.0$ 以上 298 次，$M_s 6.0$ 以上

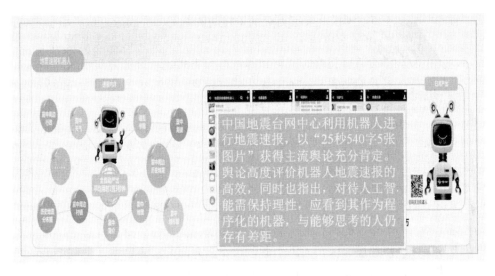

图8 新媒体在地震应急科普中发挥了积极作用

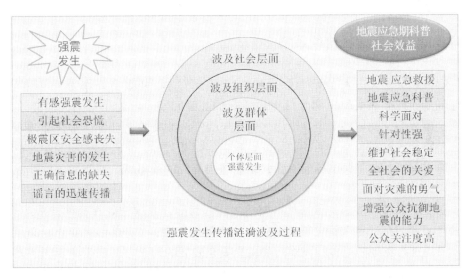

图9 地震应急科普的社会效益分析图

8次。（以上数据统计截止到2009年05月27日）

恩格斯有句名言："一个聪明的民族，从灾难和错误中学到的东西会比平时多得多。"大地震灾害的惨痛教训时刻警示我们，必须进一步加强防震减灾科普教育，提高全社会的防震减灾意识，普及防震避震、自救互救常识，增强自我保护和自救互救能力。

2018年5月12日，是中国第九个防灾减灾日。2009年3月，中华人民共和国国务院批准，每年5月12日为全国"防灾减灾日"，每年的主题略有不同：2010年为"减灾从社区做起"；2011年为"防灾减灾从我做起"；2012年为"弘扬防灾减灾文化，提高防灾减灾意识"；2013年为"识别灾害风险，掌握减灾技能"；2014年为"城镇化与减灾"；2015年为"科学减灾，依法应对"；2016年为"减少灾害风险，建设安全城市"；2017年为"减轻社区灾害风险，提升基层减灾能力"。国家设立"防灾减灾日"的目的是为了提醒国民"前事不忘、后事之师",大家需更加重视防灾减灾,最大限度努力减少灾害风险。

2017 年,习近平总书记在唐山大地震 40 周年之际视察唐山时发表重要讲话:"坚持以防为主、防抗救相结合,坚持常态减灾和非常态救灾相统一,努力实现从注重灾后救助向注重灾前预防转变,从应对单一灾种向综合减灾转变,从减少灾害损失向减轻灾害风险转变,全面提升全社会抵御自然灾害的综合防范能力。"

台网中心十分重视防震减灾科普工作,充分认识做好防震减灾科普工作的重要性,强化政治意识、责任意识、阵地意识。按照国家减灾委和中国地震局震害防御司关于做好国家防灾减灾日有关工作通知的要求,台网中心统一部署、重点突出地,多年来圆满完成了防灾减灾科普开放活动周的工作。

为了更好地面向社会公众介绍防震减灾科普知识,紧紧围绕台网中心主责主业,中心创作了主题明确,内容丰富的科普展示墙及科普手册,让社会公众亲身感受防震减灾工作在保障社会发展和经济建设、保护人民生命财产安全方面的重要性,对台网中心的防震减灾工作有整体的认识,对防震减灾工作有更加全面的了解。社会公众通过实地参观,对有关地震的社会舆论热点话题有了更加客观、理性的认识,起到了很好的科普宣传效果。

6 新时代地震应急期科普的策略

中国特色社会主义进入了新时代,新时代要有新气象,更要有新作为。我国目前正处在全面建成小康社会、实现"两个百年目标"的关键时期,习近平总书记强调"2020 年全面建成小康社会,我们将举全党全国之力,坚决完成脱贫攻坚任务,确保兑现我们的承诺。我们要牢记人民对美好生活的向往就是我们的奋斗目标,坚持以人民为中心的发展思想,努力抓好保障和改善民生各项工作,不断增强人民的获得感、幸福感、安全感,不断推进全体人民共同富裕"。

地震多发、灾害严重是我国的基本国情之一。目前,我国正处在全面建成小康社会、实现"两个百年目标"的关键时期。党的十九大报告指出:"实现伟大梦想,必须进行伟大斗争。要更加自觉地防范各种风险。要树立安全发展的理念,弘扬生命至上、安全第一的思想,健全公共安全体系,完善安全生产责任制,坚决遏制重特大安全事故,提升防灾减灾救灾能力。"这是新时代防震减灾事业的发展给我们提出了更高的新要求。

新时代地震应急期的防震减灾科普工作任重道远,我们要清醒认识我国地震多发的国情。地震应急期的科普十分重要,它对于安定人心、稳定社会、减少灾区和救援人员生理、心理上的伤害会起到很大的作用。在新时代如何做好地震应急期科普工作,这是一个摆在我们面前的新课题。首先,我们要科学面对未来复合型灾害,高效沟通,正确引导舆论、维护社会稳定;第二、主动稳妥、提高政治站位,促进"突发事件应对法"法制宣传与地震应急科普有机结合;第三、注重实效、优化、协同、供给侧结构性改革与地震应急科普效能的提升;第四、健全机制,新时代地震应急科普应纳入地震应急处置机制;第五、贵在坚持,地震应急期科普在平时点点滴滴的积累;第六、心理韧性,地震应急期科普应注重人们心理韧性的构建。

参考资料及文献

闪淳昌，CRDRI 发改学术委员国务院应急管理专家组组长闪淳昌谈应急管理部的组建，《劳动保护》，
　2018 年第 5 期。

高建国，200403，地震应急期的分期，灾害学，第 19 卷第 1 期，11～15。

蒋海昆等，2015，震后趋势判定参考指南，地震出版社。

王晓民，201506，浅谈震时科普的地震应急需求和价值，中国应急救援，06，33～35。

邹文卫，地震社会心理与防震减灾宣传［J］，灾害学，2006，21（3）：114～119。

科技沙龙，抗震救灾中的应急科普，中国科技教育，2008 年第 7 期：18～25。

刘正奎，吴坎坎等，我国灾害心理与行为研究＊，心理科学进展，2011，Vol. 19，No. 8，1091～1098。

董惠娟等，2007.02，地震灾害心理伤害的相关问题研究，自然灾害学报，2007，02，19 卷第 1 期，
　153～158。

刘正奎，2012，重大自然灾害心理援助的时空二维模型，中国应急管理，MAY·41～45。

时勘，2003，危机突发事件的社会心理预警研究，北京社会科学，2003 年第 4 期 51～59。

时勘，2003，中国灾难事件和重大事件的社会心理预警系统研究思考，管理评论 2003，Vol. No. 4
　18～22。

李志强等，2008，对汶川地震宏观震中和极震区的认识，地震地质，2008 年第 30 卷，第 3 期，
　768～777。

龙海云等，汶川大地震 4 周年纪念活动——四川灾后重建与北川地震遗址区发展战略研讨会，城市与减
　灾，2012（04）：（46～47）。

龙海云等，"5·12"四川极重灾区学校震害自救与科普教育——彭州市小鱼洞镇中小学校防震减灾的应
　急方案设计，中国科普理论与实践探索—2010 科普理论国际论坛暨第十七届全国科普理论研讨会论文
　集，2010（05）：（407～414）。

陕西防震减灾宣传教育工作的实践和特色 *

　　受 2008 年汶川 8.0 级特大地震波及影响，陕西经济损失和人员伤亡严重，面对"高风险的城市、不设防的农村以及广大社会公众防震减灾意识薄弱"的现实，陕西省地震局在加强城市活动断层探测、城市小区划等地震灾害工程性防御措施的同时，积极探索防震减灾宣传教育工作的新机制、新途径和新方法，防震减灾宣传教育工作羽翼渐丰。

1　建立新机制，依法开展防震减灾宣传教育工作

　　为贯彻新修订的《中华人民共和国防震减灾法》，2009 年陕西省修订的《陕西省防震减灾条例》第四十七条规定，"每年 5 月 12 日所在周为防震减灾宣传活动周"，第四十八条对各级人民政府、机关、团体、企事业单位防震减灾宣传教育的责任做出了详细的规定，尤其是进一步明确了教育、新闻媒体等部门在防震减灾宣传中的责任和义务。有了法制保障，在地方党委和宣传部门的大力支持下，陕西省地震局先后与省教育厅、文化厅、民政厅、广电局等部门建立了良好的协作关系，进一步完善了防震减灾宣传教育工作机制。自 2010 年以来，在每年"陕西省防震减灾宣传活动周"期间，省政府都结合当年国家防灾减灾宣传主题，精心安排防震减灾宣传教育工作。各级政府、相关社会团体、企事业单位、学校统一行动，围绕主题广泛开展地震科普宣讲、地震应急演练等活动，电视、广播、报纸、网络等各类媒体也推出形式多样的宣传节目。

　　每年"防灾减灾日"所在周，按照省委省政府统一安排，省民政厅、省地震局、省教育厅等相关省级政府部门、各市县人民政府，均围绕每年国家"防灾减灾日"主题，以"面向基层、接地气、贴近民众、重实效"为出发点和落脚点，开展地震应急演练、民居抗震建筑工匠培训、地震科普知识"六进"、公民走进地震局等系列活动。还将建筑专家请进宣传活动中，用大量图片、事例讲解民居建筑安全要点，将课堂式的宣讲活动延伸到了建房施工场地，现场为工匠们讲解房屋建筑抗震安全设计、施工技术的关键环节和注意事项，直观、生动、易于理解。工匠代表们纷纷表示：这样宣传活动是我们想要的，太实用了。

2　发挥行业引领，构建防震减灾宣传教育工作新格局

　　获知陕西是"全国文化信息资源共享工程"首批试点省份信息后，陕西省地震局积极沟通、主动协调、乘势作为，全面梳理防震减灾宣传产品，并将其打包输入刚建成的省级信息服务中心，并由其输送到 6 个市级支中心、101 个县级支中心，以及 1543 个乡镇、

---

　　* 作者：张芝霞，谢迪菲，董星宏，陕西省地震局。

27396 个村、146 个街道、1144 个社区的基层服务点，搭建起了省、市、县（区）与乡、村基层服务点相结合的防震减灾科普宣传服务平台，真正做到了地震科普知识进村入户，为逐步消除乡镇农村防震减灾宣传盲点和死角奠定了坚实基础。

市县地震工作部门是面向基层、服务基层、直接服务百姓的主要力量，发挥市县地震部门在防震减灾宣传教育中的作用十分重要。陕西省防震减灾宣传教育中心积极为市、县（区）、地震台站的防震减灾宣传工作提供指导和支持，在加强宣教产品创作和研发的同时将所有宣传相关产品制作成电子版，提供给市县（区）地震工作部门和地震台站，既方便市县（区）使用或进行二次开发提供服务，又促进了宣教产品和科普知识的广泛传播及普及。此外，通过门户网站，全省各级各类学校、企业等社会团体可以下载防震减灾科普宣传资料，为防震减灾知识"六进"活动提供有力支撑，构建了上下联动、全社会共同参与的融合式防震减灾宣传新格局。

3 动员社会力量，形成防震减灾宣传教育新合力

在不断丰富"文化信息共享工程"地震科普宣传内容的同时，陕西省地震局积极与省文化厅沟通，拓展防震减灾文化宣传新途径，2012 年共同签署了"促进陕西防震减灾文化宣传合作协议"，确定了在陕西省"科技之春宣传月"和"省防震减灾宣传活动周"等重点活动中紧密合作的长效机制。利用有利时机，通过省文化厅组织陕西文化界知名人士走进陕西省地震局，了解全省防震减灾工作发展进程、地震科学发展历史、地震监测预报现状与进步、地震信息发布工作流程等，并深入地震监测台站，参观地震监测工作环境，了解地震监测方法，在与地震台站职工座谈交流的过程中体验地震监测一线人员坚守奉献的情怀。

发挥主流媒体的舆论引导作用。每年"5.12"防震减灾宣传活动周期间组织省内各类媒体深入市县、地震台站开展"防震减灾三秦行"，深度报道陕西防震减灾工作。《陕西日报》刊载《走进神秘的地震监测台》一文，陕西省电视台以"揭开地震监测工作神秘面纱"为题进行跟踪报道，西部网采写的"农村房屋质量参差不齐，是否是高成本阻碍抗震房建设""基层见闻：一个人的羊肠小道；时间久了都不会说话了""我省建成数字化地震观测网络""2.5 级以上地震可以完全监测到"等系列报道 40 余篇，充分发挥了主流媒体在舆论引导的主阵地作用。这些活动的广泛深入开展，有利于社会公众对防震减灾工作的了解、理解，更有利于树立地震部门的行业形象。

4 探索新途径，防震减灾宣传形式多样化内容系列化

顺应网络时代信息传播新潮流，发挥新兴网络自媒体宣传效能，是陕西省地震局寻求多层次、多渠道开展防震减灾宣传工作的突破口。在多年宣教工作的基础上，2011 年陕西省地震局成立防震减灾宣传教育中心，2012 年相继开通了陕西省地震局官方微博、微信，制定了《陕西省地震局官方微博管理办法（试行）》和工作流程及细则，建立更新维护工作制度，2 名青年科技人员 24 小时轮流值守。利用微博、微信平台实时发布国内外震情信

息、重大科技动态，宣传防震减灾方针政策、反映本省防震减灾重大工作举措；通过微博微信平台传播地震科普知识、接受问题咨询、平息地震谣传、引导网络舆情；通过微博平台先后开展了"网友走进地震局""走进地震台站""走进防震减灾科普场馆""随手拍身边的应急避难场所""地震科普知识有奖答题"等系列专题活动。陕西省地震局官方微博微信已成为地震灾情及相关突发事件信息快速收集的新渠道、防震减灾科普知识普及的新窗口及联系社会公众的新平台、弘扬行业精神的新阵地，在陕西省政务微博评比中多次受到相关部门表彰。

发挥专家群体作用，组建了陕西省地震科普宣讲团，这是实现防震减灾知识"六进"目标的重要手段。2009 年成立了以主管局领导为团长的"地震科普宣讲团"，面向全省开展防震减灾知识宣讲，同时，制订了宣讲团管理办法，制作了针对不同受众的科普宣讲公共部分标准课件，强化面对面、针对性的科普宣传工作。多年来，仅省地震局组织的宣讲年均 40 余场/次，宣讲对象涵盖了党政领导干部、乡镇防震减灾助理员、学校师生、社区居民、工人、部队军人等。为了提高宣讲水平，宣讲团不定期地组织成员间的交流研讨，请老专家向宣讲团成员传授地震科普宣讲经验，组织新成员随同老专家开展科普宣讲，形成相互学习借鉴和"传帮带"格局。同时，邀请科普宣讲专家同行做专题讲座，提升陕西地震科普宣讲技巧。此外，还通过发放科普宣讲随堂调查问卷，了解宣讲效果和受众需求，督促宣讲团成员不断提升水平、提高宣讲感染力。陕西省地震科普宣讲团不仅走进了省市县各级党校、行政学院领导干部培训班、各级党政中心组学习的会场，也进入大专院校的安全教育课堂，还成为企业、行业职工培训专题教育的教学团队，为推动陕西防震减灾事业发展起到了积极的推动作用。

加强防震减灾宣传产品创作，逐步实现防震减灾宣传教育产品本地化、系列化。设立专项经费，通过"创意＋公司"模式，开展科普宣传产品系列化创作。目前，已经先后出版发行了两个系列地震科普读物、两个系列动画短视频多部，逐步形成了富有陕西地方特色的地震宣传系列产品，克服了科普宣传产品形势单一、缺乏趣味性、缺乏地方特色的缺陷。比如日本"3.11 地震"和云南"鲁甸地震"后，针对社会公众对地震预警的误解，制作的"我所了解的地震预警"动画宣传短片，获得了科技部优秀科普微视频奖。此外，我们的系列地震科普读物、短视频也获得了陕西省优秀科普读物和优秀微视频奖。

5　树立新形象，弘扬防震减灾行业精神

我国防震减灾事业走过 40 多年发展历程，取得了长足发展，艰辛探索过程和取得的成绩凝聚着代代地震人的心血，蕴含着坚守奉献、追求卓越的行业精神。这是我们加快防震减灾工作现代化、信息化的重要精神食粮和动力源泉，为此我们策划、制作了一系列展示陕西省防震减灾事业发展成果的宣传视频和宣传图册，如《新跨越》，展现了陕西防震减灾事业在"十一五"和汶川地震灾后恢复重建工作成果；《减轻地震灾害　护航和谐陕西》再现了陕西防震减灾工作发展进程；"灾后新生旧貌新颜——纪念汶川地震陕西灾区抗震救灾胜利五周年"（视频）生动展现了陕西抗震救灾与恢复重建工作，《漫道如铁》（图册）记录了陕西防震减灾工作发展轨迹。这些，既向社会公众展示防震减灾工作成就、

技术进步及社会贡献，又展示了地震人艰辛探索的历程，树立了地震人良好的社会形象，激发了广大地震系统职工的干事创业的热情和积极性。

用身边人说身边事，聚人气、扬正气，树立防震减灾工作新风尚。深入地震监测工作一线，采访工作人员，通过影像记录台站工作，展示职工默默无闻，坚守奉献在地震监测科学工作前沿的行业精神，赞誉他们将"看似简单的事情重复做好、不断重复的事情认真做好"所付出的辛勤劳动；关注地震监测一线涌现的先进事迹和先进人物，及时通过官方微博、微信颂扬地震人甘于清贫和寂寞、坚守奉献的精神。

在防震减灾事业发展的新征程中，我们将以习近平总书记"科技创新、科学普及是实现创新发展的两翼，要把科学普及放在与科技创新同等重要的位置"的论述为指引，努力开创防震减灾宣传教育工作新局面，以全面提升社会公众防震减灾意识、地震应急避险和自救互救技能为目标，为建设富强、和谐、美丽新陕西做出更大贡献。

谈谈如何提升地震工作者的地震科普能力[*]

中国地震科普目前来说还是处于一个起步阶段，普及程度不够高，普及范围不够广。对于地震科普、模拟地震发生后该如何自救互救之类的课程，学校还没有纳入必修课。在现实生活中，地震科普与我们的联系程度还不够紧密，很少会在公共交通工具上看到有关地震科普的消息，也很少会看到电视、网络媒体上播放地震科普类视频。因此，社会上很多人对地震知识关注甚少，当然，这无疑有一部分原因是地震科普工作有所欠缺。

那么，科普宣传工作到底欠缺在哪些方面呢？我想有以下几点：

（1）教育普及度不高。从受教起，几乎所有的学生都是文化课占最大比重，语文数学英语是主力军，物理化学生物政治历史地理是二线地位，而像心理课程、科普教育课程、音乐美术体育类课程都是排在最后、可有可无。从小到大，父母老师说的都是"去读课文""去做数学题目""去背英语单词"，对于那些带你"参观科普馆""去写生""去打球跑步"的话，孩子们听到的概率应该不会多于百分之十。那么，从小教育方面，地震科普所占分量就不重，何谈长大之后的那些孩子会懂那么多地震知识呢？想来也是有因果关联的。

（2）媒体宣传分量少。曾经看过一个笑话，大致内容是社会上有人质疑地震行业却没人质疑气象行业，原因就是每天都有天气预报而没有地震预报。虽是笑话，却也是反映了地震与媒体的互动之少。天气预报让民众意识到气象行业存在的重要性，那么如果地震科普的普及范围能够更广泛、普及内容能够更大众化，地震行业在民众心中的位置必然会更有分量。当然，目前地震预报，尤其是短期地震预报还是个世界性难题，因为人类的视线还无法穿透厚实的岩层直接观测地球内部发生的变化。但是地震科普教育却是可以发挥着重要作用的使者，它可以是民众与地震行业连接的纽带，媒体，无疑可以承载科普重任。然而，目前媒体发挥的价值没有达到预期。

（3）政府民众互动少。地方的地震科普馆可以说是门可罗雀，甚至一些地方闭馆不开放，这无疑是错失了一个地震科普的大好机会。前段时间我去参观中国科技馆，无论是建筑外观设计还是展示内容和方式方法，都很具有吸引力。中国科技馆集展示与参与、教育与科研、合作与交流、收藏与制作、休闲与旅游于一体，是一个主题突出、功能完善、形象完整并具有国际先进水平的现代化综合性国家科技馆。在参观过程中，我学到了很多科学知识，同时也沉浸在我国科技发展的震撼中，另外，也深感防震减灾科普事业仍任重而道远。我思索着，如果地方地震科普馆也如这般匠心建设，那么地震科普的吸引力必然会上升几十个台阶。当然，为避免资源浪费和流于形式，科普馆的管理也是需要用心经营的，而这，就需要政府和社会的多方支持了。

在十九大会议上，习近平总书记在报告中提出的"树立安全发展理念，弘扬生命至

---

* 作者：夏文君，江苏省地震局宣教中心。

上、安全第一的思想，健全公共安全体系，完善安全生产责任制，坚决遏制重特大安全事故，提升防灾减灾救灾能力"的要求，表明了中央对防震减灾建设的决心。因此，每一个地震行业工作者都要把思想和行动统一到党的十九大精神上来，不忘初心、牢记使命，进一步增强使命感和责任心，将报告精神贯彻落实到实际工作中去。作为地震行业一员，我认为自己肩负重任，承载着的不仅仅是份内工作，而更多的是如何将自己所学所知应用于实践，普及给民众。每一位地震工作者都有责任、有使命为推进防震减灾事业发展贡献自己的一份微薄之力。

一是要推进防震减灾科普理念化。通过系列地培训学习，提升地震科普人员的专业度。在培训过程中，更加深入地了解地震科学知识：地震是什么、是如何发生的，地震的危害，地震的前兆现象，以及地震小常识。首先，地震是一种普通和常见的自然现象，但由于地壳构造的复杂性和震源区的不可直观性，关于地震，特别是构造地震，是怎样孕育和发生的，其成因和机制是什么，至今尚无完满的解答，但目前科学家比较公认的解释是构造地震是由地壳板块运动造成的。破坏性地震是指发生地震级别较大、一般震级大于5级、造成一定人员伤亡和建筑物破坏或造成重大的人员伤亡和建筑物破坏的地震灾害，它往往伴随大地震撼，地裂房塌，甚至是摧毁整座城市，并且在地震之后，水灾、火灾、瘟疫等严重次生灾害更是雪上加霜，给人类带来了极大的灾难。因此，防震减灾知识科普很有必要。其次，深入学习关于有关地震的一些概念：地震波、震源震中、震级和烈度等，对地震方面的知识更加细致地掌握，以便于更好地开展地震知识科普工作。再次，对于地震的前兆现象了解更多。比如：大小动物，惊恐不安；井水升降，翻花打旋；地裂崩塌，地气地雾；地声隆隆，地光闪闪；八月飞霜，严冬花艳。最后，我认为防震减灾小常识也是地震科普必不可少的。实际上，地震本身所造成的震动、地裂缝等对人类的威胁并不大，灾害性地震所造成的损失主要是因为建筑物倒塌造成的。根据科学家对世界上130次破坏性地震的调查表明，95%的人员伤亡和财产损失是由各类建筑物倒塌及生命线工程的破坏和地震引发的各种次生灾害造成的，但由于我们现在科学技术水平及经济条件的限制，不可能把各类建筑无限度地加固，并且由于现阶段地震预报水平还远远达不到人们希望的准确程度，因此灾害地震往往在人们没有准备的时候，令我们猝不及防、惊慌失措而错失躲避地震的良机，甚至可能会因采取了错误的行动而造成不必要的伤亡，因此，掌握科学的应急避震、自救互救等方法，可以最大限度地减轻地震灾害。一旦感觉到发生了地震，首先要保持头脑冷静，切忌不能盲目跑向阳台准备跳楼，而跳楼也是极不明智的，容易摔成骨折甚至死亡，另外也不要盲目通过门窗外逃，更不能去乘电梯，因为楼内的电力系统很可能会被破坏，而使人困在电梯内。正确的避震方法是迅速躲到承重墙较多、开间较小的厨房、卫生间，因为这些地方结合力强，尤其是管道经过的地方，具有较好的支撑力，抗震系数较大，相对比较安全。如果情况太紧急，也可就近躲在没开门、窗的下方或结实的家具旁，用柔软物体保护要害部位。在躲避时最好抱住管道之类的固定物，这样一是可以抵御地震波到来时不断的振动，二是多层砖混房屋塌落时，楼板或屋盖有时会呈倾斜状态，抱住固定物可以防止顺着楼板滑下而被埋压。明代思想家王守仁曾经认为，知是行之始，行是知之成。所以只有将理念学习好，才能更好地付诸于实践。防震减灾科普更是如此。

二是推进防震减灾科普多元化。去年，我很荣幸地参加了一次科普培训，中央电视台科教频道制片人薛建峰老师给我们学员上了很生动的一课，主题是科普影视作品创作。课堂中，我对视频节目的多样性、短视频的创作技巧、节目创作的基本点、多媒体传播特点、科学影像的核心竞争力等内容更加深入地了解，从而对防震减灾科普宣传创作有了更大的帮助。视频节目多样性体现在新闻节目，文艺、综艺节目，谈话节目，电视剧、电影、栏目剧，纪录片、真人秀等方面，涉及面广，传授的内容广。同时又不乏针对性，观众有不同的需求，视频节目的多样性则极大地满足了观众的需求。防震减灾科普亦是如此，面对儿童、青少年、成年人应该如何科普，面对有教育经历的、教育经历有所欠缺的应该如何科普，都是应该要考虑的。因此，防震减灾科普更注重针对性、多样性、灵活性是大势所趋。传播渠道不应只是新闻、单位的固有网站，更应该涉及微博微信等民众常用的软件；科普渠道不应只是单方面的信息发布，更应该以科普馆的方式亲近民众，与民众互动，从而让民众自然而然的想去接受地震知识而非被动接受。防震减灾科普要实用性和趣味性相结合，纪实和故事相结合，科学与美学相结合，最大限度的再现客观世界、表达主观世界。

三是推进防震减灾科普实践化。瞿秋白曾说过：只有实际生活中可以学习，只有实际生活可以教训人，只有实际生活可以产生社会思想。有了防震减灾理论，还需应用于实际。因为实践是检验真理的唯一标准。科普宣传是事业宣传、新闻宣传、法制宣传、应急宣传的基础。科普宣传工作总体思路应该遵循"主动、稳妥、科学、有效"原则，观点要明确，避免含混不清；应急指导既要有科学性，也要有可操作性。作为地震部门，任务主要有四点，一是提高全民防震减灾意识；二是贯彻预防为主，防抗救相结合方针；三是合作与协调；四是向社会提供公共产品和公共服务。而身为地震行业的工作者，一旦踏入地震行业，也就应该知道已经做好了能吃苦耐劳的准备。防震减灾的行业精神就是"开拓创新，求真务实，攻坚克难，坚守奉献"，这短短 16 个字是防震减灾事业的文化内涵和精神实质，是广大地震工作者的精神动力和思想引领。我们深入学习防震减灾理论知识，深入贯彻防震减灾理念，是为了将理论与实践相结合，是为了将地震灾害降到最低，是为了更好地预防地震灾害，是为了保卫人民群众的安全。作为地震工作者，我深感使命重大，责任重大。当地震来临，那些地震工作者多次赶赴灾害现场，那股不怕牺牲、不怕吃苦的精神让我感动，在救援现场将地震救援知识应用于实践的那份睿智让我钦佩。我们都应该向每一个赶赴救援现场的地震工作者学习，发扬攻坚克难的精神，勇于面对和克服各种各样的困难，希望用每次救援经历向社会传达防震减灾理念，提高全社会的防震减灾意识、自救互救意识和能力。

在每一次地震发生后，都是一方有难八方支援，中国人民众志成城抗震救灾。每一次的大团结都闪烁着人性的光辉，每一次的大救援都体现着政府的关怀。中国人民的万众一心感动了世界人民，而我也相信，中国地震科普必定也会踏上成功之路，尽管路上充满荆棘、磨难和阻碍，但是只要中华民族紧密团结，大家共同不懈努力，一定能够在防灾减灾方面做出成绩，最大限度地减灾地震带来的损失。

以地震安全示范社区为平台
推进防震减灾综合能力建设[*]

社区是城市社会的基本细胞，是落实防震减灾各项措施的基层实施主体，发挥着重要作用。江西九江经开区防震减灾局针对社区这一特点，结合新建城区与农村拆迁安置融合发展实际，不断探索发展地震安全示范工程建设新途径、新举措。以"地震安全示范社区"建设为切入点，总结创建成果，推广成功创建经验，在全区范围内广泛开展地震安全示范社区建设工作，提升社区民众防范地震灾害风险的能力，实现减轻地震灾害损失的目的

1 凝聚力量、夯实基础，构建地震安全示范社区建设工作格局

九江经开区成立于 1992 年，管理范围约 140 平方公里，毗邻地震断裂带，2005 年瑞昌地震我区震感明显，部分农房倒塌，造成一定经济损失，防震减灾工作任重道远，以社区为单位辐射全区的地震安全工作显得尤为重要。同时，我区正处于工业经济与城市建设蓬勃发展时期，经开区始终高度重视防震减灾工作，自 2013 年成立防震减灾局以来，积极谋划，将社区作为地震安全建设的重点，旨在提升基层应急管理水平，进而提高全社会防震减灾意识和居民应对震害时自救互救能力。并且将地震安全示范社区建设工作纳入全区年度目标考核当中，增强防震减灾工作、地震安全示范社区建设工作的推动力和执行力。充分发挥防震减灾局职能作用及各街道、乡、场的协同创建主体作用。

目标引领行动，经开区防震减灾局多年来认真贯彻落实国家、省、市地震部门工作部署，制定"四个三"工作模式——三有、三明确、三落实、三机制，既在地震安全示范社区创建过程中，有方案、有机构、有场所，明确目标、明确职责、明确部门，落实人员、落实经费、落实措施，政府引导机制、部门协作机制、社会参与机制。在全区 1 乡 2 场 3 街道范围内，坚持试点一批、带动一批、储备一批的创建理念，广泛摸排区内各社区实际情况，以"三网一员"培训、地震科普宣传等活动为契机，在各街道、乡、场普及地震安全示范社区建设意义，以邀请省、市专家指导，加大经费支持，共建物资储备等多种方式，在人、财、物上提供必要的支持，调动各社区建设积极性、主动性，促进创建各项工作的开展。根据中国地震局《地震安全示范社区管理办法》和《江西省地震安全示范社区管理办法》等创建具体规定，在全区范围先后高标准打造国家级地震安全示范社区 2 个，省级地震安全示范社区 4 个，市级地震安全示范社区 2 个，并储备区级地震安全示范社区 4 个。

* 作者：周玮，江西省九江经开区防震减灾局。

2　因地制宜，突出特色，提升全区地震安全示范社区创建水平

社区地理位置、人员构成、经济条件均不尽相同，在地震安全示范社区实际创建过程中，经开区防震减灾局坚持因地制宜、突出特色，结合省、市专家指导意见，交流学习经验，梳理出不同社区创建工作重点，适应各类社区创建实际需要，提升全区整体创建水平。

张家渡社区针对社区区域面积大、孤寡留守老人多、个体门店众多的特点，积极组织和充分发挥社区居民、辖区企事业单位、志愿者等加入地震安全工作，建立由社区工作人员、党员、楼栋长、志愿者等 130 余人组成的地震安全工作队伍，开创地震安全网格化管理模式，地震安全建设实现横向到边、纵向到底的全覆盖形势，以采取安全排查、帮扶结对、应急演练、强化宣传等方式，在社区内形成了自救、互救的良好氛围。

在国家级地震安全示范社区向阳街道新湖社区，充分发挥社区内鹤湖学校的作用，依托鹤湖学校，开展大手拉小手活动，定期举行地震应急演练、防震减灾知识进校园，对学校学生进行地震自救互救知识普及及训练，以达到教育一个学生，影响一个家庭、带动整个社区的目的，提升社区居民防震减灾意识，熟练掌握地震应急技能。

针对群众防震减灾知识缺乏，自救互救能力不足的特点，在安置还房社区、三角线社区内，利用设区文艺团队，自编自演戏曲小段、民间山歌等，在社区文化广场以喜闻乐见，通俗易懂的方式进行地震安全知识宣传。通过小区广播、电子 LED 屏幕、宣传固定板块、灯杆旗、散发宣传册等形式，在居民身边随处可见的地方，开展地震安全知识宣传，宣贯防震减灾的重要性，使社区居民懂得按照避难标识牌的指向，安全有序就近应急避险。

对构成人员相对年轻社区，我们积极探索"互联网＋"宣传模式，利用年轻人对新媒体接受程度高、操作熟练的特性，建立社区 QQ、微信群，推广防震减灾微信公众平台，发挥日常宣传、紧急告知、谣言澄清等作用。该项措施在区内官牌夹、园艺等这一类型社区获得推广好评。

3　部门协作，构建地震安全示范社区良好态势

社区在各类创建工作中，获得综合提升，在地震安全示范社区创建过程中，充分考虑社区工作的综合性，紧密联系宣传、民政、卫生、消防等部门，结合综合减灾社区创建、文明社区创建等工作，整合资源、多方协作，共同构建综合精品社区。利用区内应急委员会平台，每年在社区开展防震减灾大型应急演练活动，提升社区地震应急操作能力。联合科技、应急、民政、文教等 12 家单位在社区联合开展宣传。采取摆放地震科普知识展板、设置咨询台、发放地震科普画册、社区电子屏幕滚动播放标语方式在区内各社区、学校进行防震减灾宣传，各单位电子显示屏全部播放防灾宣传片，累计现场发放防震减灾法律法规宣传单 10000 余份、防震避震常识 5000 余份。与团委、妇联等部门共同构建区、街道、乡、场、社区多级志愿者队伍，组建区级志愿者队伍 1 支、街道、乡、场志愿者队伍 6

支、社区志愿者队伍 15 支，志愿者人数达 800 余人。与规划、人防部门共同推进地震安全示范社区应急避难场所建设，在区内各社区共建成避难场所 53 个，切实提高社区地震应急避难硬件水平，实现了地震安全示范社区创建的多部门综合联动，发挥了部门共同创建的集群效力。

地震安全示范社区创建在高频率、全覆盖的推进过程中，以试点建设、经验推广、培训宣传等多种形式，扩大防震减灾工作影响力，使得全区上下形成了领导重视、部门协作、群众参与的地震安全示范社区工作态势。推行"社区地震安全人人有责、社区地震安全人人受益"的理念，强化"社区人"概念意识，

以社区为单位，成立社区文艺队、地震安全宣传队等队伍，以地震安全主题文艺演出、分组到家发放宣传册等方式，进行社区流动宣传，结合 LED 电子屏幕、宣传栏、横幅等常规宣传，扩大宣传受众人群，努力提高群众地震安全意识，群众在地震安全示范社区创建工作中，逐渐由被动了解向主动参与过渡。

4　创建成效展示

示范社区规划、设施完备

在张家渡、新湖、官牌夹等社区，联合民政、消防、国土、文教、卫生等部门，
高标准组织地震安全演练活动

在各社区设立防震减灾科普宣传栏普及防震减灾知识，提升居民自救互救能力

新建设社区应急避难场所，以满足本社区及辐射周边的应急避难需求

开展防震减灾科普知识宣传，增强社区居民防震减灾意识

地震预报为何那么难[*]

一次次强烈地震的不期而遇和每次专家学者们的总结性解释，地震预报是世界难题已逐渐成为社会的共识。然而，不论是对大众或是对从事地震研究的大多数专业人员，对地震预报为何那么难可能仍是云里雾里，就人类对地震的认识程度更是不得而知。全面深入分析地震过程、地震监测、地震预测和地震预报，将有助于人们客观认知地震预报为何那么难。

1   地震过程

地震，又称地动，可泛指由地球内部或外部原因引起的地表振动、晃动，乃至破裂等现象。人们通常所说的地震，主要指构造地震，是由地球内部某处激发的地震波传播到近地表时快速释放能量所引起的地震。一次地震实际上包括三个阶段：第一个阶段是能量在地球内部的突然释放（地震波的激发），第二个阶段是能量在地球内部的传播（地震波的传播），第三个阶段是能量在地表的释放（地震波的转换）。第三阶段就是通常我们所说的地震。

人们至今尚不清楚地震波在地球内部是如何激发的，也就说对地震的孕育机理仍不清楚。目前普遍认为是在震源由于力的逐渐积累导致岩石（层）破裂产生"弹性回跳"而激发地震波释放能量，但这仅是一种能被普遍理解的假说（推测）。也有学者脑洞大开，认为地球就是一个"巨型生物"，地震就犹如人在打"寒颤"，是因为身体局部能量失衡的快速调整，而非受力积累的结果。当然，地震孕育也可能存在其他机理，正如许绍燮院士所说，地震预报的困难主要是因为地震的复杂性，其成因机理超出了现有知识框架。

与地震一样，台风可分为三个阶段，即台风在大海上生成、运移和登陆致灾。不同的是，地震波传播速度极快，为每小时上万千米，是台风中心传播速度的一百多倍；地震波从震源到震中的距离大多为十余千米，而台风中心在海上传播的距离长达数百乃至数千千米。如此，台风在致灾前在海上的运移有一个长达数天的时间过程，而地震致灾前地震波的传播只有数秒至数十秒的时间。再者，台风一旦产生，数分钟内就会被卫星监测到，而地震波在震源发出后，最快也要到其传播至地表，才能被布设在震中区的地震仪器监测到，与此同时，震中区的地震灾害已然发生。多少年来，人们一直期盼有那么一天，对地震的预报就像现在对天气的预报那样，迅速、科学而又准确。事实上，天气预报也并非十分的准确，只是人们对天气预报的要求没那么高。天气变化是渐变的，但地震具有突发性（时间过程极短）。一定程度上说，天气预报属于过程预报，而地震预报属于突发事件预报。现实是，任何突发事件（如火灾、交通事故等）都难以准确预报而重在灾害防御。

---

* 作者：胡久常，海南省地震局。

2 地震监测

地震监测是指对地震活动、地震前兆的测量和监视。地震监测的目的，是记录和积累地震孕育过程中地球介质及各种物理场变化的连续、完整和可靠的资料，为地震的预测、预报和各项地震科学研究提供基础数据。地震监测包括对地震本身的监测和对地震前兆的监测。

对地震本身的监测，准确说是地震后的测定，即测震。在地球内部激发的地震波，我们并不能实时监测到，只能在地震波传播到地表后才能监测到，再通过反演计算得到激发地震波的起始时刻。至今，我们已监测到全球上百年来不计其数的地震。长期研究的结果是，一次地震与另一次地震之间几乎没有相关性，也就不能通过某一次地震准确预报另一次地震。但是，我们可以通过总结历史地震序列的特征并进行分类，以此对一个地区的震后趋势进行判定。震后趋势判定是对发生有一定社会影响的地震震后的趋势判定，包括对震后强余震或更大地震的预测，以及对震后不会再发生破坏性地震的无震预测，主要依据该地区历史地震序列类型并结合一定的前兆观测资料分析做出判断。按照地震序列特征，可将地震活动分为四种类型。第一种为孤立型：有突出的主震，其余地震次数少、强度低；主震所释放的能量占全序列的 99.9% 以上；主震和最大余震震级相差 2.4 级以上。第二种为主震—余震型：主震非常突出，其余地震频次很高；最大地震所释放的能量占全序列的 90% 以上；主震和最大余震震级相差 0.7~2.4 级。第三种为双震型：一次地震活动序列中，90% 以上的能量主要由发生时间、地点、大小皆接近的两次地震释放。第四种为震群型：有两个以上大小相近的主震，其余地震频次很高；主要能量通过多次震级相近的地震释放，最大地震所释放的能量占全序列的 90% 以下；最大地震与次大地震震级相差 0.7 级以下。由于地点明确，也有特定的时间段，因此我们对震后趋势的判断准确率较高，可达到 80% 以上。

测震作为地震监测的主要手段，还应用于地震预警和地震速报。地震预警，是指在灾难性地震发生以后，通过布设在震中区内的测震仪器（信号源）及信息传输系统，抢在地震波袭击震中区外围目标地区之前几秒至几十秒，通过传播速度几乎等于光速（约 30 万千米/秒）的无线电波发出危险警报，或直接利用地震的纵波与横波或面波的到达时间差，在地震纵波先期到达时发出警报并采取措施，以避免或减小地震灾害损失。地震预警主要用于核电站安全停堆、高速铁路减速或紧急制动、精密仪器及时停运、医院重大手术及时处置、燃气网络和危险品仓库及时关闭，以及震中区外围居民及时采取防震避震措施等。地震速报，是对已发生地震的时间、地点、震级、震源深度等的快速测报，是依据全国数十个测震台网观测到的地震波数据进行统计测算而得。目前我国大震速报已由震后十几分钟缩短至震后 2~3 分钟，震级等地震参数速报的准确率也有较大提升。地震速报的作用主要表现在第一时间提供强震或大震发生的时间、地点、震级等信息，以稳定社会情绪，作为地震应急响应的依据，及时合理组织地震灾害紧急救援；海域大震速报也是海啸灾害预警的重要依据。

我们至今对地震前兆的监测，实际上是对地球乃至外空环境物理性质（密度、应力场、重力场、温度场、地磁场、地电场及弹塑性等）和化学成分变化，以及区域环境变化的的监测和观测。这种监测包括宏观观测和微观监测。宏观观测是指通过肉眼就能发现变化的观测，主要是指群众在生产、生活中，通过观测浅水井、水温、动植物活动异常等手段，来捕捉地震前的宏观异常现象。微观监测是指需要通过仪器才能发现变化的监测，主要是指专职人员用监测仪器，如地震仪、地磁仪、重力仪、水位仪等，监测地震活动及其可能产生的微观前兆信息。地震监测中所指宏观和微观已偏离了其本意，即是否涉及物质分子、原子、电子等内部结构或机制的变化，以及泛指总体、大的方面或是个体、小的方面。截止目前，我国已建成全国性的测震台网、重力台网、地磁台网、地电台网、地壳形变台网和地下流体台网，已初步形成一个具有一定规模的，专业与群测、微观与宏观、固定与流动相结合的，同时用于地震监测预报与科学研究的，多方法、多手段的数字化地震观测网络系统。我国的地震观测已发展成为当今世界上最庞大、最先进的地震观测网络系统之一，然而，相对于我国广阔的国土而言，现有地震监测台站（点）的广度和密度仍显不足，主要体现在我国境内的大多数破坏性地震的震中区内观测台站（点）和观测手段仍然不足。这也是难以发现地震明确前兆的原因之一。随着数字化自动观测、无线传输和太阳能储能等技术的不断发展，这一不利局面正在快速改变。

3 地震预测

地震预测是根据所认识的地震发生规律，以及所统计的前兆与地震的对应关系等，对未来地震发生的时间、地点和强度（震级）做出的预先估计。要预测地震，必须在地震发生前发现地震前兆，而地震前兆只能通过地震监测获得，也就是通过地震监测以捕捉地震前兆，否则地震预测就是臆想。至今，我们对地震的孕育过程知之尚少，所谓的地震前兆监测并非是对地球深部地震孕育过程的直接监测，而是间接通过地球表面和外空局部地区物理性质和化学成分等环境变化的监测，试图从中捕捉到地震孕育的异常征兆，即地震前兆。地震前兆是指可能与地震孕育和发生地震相关联的异常现象。地震的孕育和发生是非常复杂的自然现象，在这个过程中可能出现地球物理、地球化学、大地测量、地质乃至生物、气象等多学科领域中的各种异常现象。非常遗憾的是，我们至今仍未发现或提取出与地震有明确一一对应关系的前兆，对地震前兆的监测和确认仍处于探索研究中。据统计，我国按实用化成果提取的异常与地震预测对应率平均仅为15%。事实上，即便我们发现了明确的地震前兆，也只能判定将会发生地震，但地震发生在哪儿，何时发生和震级多大，仍不明确。地震前兆与地震发生的时间、低点、强度等之间必然是一个统计关系，需要通过大量的震例进行统计分析，得到一个接近准确预测的统计值。完全准确的地震预测就好似是数学中的极限值，这就是地震预测之所以被称为世界难题的根本原因。中国目前的地震预测水平和状况，大体可以这样概括：对地震孕育发生的原理、规律认识不全面；只能对某些类型（如前震—主震型和震群型）的地震做出一定程度的预测，尚不能预测所有的地震；做出的较大时间尺度的中长期预测已有一定的可信度，但短临预测的准确率还很低，这还需要广大地震科技工作者通过不懈努力，去探索、发现、论证和总结。

4　地震预报

　　地震预报通常被解释为是在具备一定可靠程度的前提下，将地震预测意见由省、自治区、直辖市人民政府按照国务院规定的程序向公众宣布。科学的地震预测是地震预报的基础。地震预报包括长期、中期、短期、临震四个阶段的预报。长期预报，是指对未来十年内可能发生破坏性地震的地域的预报；中期预报，是指对未来一两内可能发生破坏性地震的地域和强度的预报；短期预报，是指对三个月内将要发生地震的时间、地点、震级的预报；临震预报，是指对十日内将要发生地震的时间、地点、震级的预报。

　　由于国家的重视和明确的任务性，经过数十年的坚守和努力，我国地震科技工作者应用经验性预报方法，取得了对海城 7.3 级、松潘 7.4 级、孟连 7.3 级以及云南宁浪 6.3 级和岫岩 5.4 级等 20 多个地震成功预报的实践。在中长期地震预报的十年尺度强震重点监视防御区判定、中期年度地震预报，以及短临震情跟踪判定等多方面都取得了令人鼓舞的成绩，使中国在地震预报的实践方面处于国际前沿。1975 年的海城地震预报通过联合国教科文组织评审，中国作为唯一对地震做出过成功短临预报的国家被载入史册。

　　人们对地震的恐惧，缘于突发的地震灾害会造成大量人员伤亡和巨额财产损失，同时也与人们对地震知之甚少有关。人们试图通过地震预报来预防地震灾害的发生，但地震预报乃是世界性难题。其根本原因在于地震属于突发事件，其成因机理尚不清楚，目前的地震预报仅是基于对地球运动、内部结构、物质组成和物理性质等观测结果的分析，尚未实现对地震孕育过程的直接观测，也未发现任何一种前兆与地震存在一一对应的关系。即便发现了较明确的地震前兆，其与地震发生的地点、时间和强度之间的关系仍需要大量的震例统计分析进行确认，地震预报必然是概率性的统计预报。尽管如此，无论是人类的生命安全，还是社会经济的发展需求，都需要地震预报。随着人类科学技术的进步和对地球与地震认识的深入，地震预测会趋于准确，成功的地震预报将会越来越多。

试论我国地震科普研究与科普产品创作 *

科普研究是科学普及的基础，通过科普研究将抽象深奥、生涩难懂的科学研究成果、科学技术知识及相关经验等，进一步解读为能被社会大众广泛接受的通俗科学道理、方法、技术等，再由科普产品创作者用生动易懂、形象有趣的语言文字、动画、影视等形式制作成社会大众喜闻乐见的科普产品，并通过相应的传播媒介为社会大众普及科学技术知识、传播科学真理、倡导科学方法、弘扬科学精神，提升社会公众的科学素质和防灾应对水平。近年来，国内外大震频发、损失严重，多种震害现象及抗震经验不仅为破解地震科学难题提供了丰富的研究资料，也对地震科普研究和科普产品提出了新的需求。因此，通过总结震害经验、开展地震科普研究，破解地震灾害防御、应急自救与互救等地震科普宣教产品中存在的疑难问题，在此基础上创作出满足群众需求、适合新传播媒介的科普宣教产品，再通过有效的科普宣传，普及地震科学知识，是提升社会公众防震减灾意识与技能的重要途径[1]。

1 地震科普研究现状及需求

在我国，地震科普研究工作滞后。受地震科学的诸多问题仍处于探索阶段及其学科研究领域特殊性的影响，地震科普研究活跃度与积极性严重不足，导致地震科普研究与地震监测预报及地震科学技术研究相比相对滞后。另外，有人认为是在地震科研方面能力不足，具有从事地震监测预报研究才华的人才去搞科普研究，在科研成果认定、职称评审等政策导向上的偏颇，导致从事地震科普研究的人才匮乏[2]。

地震科普研究因不入主流而缺乏经费来源。地震灾害是小概率事件，地震成因与机理研究进展缓慢，地震预报仍处于探索阶段，急需在地震监测台网、地震预警系统等领域有所突破……面对地震科学存在的诸多课题，地震科普研究显得不入主流，也就自然而然地被边缘化，地震科普研究课题立项难，缺乏研究经费来源[2]。

另外，地震引发的灾害多、涉及范围广，地震科普研究对象复杂。在这种情况下，想要用通俗而准确的科普语言表达地震科学所有内容和现状确实有相当的难度[3]。其次是我国地域辽阔、地震地质构造复杂，建筑物类型也千差万别，不同区域地震灾害的差异性大、规律性不强，也增加了地震科普研究的难度；再就是地震灾害突发性强、危害大、受影响人群范围广，人们往往有"谈震色变"的恐震心理[1][2]，地震灾害发生后第一时间、第一要务是抢险救援、安置灾民和恢复重建，对与地震科普研究至关重要的地震灾害现象、应急自救与互救、避险与救援经验、房屋建筑抗震安全性能等的调查研究往往被忽视了，在地震灾害区域、灾难现场获取第一手生动素材、开展科普研究的最好时机往往随

---

* 作者：张芝霞，谢迪菲，陕西省地震局。

着时间的推移被遗忘、被搁浅了。比如，汶川地震后，因发震断裂特殊的破裂过程而引发的震中区周边地区显著差异性震害特征，比如，为什么唐山地震后被救出幸存者多瘫痪而汶川地震后被救出的幸存者多截肢？远离震中数百公里的陕西，因震死亡的 125 人中就有48 人因围墙倒塌压埋致死？为什么汶川地震时远离震中区 600 公里外的陕西多地围墙会在地震中倒塌？单体建筑破坏严重？近震与远震如何判定？高层建筑抗震性能到底怎样？什么样的方式是最有效的地震应急避险方式？新型地震抢险救援装备如何发挥作用？一次大震后，人们对地震的诸多疑问都是期待科普研究的内容。

科普研究与重大科学研究、重大工程项目成果脱节。近年来，地震系统实施完成了一大批科学研究、工程项目，有的科学研究和重大项目成果科技创新含量已达到国际领先水平，如何将这些地震科研成果转化成科普资源并创作为科普宣教产品的途径一直是个断头路，地震科普产品中缺乏科技成果中蕴含的新理论、新技术、新方法，导致地震科普宣传产品内容老化、传播形式单调，远远不能满足现代社会公众对防震减灾知识需求。

2 地震科普宣传产品现状及需求

目前国际一些发达国家，特别是日本、美国等，视地震灾害防御如国防，地震科普作品及其丰富，不仅有大量适合学生、家庭、企业、实验室、博物馆等针对性很强的科普书籍进课堂、进家庭、进企业，还有互动式的地震体验中心、车载地震体验室、好莱坞影城中的震灾模拟场、科技馆、科普影视片（如《日本的沉没》），形成了"全民教化，以体验与互动的形式，形成了吸引社会公众广泛参与、提高防震意识"的格局[5]。

我国地震科普作品归结起来存在几多几少：长篇的、平铺直叙的、说教类多，内容雷同的小册子多，系统的、系列的、图文并茂的少，动漫的、形象生动有特色的少；展板图片式静态的多，视频的互动体验的少；普适性的多，针对性的少。科普产品不能满足公众不断发展的阅读与信息获取方式变化的需求。有人认为科普产品就是把地震科学的相关名词"翻译"成通俗的语言，也有人认为"地震监测预报科学研究深入不了的人才去搞科普等等[2]。尽管地震科研工作与地震科普创作有着密切的联系，但方法与成果形式完全不同。实践表明，开展扎实的科普研究工作，是创作地震科普精品的根本资源所在，没有科普研究成果的支撑，科普精品创作将无从谈起。

另外不同的作品对同一地震学问题或者概念还存在不同的或者差异较大的论述与解释，例如对于"浅源地震"，有的说是 60 公里，有的是 70 公里。对"震级增加一级，能量增加多少倍？"，"教室里安全还是楼道、楼梯上安全？""地震来临时，到底应该是逃还是躲？""地震安全三角区究竟是那些地方？""什么样的房子是最安全抗震？如何选择安全抗震房屋？""地震预报与地震预警的区别是什么？地震预警的减灾效益如何评价？""地震发生时，是不是总是纵波（P 波）先到，感觉上下振动，然后横波（s 波）到，感觉左右或前后水平方向振动？"[4]这些问题的解答与描述往往是五花八门，有的甚至有误导之嫌。

地震应急避险科普知识存在局限性。四川汶川 8.0 级特大地震后，以前特别是唐山大震中总结的"就地避震"原则受到质疑，因为在如此强烈地震的极震区，地震烈度远远超过了房屋的抗震设防烈度，房屋倒塌在所难免的情形之下，这一避震逃生经验已经完全不适合了，有报道称北川一位在三楼的女学生在清楚地判断教室要向有水泥的操场一侧倒塌时，果断地向另一侧松软的农田跳下去，不仅自己安全脱险了，还救出了老师和几位同学，显然，在极震区、在房屋建筑还不能达到一定抗震安全性能的条件下，"就地避震"的原则就不那么有效了[4]。所以总结不同震害经验，开展地震应急避险专题科普研究显得更加迫切。

随着信息传播媒介与方式的快速发展，既为运用视频动画方式展示并解释地震科学现象提供了技术支撑条件，同样也对地震科普研究和科普作品创作提出了新课题，要求地震科普研究成果和科普产品既具有科学性、也要适应新传播媒介的传播特性。随着城镇化的发展，我国城乡建筑物正在发生巨大变化，高层、多层、立体及建筑物密集化程度等特征正在形成，人们的生产生活方式也在发生着深刻变革，快节奏、信息化、网络化、社会化正在逐步建立，这也对地震科普研究、地震科普作品及地震科普宣传活动形式产生了多层次、多元化、信息化、网络化的需求[5]。

为此，不仅急需地震科普研究新成果来澄清科普传统产品中存在的诸多问题与不足，同时也需要地震科普研究顺应时代需求，开展多层面、高科技的地震科普研究工作，适应宣传媒介的变化与传播需求[6]，为各类地震科普作品创作提供准确的、丰富的科普创作基础与资源，所以，笔者认为开展地震科普研究已势在必行。

3 总结震害经验是科普研究与科普产品创作的根本

近年来地震活动进入新的活跃期，继汶川 8.0 级特大地震之后，我国青海玉树、四川芦山、新疆、云南、甘肃等地相继发生中强地震，不同震级、不同地域、不同发震时间、不同民俗建筑等状态下的地震灾害特征及广大震区民众在地震中体验与经历及其避震逃生经验等等，为开展地震科普提供了丰富的研究资源。因此，只要确定正确研究方法与途径并得到足够的经费支持，一定能够取得有丰硕的地震科普研究成果。

另外，随着经济社会的快速发展，公共安全问题日益受到世人关注，国家安全已涉及经济安全、科技安全、信息安全、公共安全等方面。防震减灾则是国家公共安全的重要内容，安全文化、预防文化已经成为衡量政府效能和社会文明程度的重要标志。

2011 年 3 月 11 日发生在日本的 9.0 级特大地震及其引发的海啸与核事故灾害，给日本造成了巨大的灾难性后果，但是，我们看到的是日本国民在重大灾难面前始终保持着的高度冷静与严格自律状态，即使是在免费供应的超市，也不见惊恐、无序与贪婪，反而到处可见镇定、有序与礼让。可以说这是日本多年来地震预防文化即地震科普宣传潜移默化所产生的巨大影响，是其所构建一种社会性灾害预防文化的氛围的表现[7]。当前我国严峻的地震形势，全社会对地震安全和防震减灾问题也高度关注，为维护公共安全和构建灾害预防文化，总结震害经验、深入开展地震科普研究的时机已经成熟，广大地震科技工作者应顺势而为，广泛开展地震科普研究与地震科普产品创作，为广大社会公众奉献更多喜闻乐见、形式多样、丰富多彩的科普宣传产品。

4   开展地震科技成果的科普研究

随着一系列地震科学研究新成果的诞生，一批国家级、省级地震相关重大项目的实施，以及新理论、新技术和新方法在地震监测预报、抗震设防、应急救援中的应用，急需通过地震科普研究将这些新的地震科学研究、项目实施成果及新理论、方法和技术转化为科普教育资源[8]，并在此基础上进行科普产品的创作。比如，空间技术在地震科学研究中的应用、GPS 技术在监测预报中的价值、地震预警技术的研究与应用、活断层研究成果的应用、减隔震技术的应用等等。通过地震科普研究将这些地震科学研究及重大项目成果等转化为科普资源，既而成为创作地震科普宣教产品的素材，不断丰富地震科普宣传内容。

5   探讨与建议

震害现象与抗震经验是地震科普研究的根本所在，地震科学研究与项目实施成果是地震科普研究的重要资源，开展地震科普研究是科普产品创作的基础与源泉所在。因此，离开科普研究成果支撑的科普产品将是无源之水。地震科普研究对象既有地震科学本身发展与新理论、新方法、新技术的应用，又有地震灾害事件中的人及其相关事物的关联反应等等，针对性的开展地震科普研究，才能够将地震科学事件与地震灾害现象、抗震避险经验等进行系统的研究分析，得出具有科学性、可操作性的地震科普研究成果，为地震科普产品创作提供丰富的素材。

首先，总结大震后不同地区的抗震避险经验。比如，经历了 1556 年陕西华县 8 级多特大地震的陕西进士秦可大，不仅对当时地震全过程进行了详细记载，还总结了抗震避灾的经验，秦可大在《地震记》中写到"卒然闻变，不可疾出，伏而待定，纵有覆巢，可翼完卵。力不辨者，预择空隙之处，审趋避可也"，这个方法很有效，在多次大地震中验证此法是有效的避震逃生方法。另外他提出"因计居民之家，当勉置合厢楼板，内竖壮木、壮楹"，这也成为日后关中地区房屋设厢楼并竖粗大立柱的原因吧。因此，总结地震灾害中丰富的抗震经验，是地震科普研究的重要选题。

其次，重视科普研究与重大科学研究与重大项目实施同步推进。建议在重大科学研究和大型科技工程项目中增设科普资源研究分项和科普贡献率的考核指标，构建科技创新带动科学普及、科学普及推动科学创新的项目管理机制，改变以往重视成果验收、轻成果普及的现状，使科研、项目成果直接服务于提升全民科学素养和全社会防震减灾能力[9]，通过科普宣传教育为防震减灾科技创新持续发展提供动力。

另外，广泛收集并研究震前、震中和震后不同区域人的感受、动植物变化及各类自然现象。例如关于大震前地光、地声等的记录，在声像记录设备不发达时期，例如唐山大地震时，不同的人描述的印象大相径庭，随着智能手机的发展，已经可以为处于震区不同区域的人如实记录自己所在位置地震发生时的真实情景提供了必须的硬件需求，不仅能为地震科学研究积累丰富的资料，也将为科普研究提供更加丰富的素材。所以，地震科普研究者应重视在地震发生后第一时间深入灾区进行调查研究，收集来自灾区不同区域的各类相关资料和素材：比如震前水、动植物等宏观异常现象特征；地光、地声的真实记录等等，这是开展地震科普研究、创作地震科普产品的前提和基础。

最后，加强地震科普拓展性研究，以适应新兴传播媒体宣传地震科普知识的需要。随着新兴传播媒体技术的快速发展，要大力宣传地震科普知识，地震科普宣传产品必须不断推陈出新，这就需要进一步深入开展地震科普拓展性研究工作，将如何运用现代声、光、电技术准确反映地震灾害现象与地震科普知识纳入研究范畴，满足广大社会公众的需求，以提升地震科普宣传效益。

参 考 文 献

[1] 郭心，让公众理解防震减灾科学——试论科技工作者在科普宣传中的角色与作用 [J]，城市与减灾，2013 年 5 期。

[2] 何永年，任重道远的防震减灾科普教育事业 [J]，中国应急救援，2011 年 2 期。

[3] 何永年，防灾减灾重在科普宣传——期盼防震减灾科蕾教育新的跨越 [J]，防灾博览，2010 年 5 期。

[4] 韩渭宾，初涉地震科普宣传的几点体会 [J]，国际地震动态，2008 年 11 期。

[5] 陈桑 陈箴，科普讲座组织策划，学会，2005 年 10 期。

[6] 莫扬，我国科普资源共享发展战略研究 [J]，科普研究，2010，5 (1)。

[7] 李朝晖，任福君，我国科普基础设施建设存在的问题与思考 [J]，科普研究，2011，6 (2)。

[8] 尹霖，张平淡，科普资源的概念与内涵 [J]，科普研究，2007，2 (5)：34～41。

[9] 任福君，关于科技资源科普化的思考 [J]，科普研究，2009，4 (3)。

大地震常常发生在哪儿*

　　地球每年要发生 500 多万次地震，平均每天就有一万多次，只是大多数地震的震级很小，根本感觉不到，有些地震发生在无人的海底深处，对人们生活没有影响。人们不禁要问，这么多的地震，平均到地球上真是……其实地球不是麻团，地震也不是芝麻，所以可不是均匀分布的，尤其是大地震。那么地震究竟常发生在哪里呢？

　　首先要给大家介绍一下地球板块构造学说。这个学过中学地理的小伙伴应该都很清楚吧？古地球的表面除了海洋只有一块大陆，由于长期的地球内部运动等因素，地球表面岩石圈破裂和漂移，破裂后的各个部分被称作岩石圈板块，也就是构成地球的六大板块，即太平洋板块、欧亚板块、非洲板块、美洲板块、印度洋板块和南极板块。当科学家们将全球每年发生的 100 多次 6 级以上地震都标注在一张地图上时，就会发现这些大地震并不是均匀分布在整个地球上，而是大部分成带状集中分布在六大板块的边界。

　　除了六大板块边缘地带，是不是地球上的其他地方就不会发生大地震了？当然不是，因为地球上的板块，特别大陆板块，如欧亚大陆板块，是由一些小的次级块体组成的，这些次级块体被活动断层分隔，这些活动断层也会发生大地震。比如，从宁夏经甘陕交界、青海、四川到云南的这一地带，就是这样的次级块体边界，地震工作者将这里称为"南北地震带"，在这里就曾经发生了 1654 年甘肃天水、1739 年宁夏银川、1833 年云南崇明、1879 年甘肃武都、1920 年宁夏海原、1927 年甘肃古浪、2008 年四川汶川等一系列 8 级以上的特大地震。另外，这些大陆板块内部的块体存在次级"活动断层"，这些块体内部存在断层的地方也可能会发生大地震，比如 1966 年邢台 7.2 级地震、1976 年唐山 7.8 级地震、1999 年台湾集集 7.6 级地震都发生在内部块体断层上。

* 作者：张芝霞，罗彬，谢迪菲，陕西省防震减灾宣传教育中心。

这样，我们再来仔细看看这张大地震分布图，就会发现这些发生在板块边界和板块内部的大地震在地球上形成了三条地震带。第一条是差不多环绕了整个太平洋沿岸的"环太平洋地震带"，地球上 80% 的地震都发生在这里，比如，1906 年旧金山 8.3 级大地震、2004 年印尼苏门答腊 8.5 级地震、2010 年智利康塞普西翁的 8.8 级大地震、2011 年日本东北部海域的"3.11"9 级大地震等都发生在"环太平洋地震带"。第二条是沿着欧亚大陆南部展布，经土耳其、阿富汗、巴基斯坦、印度、尼泊尔，在我国境内沿喜马拉雅山，然后向南经横断山脉，过缅甸，呈弧形转向东，至印度尼西亚，跨越欧、亚、非三大洲的"欧亚地震带"，发生在这里的地震约占全球的 15%，如 1755 年葡萄牙里斯本的 8.7 级大地震、1950 年西藏墨脱的 8.6 级大地震。第三条是沿着大洋中脊狭长的海岭地带或洋脊隆起展布的"大洋海岭地震带"，这个带上的地震震级不大，对人类影响也很小。

地震伴随着地球诞生演化约 46 亿年了，人类对地震开展科学研究才一百多年，大地震发生的规律错综复杂，还需要科学家继续探索，发现其中更多的奥秘。

你知道怎样定震中吗[*]

在信息发达的今天，世界上发生了什么大事儿，我们只需要打开电视、网络就可以知晓，地震事件也不例外，哪里发生了地震、多大、损失如何等等，我们只要点一下手机便能搞定啦！可是，地球这么大，地震工作者究竟是如何确定地震发生地在哪儿的呢？今天我们就来简单介绍一种传统的地震定位方法。

这里，我们首先要学习一个概念——地震波。地震波是地震震源发出的，在地球内部和沿地球表面传播的波，它通过地球介质向各个方向传播，从而可以在世界各地由地震仪器记录到。地震波又分为体波和面波，在地球岩层内部传播的是体波，沿着地球表面或岩层分界面传播的是面波，而想要知道地震发生地距离我们有多远主要依靠体波。

体波包括纵波和横波，振动方向与传播方向一致的是纵波（P 波），振动方向与传播方向垂直的是横波（S 波），一般纵波引起地面上下颠簸，而横波则引起地面水平晃动。由于纵波（6—8km/s）在地球内部传播速度大于横波（3—5km/s），所以纵波总是先期到达地表。这种速度上的差异就使得在某地地震发生后，两种波同时产生却会先后到达同一观测点，这种时间差被该观测点的精密仪器监测到，我们就可以计算出该监测点与地震地点之间的距离了。举个例子，A 地发生了地震，B 地有一个监测台，监测台监测到该地震的纵波和横波间的时间差是 9 秒，A 与 B 之间的距离设为 S，那么通过公式：$S/Vs - S/Vp = t$（其中，Vs 代表横波速度，我们取中间值 4km/s；Vp 代表纵波速度，取中间值 7km/s；t 代表纵波和横波间的时间差，9s）就可以计算出 AB 间的距离 S 是 84km 了。

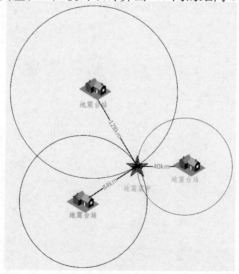

测定震中方位示意图

---

* 作者：罗彬，赵韬，杨帆，陕西省防震减灾宣传教育中心。

知道了 AB 间的距离，我们就可以以监测点 B 点为圆心、84km 为半径画一个圆了，A 地就在圆周上，然而，这好像并没有什么用，因为地震的确切发生地还是不知道。不要着急，当我们有了第二个、第三个监测台站后，就可以画出第二个、第三个这样的圆，这三个圆相交的区域，便是 A 地了。

当然，这只是确定震中最基本的原理，精确定位还有更为复杂的过程，我国已拥有由上千个地震监测台组建的现代化的地震监测网络，确定地震的时间、地点和震级已不是什么难事，只需要两三分钟就能搞定，这可是政府快速部署抗震救灾、保护群众生命财产安全的重要依据。

说说地震预报那些事[*]

　　地震是一种自然现象，近年来，在世界各地地震不断。遭受地震灾害之后，人类的第一反应就是：如果能提前知道要地震该有多好，我们就可以想办法来避免或减轻损失了。而实际上，人类也一直在为此努力着。

　　今天我们就来说说地震预报那些事。

　　我国是最早用文字记录地震灾害现象，并最先企图预报地震的国家之一，主要方法是"观星象、听地声、看动物"，在汉朝时期，地震强活动的朔望特点已为国人所关注，公元前 29 年，《汉书·成帝纪》有记载"朔，日有食之。夜，地震"。

　　现代科学家在地震预报探索中，震前成功预报的有之，比如，1975 年，我国地震工作者成功预报了海城 7.3 级地震，这是得到联合国教科文组织及国际科学界认可的地震预报成功案例；另外在四川、云南、新疆、甘肃等地均有较为成功的预报。但是，有震无报的也有，比如 1976 年的唐山 7.8 级大震和 2008 年四川汶川 8.0 级特大地震；报而无震的有之，比如 1979 年的一位专家的地震预报意见，曾引发阿尔泰地区民众大逃亡，却没有地震发生；2002 年，有人根据西昌地区出现的众多动植物、地下水等异常现象预测该地区可能发生 5—6 级地震，然而，随着时间的推移，这些显著的异常现象却逐渐消失了，至今地震也没有到访该地区。

　　其实不单单是我国科学家试图预测预报地震，日本、美国、俄罗斯等国家的科学家也在尝试预报地震。

　　日本科学家预测东海将发生大地震，针对这个预报意见，日本已经准备了足足 30 年了，但那个地震至今也没有如约到访。同样的事也发生在美国，1984 年，美国地质调查局启动"帕克菲尔德实验"，并在 1985 年 4 月发布预测，宣布有 95% 的把握认为在未来 5 - 6 年内帕克菲尔德将会发生一次约为 6 级的地震，不会晚于 1993 年。但直到 2004 年，帕克菲尔德地震终于到来，比预测的晚了整整 11 年。

　　目前的科学技术水平下，只能对某些特定的地点、特定类型的地震做出一定程度的预报，很难做到精确预报。地震预报仍处于经验性、概率性阶段，可能成功，也可能失败。

　　地震预报为什么这么难，它到底难在哪儿呢？中科院院士、地球物理学家陈运泰认为，困难主要有三点，一是地球内部的"不可入性"，二是大地震的"非频发性"，三是地震物理过程的复杂性。

　　地球内部的"不可入性"是古希腊人的一种说法。我们在这里指的是人类目前还不能深入到处在高温、高压状态的地球内部设置台站、安装观测仪器对地震源直接进行观测。

　　大地震是一种稀少的"非频发"事件，大地震的复发时间比人的寿命、比有现代仪器观测以来的时间长得多，这限制了作为一门观测科学的地震学在对现象的观测和对经验规

* 作者：罗彬，谢迪菲，董星宏，陕西省防震减灾宣传教育中心。

律的认知上的进展。

地震是发生于极为复杂的地质环境中的一种自然现象，地震过程是高度非线性的、极为复杂的物理过程。目前我们对地震成因机理还没有搞清楚，不知道哪些异常是真正的地震前兆，哪些异常与地震的发生有必然的联系，而且一次地震之前的现象很难在另一个地震之前重演，地震的生成和前兆现象没有规律可循。

地球是一颗不断运动变化、十分活跃的星球，它不但提供人类赖以生存的资源、能源和环境，也不时地兴风作浪，给人类带来麻烦和灾害。目前国际上越来越重视地球科学，到目前为止，地球科学家对地球内部的认识、对地震等自然灾害的认识比先前增进了许多，我们应该相信，随着高新技术的发展与应用，对地震预报依然可以审慎乐观，正如著名科学家戈达德所言："慎言不可能，昨日之梦想，今日有希望，明日变现实"。

震级是如何测定的？[*]

　　震级是地震释放能量大小的一种量度。震级的大小根据地震释放能量的多少来划分，用"级"来表示。准确的震级是通过地震仪器的记录计算出来的，地震越强，震级越大。震级相差一级，能量相差约 32 倍。

　　那么，科学家是如何测定震级的呢？这就需要先了解地震所产生的几种主要的地震波。一种是最先到达、能量较小的纵波（P 波），（纵波的振动方向与地震波传播方向一致）纵波在地层中传播速度约 5—6km/s，在震中区，人们对纵波的感觉是上下颠簸；一种是后续到达、能量较大的横波（S 波），（横波的振动方向与传播方向垂直），横波的传播速度约为 3—5km/s，在震中区，人们对横波的感觉是左右摇晃。纵波和横波统称为体波，当地震体波到达岩层界面或地表时，还会产生沿着界面或地表传播的幅度很大的波，称为面波，面波的速度比横波还小一些，约为 3—4km/s。

　　地震波传播时能量正比于地震波振幅的平方，因此我们利用地震波的振幅大小来确定震级。纵波主要用来计算震中区的震级，横波主要用来计算距离震中一千千米以内近震的震级，面波主要用来计算距离震中一千千米以外远震的震级。

　　目前，我国架设了 1000 多个各种类型的地震仪，这些地震仪分布在祖国的山岳河川，具有很高的灵敏度。每当地震发生，地震仪将记录的地震波准确及时地传输回地震台网中心，工作人员通过计算机精确量算出地震波上两个水平分量的最大振幅，再利用公式 $M = \lg (A/T)_{max} + \sigma (\Delta)$ （其中 A 为两个水平分量的矢量和，单位为微米；T 为地震波的周期，单位为秒；$\sigma (\Delta) = 1.66\lg\Delta + 3.5$；$\Delta$ 为震中距，单位为千米），就可以计算出单个地震台站所测量的地震震级。

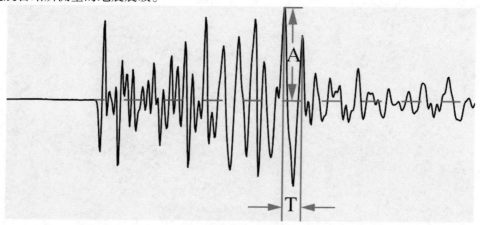

地震波示意图

　＊　作者：赵韬，董星宏，陕西省防震减灾宣传教育中心。

通常一个较大的地震会被很多地震仪同时记录到，台网中心把从每个地震台站地震仪测量出来的震级进行平均，就可以得到这个地震的震级了。

当然，利用纵波、横波、面波测出的震级大小不同，但可以通过公式转换成一个震级。一次地震对外正式发布的震级只有一个。

人们就要问了，既然震级这么容易被测定，那为什么一些特大地震后震级会被修订几次呢？其实，特大地震发生后，距震中较远地震台站记录到的地震波比较完整，因此较远地震台测量震级的结果会更为精确，但是，由于距离震中较远，这里的地震仪接收到地震波所需的时间会比较长，例如距离震中 1500 公里的台站，接收到地震波最大振幅至少需要 7 分钟左右，再精确计算出震级则需要更多的时间。而通常情况下，为了给抗震救灾争取时间，需要第一时间向社会公众通报地震信息，因此在震后几分钟之内，地震部门会先发布地震速报信息，当我国大部分台站或者全球所有台站的数据都完整接收后，再通过精确计算，对震级重新进行修订。另外，由于特大地震破坏力大、震源情况极其复杂，还需要对发震地质构造条件等进行研究分析，最终才能确定震级大小，所以地震越大震级修订的次数也就可能会越多。比如，2008 年我国四川汶川 8.0 级地震，最初速报地震震级为 7.8 级，最后修订为 8.0 级；2011 年日本 3.11 大地震，日本气象厅速报地震震级为 $M7.9$，之后先后 5 次发布本次地震的震级，从 $M7.9$、$M8.2$、$M8.4$ 到 $M8.8$，最终修订为 $M9.0$。所以震级是一个科学、严谨的问题，以后再看到震级修订的新闻大永就不要觉得奇怪啦。

关于科普作品创作的几点感悟[*]

2002 年 6 月，我国颁布了《中华人民共和国科学技术普及法》，这是世界上第一部科普法。

2006 年，国务院颁布了《全民科学素质行动计划纲要》。

2016 年，习近平总书记在全国科技创新大会上强调，"科技创新、科学普及是实现创新发展的两翼，要把科学普及放在与科技创新同等重要的位置"。

一"法"一"纲要"的颁布对我们国家在科普工作方面的重视程度可见一斑。而习近平总书记对科学普及工作提出的要求和定位更把科普工作上升到了一个新的高度，为科学普及工作的蓬勃发展指明了方向。

作为科普工作者，我们如何把握机遇，发挥自身的创造力和想象力，怎样做好科普工作成为我们应该认真思考的一个重要问题，如何创作出更好的科普作品更是我们做好科普工作的重点。

1　科技与科普

科技与科普是紧密联系在一起两个重要领域，它们之间有着不可分割的关系。

1.1　关于科技

科技包含科学与技术的意思，我们经常会把它们连在一起，统称为"科技"，它们之间是既有联系又有区别的。科学是用来解决理论问题的，它所要解决的问题是发现自然界中确凿的事实与现象之间的关系，并建立理论把事实与现象联系起来，科学主要是和未知的领域打交道，其进展，尤其是重大的突破，是难以预料的；技术是用来解决实际问题，它的任务是把科学的成果应用到实际问题中去，技术是在相对成熟的领域内工作，可以做比较准确的规划。

1.2　关于科普

科普是科学普及的简称，它又称为大众科学或者普及科学，是指利用各种传媒和载体以深入浅出、通俗易懂的方式，向大众介绍自然科学和社会科学知识的一种活动。科学普及是一种社会教育，它在推广科学技术的应用、倡导科学方法、传播科学思想、弘扬科学精神方面发挥着巨大的作用。

由于科学与技术都是专业性很强的工作，是由专业人员来从事和完成的，需要经过多年的学习和实践，再通过长期的积累和创造才能获得成果，不同领域的人们对其专业性的了解是比较难的，而随着科技的不断进步，信息化的迅猛发展使人们相互之间的沟通和交

---

　　* 作者：李松阳，中国地震灾害防御中心宣传科普部。

流更为便捷，人们在获得真科学知识的同时伪科学也在扰乱人们对事物的辨别能力，因此，传播和普及科学知识就显得尤为重要。

我个人认为如何把专业科学知识转化成科普知识进行宣传和利用真科学道理揭露伪科学是科普宣传的两个重要方面。采用多种方式，针对不同人群，借助合理载体和媒介向社会公众进行传播并被接纳，是我们科普宣传工作者必须思考和研究的课题，而创作好的科普作品是普及科学知识的一项十分重要的手段。

2 科普作品应具备的要素

科普作品，也叫"科普著作"，它的主要功能和目的是向社会公众普及科学知识。科普作品的承载形式随着科技手段的不断进步已经从传统的文字或图画等单一形式发展为含有高新技术的多种形式，如网站、微信、微博、视频、动漫以及目前更为新颖的 VR、AR 等形式，并借助媒介平台进行广泛传播，扩大了社会影响力，展现出科学的魅力。但无论采用怎样的表现形式，科普作品必须具备科学性、思想性、通俗性、艺术性、知识性等要素。

2.1 科学性

科学性是科普作品的生命。科普作品的内容必须以科学为依据，要做到概念准确、事实确切、观点正确、表达客观。科普文章的针对性和实用性要强，在说明、普及科技知识、技能时，应当与相关学科联系起来，全面考虑其社会效果与影响，要普及那些成熟的、正确的科技知识。

2.2 思想性

科普作品是以提高人们的科学素质和思想素质为原则的，它是科学技术与社会生活之间的一座桥梁，在宣传和介绍科普知识的同时还要使读者感受到要传达的科学思想和科学精神。

2.3 通俗性

由于我们面对的受众人群的个体素质和年龄阶段均有差异，因此在科普作品创作中必须把通俗性作为重要考虑因素。作品表达的内容一定要生动、易懂，要将深奥的科学道理用简单通俗的语言来表达，要生动有趣，深入浅出，引人入胜，否则就起不到科学普及的作用，科普创作也就失去了意义。在科普创作中根据不同的受众人群可以采用不同的表现方式，比如对于儿童可以采用动漫片或讲故事的形式，可起到事半功倍的效果。通俗性绝对不是简单化、庸俗化，或简单得残缺不全，更不能迎合低级趣味。

2.4 艺术性

目前艺术形式多种多样，在科普作品创作中加以合理运用将会增加作品本身的层次。形式体现内容，内容烘托形式，应在形式上恰到好处的强化艺术表现力，形式与内容的完美结合是创作精品的基本保证。

2.5 知识性

我们在传播科普知识的同时也是在传播有价值的科技知识，保证作品的科学性、思想性和通俗性还要强调可读性，而具备了知识性才会有可读性，才能够吸引读者。

3　什么是好的科普作品

科普作品的种类众多，形式众多，风格众多，在多种多样的科普作品中如何来区分好的科普作品呢？个人认为一个好的科普作品必须具备以下几个条件：

（1）必须符合科普作品要素，它是一个科普作品的最基本要求。

（2）形式不能大于内容。精美不等于精品，我们必须要保持一个冷静的态度来创作科普作品，形式大于内容或者过于注重科普作品的外在包装而降低了内容的要求都不能看做是一部好的作品。

（3）注重内容的严谨性。创作者要对作品内容严格把握，必须做到有理有据，要有相关专业的专家作为顾问，要把作品中涉及到的每一个科学问题搞明白，讲清楚，给读者一个科学的答案。

（4）作品一定要被读者接受。我们在创作作品时一定要考虑读者的感受，避免闭门造车，付出心血和时间完成的科普作品一定要被读者接纳，要达到传播科学知识的目的。

（5）语言生动，言简意赅。科普作品中运用的语言一定要简洁明了，表达准确，对科学内容的解读也要使用通俗的语言表述，不要故作高深，更不能把简单的问题说复杂了，要使读者在最短的时间里学到想学的知识。

因此，创作一个好的科普作品需要我们创作者进行深入学习和了解，充分消化和吸收，认真归纳和总结，对作品进行准确定位；创作人员要通力合作，文字编辑与设计人员要形成共识和默契，有的放矢的进行创作，并最终被广大读者所接受。

4　关于科普作品创作者

科普作品都是由科普作品创作者来完成的，作品是否优秀可以反映出创作者的水平和专业程度，因此要想成为一名优秀的科普作品创者必须要付出艰苦的努力。

一名优秀的创作者必须要具备创作热情，愿意为之付出时间和精力；要具有一定的科学素养和知识层次，知识面宽，涉猎面广，有一定的文字功底；对相关领域有较深的了解，责任感强，同时还应该有团队的合作意识，因为在现今时代已经不能完全凭借个人能力来创作完成一个作品，必须要与他人积极合作，取长补短，优势互补，形成合力进行创作。

目前的科普作品形式多样，水平不一，但都是创作者的劳动成果，我们应该尊重，不能要求每一个创作者方方面面都具备较高的专业水平，更不能抬高自己否定别人，这也是创作者素质的体现。

每一个创作者都应该努力学习、积极创作，不断提高自身的水平和素养，才能创作出优秀的科普作品。

5 科普作品的推广

作品创作完成不是最终的目的，最终目的是要将作品进行广泛的推广和传播，并让社会公众真正受益，因此，作品的推广与作品的创作有着同样重要的位置，绝对不可忽略。

新媒体的出现给科普知识的传播提供更加广阔的平台，在科普作品的推广方面产生了非常积极的作用。不同的平台对科普作品的形式有着不同要求，因此在创作前必须要对作品进行准确定位，确定作品的表现方式和受众人群，制定平台使用形式等，这些都决定了作品完成后所达到的最大社会效益和普及的目的。比如网络平台更适合动态和图片形式的宣传，线下活动中更需要纸媒的形式来烘托气氛等。在新兴的宣传手段层出不穷的今天，我们也不能忽略了传统媒介的宣传方式，而应该根据具体场合的需要选择合理的宣传推广手段。

随着社会不断发展和进步，公民对科普知识的需求将会更加强烈，同时，科学普及工作也需要全社会的参与和支持，两者相辅相成，相互促进。科学普及为提高公民科学素养、促进科技发展发挥着巨大的作用，让我们一起努力。

科学普及工作，任重道远。

地震安全性评价中的活动断层问题[*]

地震安全性评价的总体目标是给出符合工程抗震设防要求水准的地震动参数及地震地质灾害的可能性与程度，但其中每个技术环节都可能存在一定的不确定性。目前规范推荐方法中，地震动参数计算主要采用概率方法，前提是需要通过地震地质等工作确定潜在震源区，其中活动断层是划分高震级潜在震源区的主要依据；地震地质灾害评价的关键内容是活动断层的地表错动影响，需要提供断层的准确位置、活动性参数等，而且活动断层是否需要避让成为影响场址稳定性的关键因素。这两方面工作的核心内容都建立在工程场地附近活动断层的评价基础上，因此，与活动断层相关的研究成果和研究方法，很大程度上决定了地震安全性评价工作成果的可靠性和准确性。

本文简要介绍与地震安全性评价相关的活动断层研究的基本概念和一些常见问题以及我国现行抗震设计规范中与活动断层有关的基本要求。

1　与活动断层相关的基本概念

1.1　地震构造学

"地震构造学"着重利用地质和包括地震折射、地震反射、地球重力、地球磁力和大地热流值在内的地球物理等资料去分析历史记载和仪器记录到的地震活动性。古地震学研究表明，特定的活动断层段落上地表破裂型地震的孕育和发生需要数百到上千年的能量积累过程，这是地震构造学研究对象的时间跨度。

与"地震构造学"概念相关、研究内容相近的学科还包括"新构造学""活动构造学""活动断层""古地震学""地震地质学""构造地貌学""大地测量学"和"地震学"等。这些学科所解决的地壳变动的时间跨度相差甚大，从地震学的瞬间（秒$^{-2}$—数秒）到新构造学或活动构造学的第四纪时期（距今 10^7 年）。

1.2　新构造学

"新构造学"最早是由前苏联地质学家在研究新近纪至第四纪地壳运动时创建的，认为上新世以来地壳进入了一个新的强烈隆升阶段，其中心思想是在重力作用的影响下地壳垂向运动的普遍性。

1.3　活动构造学

"活动构造学"是在研究阿尔卑斯—地中海和喜马拉雅—青藏高原等地的最新构造运动过程中逐渐形成的科学述语。Wallace（1986）系统地介绍了这一述语的基本概念及其研究内容：与人类社会休戚相关的未来某一时段内预期会发生的各种构造运动，主要研究

＊　作者：李峰，徐锡伟，中国地震局地壳应力研究所。

构造运动的动力过程和这些过程塑造的自然景观及其对人类社会可能产生的重要影响。"活动构造"包括第四纪时期至今活动着的、处于不同演化阶段的各种类型的活动断层、活动褶皱、活动火山、活动盆地和不同级别的活动块体等，它们是地壳最新构造变动的产物，是地表破裂型地震发生的地质构造背景，是地震构造学的基础（马宗晋等，1993）。

20 世纪 70 年代末以来，活动构造研究取得了重大进展，已从描述性和定性研究阶段发展到定量研究阶段（邓起东等，2004）。定量研究的目的在于获取表征活动构造在晚第四纪，尤其是近 1 万年或几万年以来活动特征的定量参数，包括几何学、运动学和（古）地震学等各个方面的定量参数，以预测这些断层从现在至未来一定时期内的活动趋势和可能引发的地震与地质灾害。

1.4 活动断层

活动断层最早的定义是由 Wood（1916）和 Willis（1923）提出的。他们认为活动断层是指过去 1 万年或晚第四纪发生过位错的断层，鉴别活动断层的基本要素是：①断层在现今地震构造体制中发生过错动；②断层在未来有可能或潜在可能再次发生错动；③断层在最近有活动证据，这种活动可以从地形上显示出来；④断层可能与地震活动相关。也有人认为活动断层是现今正在活动的，并在未来一定时期内仍有可能活动的断层（徐煜坚，1982；邓起东，1991）；Allen（1975）亦把过去 10000 年以来发生过错动的断层称为活动断层；Bonilla（1975）则认为活动断层是在最近的过去曾经活动过，并于不久的将来仍可能活动的断层；美国加州矿产和地质局（1976）把加州的活动断层分为三类：①第四纪约 200 万年以来活动过的断层；②全新世 1.1 万年以来活动过的断层；③历史时期 100 - 200 年中活动过的断层；日本活断层研究会（1980）认为活动断层是自第四纪以来曾经发生过错动，而且推测这一破裂面在将来仍有可能再度活动的断层；丁国瑜（1982）把活动断层限定为第四纪至今还在活动的断层，即指那些正在活动和断续活动的断层。

在石油、天然气长输管道等重大工程场地地震安全性评价中则采用如下活动断层定义："距今一万年以来有过较强烈的地震活动或近期正在活动（每年达 0.1mm 蠕变量），在将来（100 年）可能继续活动的断层。"《岩土工程勘察规范》GB 50021 - 2001（2009版）将其进一步区分：强烈全新世活动断裂（平均活动速率 > 1mm/a、历史地震震级 ≥ 7）、中等全新活动断裂和微弱全新活动断裂（平均活动速率 < 1mm/a、历史地震震级 < 6）。

由于活动断层在重大工程场地、核电站选址和城市生命线工程的安全性评估等方面的重要性，且大陆（板内）活动断层重复滑动或大地震重复间隔较长，常可达千年，乃至数千年，而且这一过程还可以表现为准周期丛集现象，滑动或地震丛集段之间的间隔更可长达数千年至上万年，如果活动断层的时间尺度只取全新世 1 - 1.2 万年可能偏短，对工程安全性评价明显不足。因此，地震安全性评价规范推荐使用如下活动断层定义：活动断层是指距今 10 - 12 万年以来有过活动的断层。

与活动断层内涵相近的科学术语还包括地震断层、发震断层、新生断层、能动断层、第四纪断层、更新世断层和全新世断层等。

1.5 古地震学

"古地震学"是利用地质学的方法研究史前地震发生的年代、震级和频度等复发习性的分支学科，或指单个地表破裂型地震发生后数十年、数百年或数千年后的地质调查，以便获得有关地震的运动学和几何学等方面的定量参数及地表破裂型地震的复发间隔和复发模型等，延长有限的地震记载历史。

1.6　构造地貌学

研究第四纪时期冲洪积水系雕塑的地貌形态和过程对构造基准面升降的响应，并用来评估相关构造单元活动程度的学科称为"构造地貌学"。随着碳十四加速质谱仪、宇宙成因核素（^{10}Be 和 ^{26}Al）、热释光和光释光等测年手段的发展和技术的改进，以及山麓冲洪积体系形成的不同类型、不同等级、不同期次构造地貌单元的细分，已可能定量地再现构造运动的过程和幅度，即达到了"定量地貌学"的研究程度。构造地貌学能够提供百年至十万年时间尺度构造变动的定量数据（徐锡伟等，1996）。

1.7　年轻地质体的测年技术

测年技术是新构造学，特别是活动断层定量研究和古地震学的技术支撑。目前，已应用和正在探索中的年轻地质体的测年方法主要包括 ^{14}C、K – Ar、铀系、释光、裂变径迹和宇宙成因核素等测年方法，不同的测年方法具有各自的适用范围。

1.8　活动断层探测方法

依据中华人民共和国国家标准 GB/T 36072 – 2018《活动断层探测》，活动断层探测方法分为两类：一类是针对地表有迹线出露的活动断层，另一类针对被第四纪松散沉积物覆盖的隐伏活动断层。

（1）对地表出露迹线的断层，应选择高分辨率遥感影像解译、地质 – 地貌填图、槽探、年代样品采集与测试等技术方法进行探测，确定断层的几何结构和展布，判定断层的活动性。

（2）对隐伏地下的断层，应选择长波段雷达影像解译、浅层地震勘探、钻孔勘探与钻孔联合地质剖面分析、槽探、年代样品采集与测试等技术方法进行控制性探测，确定断层的空间展布和上断点埋深，结合第四纪地层划分方案和样品测年数据判定断层的活动性。

2　我国活动断层基础研究工作的进展

活动断层是地震潜在震源，也是地震灾害最严重带所在地带。我国地处印度板块、欧亚板块和菲律宾板块相互作用的交接部位，发育着众多的具有发震能力的活动断层，地震以频度高、震级大、危害性严重为基本特征。活动断层分布与板块间相互作用强弱和作用方式密切相关，主要分布在受印度板块与欧亚板块相互作用影响的青藏高原及其邻近地区（西藏、云南、四川、青海、甘肃等地）、新疆天山地区和阿尔泰地区，以及欧亚板块与菲律宾海板块强相互作用的台湾地区；华北地区（山西、陕西、宁夏、内蒙古、河北、山东等地）由于受深部过程和东西两侧板块运动的影响也是发育较多活动断层的地区；此外，东北地区和华南地区也有少量分布。

20 世纪 80 年代至 90 年代，我国活动断层研究紧跟世界潮流，在全国主要地震带与地震重点防御监视区全面、深入系统地开展了活动断层探测与研究，参与了国际活动断层对比计划，在若干历史强震区与大震危险区开展了多学科、多手段深浅孕震构造的探测研究，出版了活动断层研究专著十余本，在活动断层研究资料的积累及活动断层理论研究方面均处于世界前列。1999 年中国台湾地区南投 7.6 级地震发生后，台湾"国科会"实施了"地震与活动断层"研究计划，对几个重点地震危险区进行了活动断层探测、大地震复发间隔的研究。

中国地震局曾组织编制完成 1：400 万中华人民共和国地震构造图（1979）、中国大陆及其邻近海域岩石圈动力学图（1989）、国际岩石圈全球地学断面计划中国地学大断面编制、国际岩石圈主干活动断层对比计划（IGCP206 项目）、1：400 万中国活动构造图（2007）等基础图件。"八五"期间对 19 条主要活动断层进行了 1：5 万条带状地质填图工作，"九五"期间对首都圈地区、北天山玛纳斯震区等重点监视防御区开展了地震构造深部探测和震例解剖工作，完成了国家重点基础发展规划项目"大陆强震机理与预测"，"十五"期间在我国 21 个省会城市/计划单列市开展了城市活动断层探测与地震危险性评价工作，建立了国家地震活动断层中心。

自 2008 年汶川地震后，中国地震局在国家财政部和科技部的大力支持下，实施了喜马拉雅计划《中国地震活动断层探察》和《我国地震重点监视防御区活动断层地震危险性评价》等相关活动断层探测项目，对我国主要构造活动带、地震多发区、地震重点监视防御区、地震重点监视城市等按地震危险程度分期分批地开展活动断层活动性鉴定、填图和探测，初步建立了国家地震活动断层数据库、地震活动断层探测标准框架，发布了地震行业标准 DB/T 15 –2009《活动断层探察》（2018 年 10 月即将为国家标准 GB/T 36072 –2018《活动断层探测》代替）等技术标准，规定了活动断层探测的主要工作内容、工作流程、探测方法、数据管理和产出成果等技术要求。截至 2017 年年底，我国已经对 141 条活动断层实施 1：50000 地质填图，占全国活动断层总数 495 条的 28.5%；已经开展城市活动断层探测工作的地级及以上城市合计 97 座。上述活动断层地表地质与关键构造部位的深部探测初步构建了华北地区和南北地震带南段多类型的地震构造模型，深化了对地表破裂型地震发生地点和最大震级的科学认识，也为上述研究区国土规划利用、各种建筑设施避让活动断层灾害带提供了可靠的依据。

活动断层是 GB 18306 –2015《中国地震动参数区划图》编制中划分潜在震源区范围大小和确定震级上限不可缺或的重要依据，是不同区域地震动参数计算的基础。在新一代《中国地震动参数区划图》编制过程中，由徐锡伟研究员组织了全国上百人成立了中国地震构造图编制组，收集、整理了各行各业有关活动断层研究成果，特别是最新的城市活动断层探测、1：5 万活动断层填图的结果，编制完成了中国及邻近地区地震构造图，在此基础上进一步划分了中国地震潜在震源区分布图。

但是也要看到，我国的活动断层基础研究工作仍相对薄弱。有 91 个处于 7 度以上高烈度地区的地级城市没有开展活动断层探测，给城市安全留下了严重的隐患；已知的 495 条活动断层中，仅对不足三分之一的断层进行了大比例尺填图，难以支撑全国性的震害防御信息服务的需要。

3　地震安全性评价中常见的活动断层问题

在部分地震安全性评价报告中出现一些不符合规范的问题，特别是在断层活动性鉴定和活动断层诱发地震地质灾害影响评价方面，其原因往往是对相关概念存在模糊的认识，以及吸收前人成果特别是最新的活断层探测成果不够。

3.1　断层最新活动时代与活动参数的鉴定

在工程场地地震安全性评价（以下简称"安评"）工作中，地震构造的识别是一个核心环节，而确定地震构造，又离不开断层活动时代的鉴定。正如现行国家标准 GB 17741－2005《工程场地地震安全性评价》宣贯教材中 6.3.2 款所说："近场区主要断层的活动性鉴定，是近场区地震构造条件评价的主要依据，直接影响到工程场地地震安全性评价结果的科学性、合理性和针对性。"这一基础技术环节常见的问题是对基本概念或关键技术手段的理解不深入、工作量不满足安评规范要求。

（1）基岩裸露区断层控制点不够，或者过度依赖测年数据来判定断层时代，未考虑测年数据具有一定的不确定性，而测年对象也需要慎重挑选。对关键性断层应该获取足够的地质地貌剖面材料，或借助构造地貌学的定量方法来辅助分析。

（2）第四纪松散沉积物覆盖下的隐伏断层活动时代鉴定是更为困难的工作，但有些隐伏断层仅依据石油、煤炭、地矿、水文等部门实施的地震勘探或小比例尺钻孔地质剖面资料来讨论该断层的第四纪活动性，这往往是不足信的；有些工程场地采用了电法、化探等手段来探测隐伏断层，难获可信的断层位置信息，而对解释断层上断点更缺乏参考价值。

另外，采用《活动断层探测》规范推荐的地震反射探测方法由于其垂向分辨率的有限性，所确定的隐伏断层上断点和由此推断的断层最新活动年代只是近似值。因此，使用跨断层钻孔联合剖面验证隐伏断层最新活动时代，是判定隐伏断层活动性的重要一环，并且要保证钻孔数量足以控制标志性地层、跨断层相邻钻孔间距能满足规范要求。

（3）在断层活动时代分析过程中，有时出现单凭宏观现象如存在线性影像或断层线附近曾发生过微震或小震就判为活动断层的论据，这需要有可靠的构造类比过程才能采纳。

（4）在确定活动断层的危险性时，不能只简单提供断层活动时代一个参数。相同活动时代的断层在不同构造背景下可能蕴含着不同的地震潜能；即使在同一区域相同活动时代的断层，由于断层其他活动参数的差别，也会有不同的发震能力。因此对于活动断层，还应根据工程的需求，明确活动断层的运动性质、最大位移量、活动速率等有关参数。

3.2　活动断层的地震地质灾害评价

工程场地的地震地质灾害评价尤其是活动断层评价结果对确定场址稳定性非常重要，有时起一票否决作用，如水库大坝下存在活动断层、核电厂场址附近存在能动断层；对线状工程而言，了解活动断层的活动方式与最大位移量，是确定其抗震设防措施的依据。但是，目前安评报告在这项工作上工作程度参差不齐，而且往往对相应行业规范的要求缺乏深入了解。

在国家标准或行业规范中，对断层活动时代、活动参数、发震危险性和避让问题都有明确要求，相关项目的地震安全性评价工作应当为解决上述问题提供科学依据。

由于我国的《活动断层避让》国家标准尚未颁行，目前在工程建设中如何确定活动断层的避让距离，主要还是参照《建筑抗震设计规范》有关避让距离的规定或者大于其避让距离。但实际工作中受各种客观条件限制，工程选址往往难以避开数百米，因此部分规范的条文说明中提出，美国加州的相关规定（避让约 16m）可供参考，但其前提是能提供活动断层带的精确定位，这也是今后地震安全性评价需要重视的一项工作目标。

4 结语

从近年来的地震安全性评价工作实践来看，由于承担单位人员对规范和技术理解的深度、基础资料的积累程度各异，造成了安评报告成果的可靠性水准不一致。因此，一方面应当在地震安全性评价规范中采纳最新的《活动断层探测》国家标准对基础工作进行严格要求；另一方面需要考虑对地震安全性评价的基础资料建立共享服务，尤其是其中最关键的活动断层信息，无论来自城市活断层探测、活动断层填图成果，还是在具体工程项目中取得的可靠探测成果，都应进行收集整理并建立可查询的信息平台，以供技术人员、评审专家和管理部门参考。例如，以往全国各地的活动断层探察资料详细程度不一，不同区域、不同单位在安评报告中形成的地震构造图精度差异很大、断层活动性判定依据来源迥异，但在新一代地震区划图编制过程中形成 1/250 万比例尺的矢量版地震构造图及其说明书后，各承担单位的安评报告中地震地质基础资料和图件的精度有了显著提高。随着活动断层探测基础工作与信息服务的不断深入和相关规范的进一步完善，未来的地震安全性评价工作将能够更加可靠、有效地为重大工程建设与国土规划提供服务。

我国现行抗震设计规范与抗震设防要求[*]

国内外历次大地震震害调查与研究均表明，对工程结构进行合理的抗震设防是减轻地震灾害、保证人民生命财产安全的行之有效的措施。比如，在 2008 年我国汶川 8.0 级大地震以及 2013 年芦山 7.0 级地震中，一些经过严格抗震设计与施工的房屋结构表现出了良好的性态，完成了抗震设防的使命；2010 年海地 7.3 级地震造成了 22.25 万人丧生，而同年智利 8.8 级地震仅造成数百人伤亡，这与智利具有严格的抗震设防管理体制是密不可分的。

建设工程抗震设防要求的确定和抗震设计是抗震设防的基础和核心。在我国的抗震设防管理体系中，由国务院地震工作主管部门负责审定建设工程的抗震设防要求，由国务院其他行业主管部分负责制定强制性标准用于指导工程结构的抗震设计，使得工程结构满足规定的抗震设防要求。本文简要介绍我国抗震设防要求管理的层次以及我国现行抗震设计规范中的与抗震设防标准相关的一些基本概念。

1　抗震设防要求

抗震设防要求是指建设工程抵御地震破坏的准则和在一定风险水准下抗震设计采用的地震烈度或地震动参数（工程抗震术语标准）。《中华人民共和国防震减灾法》（以下简称《防震减灾法》）对抗震设防要求的相关规定如下：

第三十四条　国务院地震工作主管部门负责制定全国地震烈度区划图或者地震动参数区划图。

国务院地震工作主管部门和省、自治区、直辖市人民政府管理地震工作的部门或者机构，负责审定建设工程的地震安全性评价报告，确定抗震设防要求。

第三十五条　新建、扩建、改建建设工程，应当达到抗震设防要求。

重大工程和可能发生严重次生灾害的建设工程，应当按照国务院有关规定进行地震安全性评价，并按照经审定的地震安全性评价报告所确定的抗震设防要求进行抗震设防。建设工程的地震安全性评价单位应当按照国家有关标准进行地震安全性评价，并对地震安全性评价报告的质量负责。

前款规定以外的建设工程，应当按照地震烈度区划图或者地震动参数区划图所确定的抗震设防要求进行抗震设防；对学校、医院等人员密集场所的建设工程，应当按照高于当地房屋建筑的抗震设防要求进行设计和施工，采取有效措施，增强抗震设防能力。

通过上述规定可以看出我国建设工程抗震设防要求管理的层次：①对于量大面广的一般性建设工程，通过全国性地震区划工作得到的成果（包括地震烈度区划图或地震动参数区划图）确定其抗震设防要求，而国家级地震工作主管部门（即中国地震局）负责编制全国地震

---

　　* 作者：张玉洁，张郁山，尤红兵，中国地震灾害防御中心。

区划图；②对于重大工程和可能发生严重此生灾害的工程，则需要开展专门的地震安全性评价工作，并且由国务院地震工作主管部门或省、自治区、直辖市人民政府管理地震工作的部门或者机构根据工程重要性，对工作报告进行审定，最终确定其抗震设防要求。

除上述规定外，《中华人民共和国防震减灾法》第三十七条规定"国家鼓励城市人民政府组织制定地震小区划图。地震小区划图由国务院地震工作主管部门负责审定"。对于有条件开展地震小区划的地区，可以按照由国务院地震工作主管部门负责审定的地震小区划结果确定一般性建设工程的抗震设防要求。而对于开展过地震小区划地区的重大建设工程或可能发射严重此生灾害的建设工程，则仍需开展场地地震安全性评价工作确定其抗震设防要求。

全国地震区划图（地震烈度区划图或地震动参数区划图）是指导一般性建设工程抗震设防的依据。我国从 20 世纪 50 年代开始至 90 年代，相继编制了三代地震烈度区划图，通常被称为第一代、第二代、第三代地震烈度区划图，用于确定指导工程抗震设防的"地震基本烈度"（图 1 至图 3）。

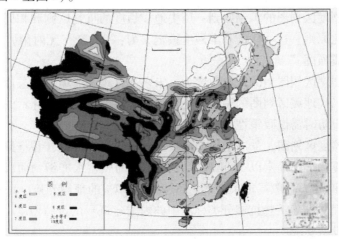

图 1　第一代地震烈度区划图

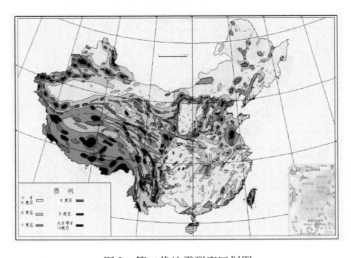

图 2　第二代地震烈度区划图

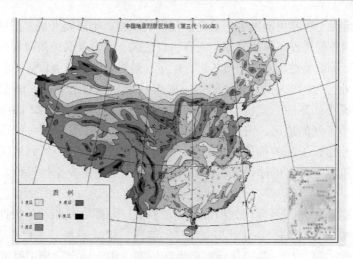

图3　第三代地震烈度区划图

第一代地震烈度区划图的编制原则：历史地震烈度的重复原则和相同发震构造发生相同地震烈度的类比原则。这一代的基本烈度被定义为："未来（无时限）可能遭遇历史上曾发生的最大地震烈度。"

第二代地震烈度区划图中的基本烈度为：未来一百年一般场地土条件下可能遭遇的最大地震烈度。第二代地震区划图的编制方法称为确定性方法，图中标示的烈度在对具体建设工程进行抗震设防时需做政策性调整。

第三代地震烈度区划图，采用了地震危险性分析的概率方法，并直接考虑了一般建设工程应遵循的防震标准，确定以50年超越概率10%的风险水准编制而成。因此，基本烈度被定义为未来50年，一般场地条件下，超越概率10%的地震烈度。区划图的基本烈度也是一般建设工程（即建筑物抗震分类标准中的丙类建筑）的设防烈度，也可以叫作一般建设工程的抗震设防要求。

图4　地震动峰值加速度区划图

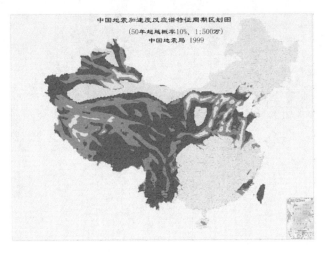

图 5   地震动反应谱特征周期区划图

　　随着我国地震工程研究的深入，自第三代区划图后，我国开始推出地震动参数区划图，即通常说的第四代区划图（图4，图5），包括地震动峰值加速度区划图和地震动反应谱特征周期区划图。工程结构的抗震设计包括抗震计算和抗震措施两部分。四代区划图确定的参数与标准反应谱相结合可直接用于抗震计算，而抗震措施的确定则需要基本地震烈度，因此第四代区划图还规定了与不同地震动峰值加速度分档值相对应的基本地震烈度值，用于确定工程结构的抗震措施。

　　最新的一代的区划图——五代图主要特点是三级的防控体系，四级的地震作用，五类场地土层的双参数调整以及参数到乡镇。其中：②三级防控体系是指从规划防灾，设计、运维和施工以及应急备灾三个层面上发挥五代图的作用；②四级地震作用是五代图的重要标志之一，除提供50年超越概率10%的地震动参数外（基本地震动），还提供了确定50年超越概率63%（多遇地震动）、2%（罕遇地震动）以及年超越概率0.01%（极罕遇地震动）的地震动参数；③五类场地指的是将原有四类场地中的基岩分为"硬基岩"和

图 6   中国地震动反应谱特征周期区划图（缩略图）

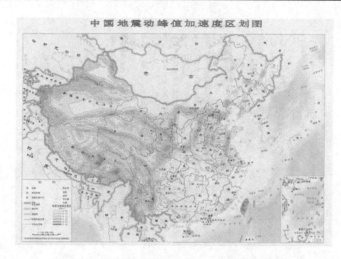

图 7　中国地震动峰值加速度区划图（缩略图）

"软基岩"，在第四代地震区划图中，仅考虑基于场地条件对特征周期的调整，而第五代地震区划图则同时对峰值加速度和特征周期进行调整，即所谓"双参数"调整；④把参数细化到乡镇是五代图的另一个重要的标志。五代图所包含的抗倒塌、减少人员伤亡的理念与国家"以人为本"提出的要求相契合（图 6，图 7）。

除上述量大、面广的一般性建设工程抗震设防要求的确定遵循全国区划图之外，重大工程抗震设防要求的确定、区域性地震区划、地震小区划以及地震动参数复核工作均需遵循国家标准《工程场地地震安全性评价》。其中，在重要建设工程中，核电厂和特大型水库大坝的抗震设防要求极高，该类工程场地地震安全性评价工作为 I 级；其他重要工程的场地地震安全性评价工作为 II 级。在一般建设工程中，重要生命线工程、长输管线工程、区域性地震区划和地震小区划为 III 级场地地震安全性评价工作，地震动参数复核则为 IV 级工作，主要用于对全国区划图中分界线附近一般建设工程的参数复核等工作。

2　抗震设计规范

建设工程根据其重要性等因素，可以通过全国性地震区划或者工程场地地震安全性评价工作确定其抗震设防要求，包括工程的抗震设防烈度和设计地震动参数。工程结构必须经过合理的抗震设计使其满足规定的抗震设防要求，以抵御未来可能发生的地震作用。而抗震设计规范是建设工程达到抗震设防要求所遵循的原则和具体技术规定（工程抗震术语标准）。《防震减灾法》对建设工程的抗震设计、施工全过程均进行了相关的规定：

第三十六条　有关建设工程的强制性标准，应当与抗震设防要求相衔接。

第三十八条　建设单位对建设工程的抗震设计、施工的全过程负责。

设计单位应当按照抗震设防要求和工程建设强制性标准进行抗震设计，并对抗震设计的质量以及出具的施工图设计文件的准确性负责。

施工单位应当按照施工图设计文件和工程建设强制性标准进行施工，并对施工质量负责。

　　建设单位、施工单位应当选用符合施工图设计文件和国家有关标准规定的材料、构配件和设备。

　　工程监理单位应当按照施工图设计文件和工程建设强制性标准实施监理，并对施工质量承担监理责任。

　　抗震设计工作包括抗震计算和抗震措施的确定。抗震计算包括地震作用计算和地震作用效应的计算。地震作用是指由地震动引起的结构动态作用，地震作用的确定涉及到抗震设防要求中的设计地震动参数，即抗震设计用的地震加速度（速度、位移）时程曲线、加速度反应谱和峰值加速度（建筑抗震设计规范）；而地震作用效应是指由地震作用引起的结构的内力和变形。抗震措施是指除地震作用计算和抗力计算以外的抗震设计内容，包括抗震构造措施以及地震作用效应的调整等方面内容，抗震措施的确定涉及到抗震设防要求中的抗震设防烈度。综上，抗震设防要求与抗震设计之间的衔接如下图8所示。

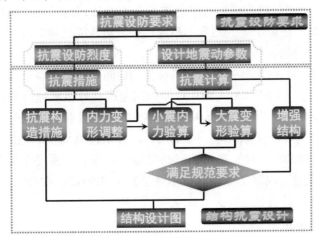

图8　抗震设防要求与抗震设计的衔接示意图

　　在工程结构的抗震设计中，涉及到了一些基本的术语和概念，下面分别予以简要介绍。

2.1　抗震设防原则

　　抗震设防原则是对工程进行抗震设防的总要求和总目的。抗震设防原则主要有：①减轻地震破坏；②防止或减少人员伤亡；③减轻经济损失；④工程和设施在遭遇地震时要确保安全，不得向外泄漏有害物质，不导致严重次生灾害；⑤同时地震时不可缺少的紧急活动应得以维持和进行。

2.2　抗震设防目标

　　抗震设防目标是指根据抗震设防原则对工程设防要求达到的具体目标。比如，我国《建筑抗震设计规范》GB50011—2010就是采用"小震不坏、中震可修、大震不倒"三水准抗震设防目标。对不同重要性的工程结构，抗震设防目标不同，从一般房屋、特大桥、水电设施到核电厂，重要性逐步加大，安全性要求逐步提高，采用的设防目标也逐步提高。例如，一般房屋遭受相当于本地设防烈度的地震影响时要求是"中震可修"；而《电力设施抗震设计规范》GB50260—2013 规定，电力设施中的电器设施在遭受设计地震（对应 50 年超越概率 10%）作用时，应不受损坏，仍可继续使用，相当于"中震不坏"。

2.3　抗震设防环境

抗震设防环境是指拟设防的工程处在什么样的地震危险环境中。这应由地震危险性分析或地震区划图给出的地震危险性程度来确定，取决于人们对地震危险性的认识水平和估计地震危险性的方法。

2.4　抗震设防参数

抗震设防参数是指在考虑工程抗震设防时，采用哪种物理量（参数）来进行工程设防。国内外常用的参数有烈度和地震动参数（包括：PGA、EPA、PGV、EPV、加速度反应谱值、特征周期、持时等）。过去，各国多采用烈度作为设防参数（如我国的第一代至第三代烈度区划图），但是随着科学技术的进步和人们认识的提高，烈度这一参数暴露出来的弊病越来越明显。主要是因为烈度不单纯代表设防环境（地震动）的强度，它还包含了对过去的工程或建筑物的易损性的度量。

近年来，越来越多的国家开始采用地震动作为设防参数。我国第四代地震区划图《中国地震动参数区划图》（GB18306—2001）即采用地震动峰值加速度和反应谱特征周期作为参数。在《建筑抗震设计规范》（GB 50011—2010）中目前采用的是双轨制，即一般情况采用抗震设防烈度，在一定条件下，可采用抗震设防区划提供的地震动参数。《核电厂抗震设计规范》（GB50267—97）采用的就是以地震动峰值加速度作为设防参数的，而在新修订的《油气输送管道线路工程抗震技术规范》（GB50470—2008）采用地震动峰值加速度、峰值速度作为设防参数。

2.5　抗震设防水准

抗震设防水准是指在工程设计中如何根据客观的抗震设防环境和已定的抗震设防目标，并考虑社会经济条件来确定采用多大的抗震设防参数，即多大强度的地震作为防御的对象。在工程上这应该是一个优化的问题，而不应该简单地直接采用区划图给出的基本烈度和地震动参数来作为抗震设防水准。

由于抗震设防目标往往不是单一的，所以抗震设防水准往往也不是单一的，而是多级的。《建筑抗震设计规范》中提出的"大震不倒，中震可修，小震不坏"的设防目标就反映了针对"大震，中震和小震"三级水准进行设防的思想。

2.6　抗震设防等级

同一类建筑在同一个地区由于其政治、经济或文化意义上的重要性以及震后后果的影响严重程度有所不同，在考虑工程抗震设防时，其抗震设防目标、以及采用的抗震设防水准也要求不同，这就是抗震设防等级的不同。重要建筑物和设施一般要给以较高的抗震设防等级。对同一类建筑，在不同行业和不同地区也可以采用不同的抗震设防等级。一般来讲，抗震设防等级与建筑物本身的易损性或抗震潜力无关。

2.7　抗震设防标准

抗震设防要求指建设工程抗御地震破坏的准则和在一定风险水准下抗震设计采用的地

震烈度或地震动参数。而抗震设防标准是衡量抗震设防要求高低的尺度，由抗震设防烈度或设计地震动参数及建筑抗震设防类别确定。

抗震设防标准的制定将直接影响工程建筑和设施在地震中的表现，从而影响地震所造成的损失，而抗震设防标准的高低又直接关系着工程的造价。设防标准高，工程造价高，地震损失小，反之设防标准低，工程造价低，地震损失大。最优设防标准的确定，需要各个学科的合作，它受到科学技术水平、经济条件和国家抗震设防政策两方面的共同制约。

3　结语

对工程结构进行合理的抗震设防是减轻地震灾害的最行之有效的措施，而抗震设防要求的确定和结构抗震设计是整个抗震设防工作的核心。由国务院地震行业主管部门负责我国不同类型建设工程抗震设防要求的审定，包括全国地震区划的编制、地震小区划以及重大工程场地地震安全性评价工作成果的审定等。而不同行业主管部门负责编制各类抗震设计规范或标准，用于指导和规范结构抗震设计工作。在实际的抗震设防工作中，需要不同行业主管部门之间的协调配合，科学合理地确定各类工程的抗震设防标准和抗震设防参数，从而对建设工程进行可靠的抗震设计，使其能够抵御可能遭受的各类地震作用，实现抗震设防目标，有效地保证人民生命财产安全。

地震保险漫谈*

　　谈及地震，特别是破坏性的大地震，最令人恐惧的是其巨大的破坏力和难以提前准确预报的突发性。我国是世界上地震灾害最严重的国家之一，境内强震分布非常广泛，主要地震带有 23 个（图 1），全国除浙江和贵州两省外，其他地区都发生过 6 级以上的地震。1900 年以来，中国死于地震的人数达 55 万之多，占全球地震死亡人数的 53%。

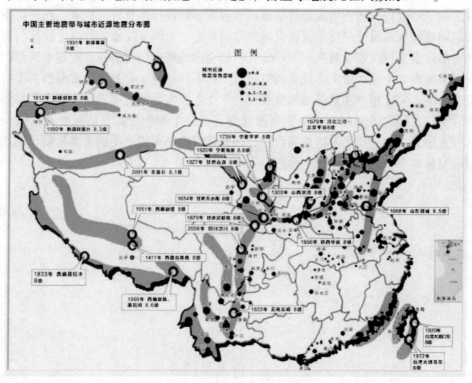

图 1　中国主要地震带分布示意图

　　地震作为一种由于地球内部运动造成地壳断裂和滑动引发地表振动的自然现象，从地球诞生就一直存在，是人类无法抗拒和改变的。地震之所以会造成灾害，其本质上还是因为人类的生命安全、生产活动、工程结构、社会机能和文明等因地震作用受到了破坏。因此，现代化程度越高和人口越密集的地区以及城市，一旦发生破坏性地震，其造成的危害也就越大。对未来地震灾害风险的估计和防控已成为现代化社会必须面对的一个重大问题。

　　我国在防震减灾领域开展了大量的研究和卓有成效的工作，已经形成了"预防为主，防御与救助相结合"的总方针。习近平总书记关于防灾减灾救灾"两个坚持，三个转变"

＊　作者：王东明，中国地震灾害防御中心。

的重要论述，更是为我国防震减灾工作的发展指明了方向，要求进一步把把降低灾害风险放在灾害管理更加突出的位置，科学把握减轻地震灾害的规律，加大灾害风险排查和整治力度，降低地震承灾体的脆弱性。

随着科技和人类社会文明的不断发展，我们手里也有了越来越多降低地震承灾体的脆弱性、减轻地震灾害风险的有力武器。一类武器是有形的，譬如活断层探测、地震区划研究、工程抗震设计、减振隔震技术、抗震加固改造等，通过这些技术手段和措施可以实现地震高风险区的规避以及承灾体抗震能力的提升。另一类武器则属于无形的，譬如健全的防灾救灾制度体系、防灾教育宣传、社会防灾意识提升、社会减灾保障机制等，可以最大程度地减轻地震灾害造成的损失。其中地震保险作为市场经济条件下通过金融手段实现灾害风险控制和转移的有效途径，越来越成为完善的社会减灾保障机制中不可或缺的重要一环。什么是地震保险？地震保险有什么作用和意义？我国地震保险的现状和面临的问题是什么？未来地震保险如何发展？下面本文也将针对上述这些问题进行更深入阐述。

1 地震灾害风险与地震保险

1.1 地震灾害风险

灾害风险是灾害系统的一种状态，即导致灾情或灾害产生之前，由风险源、风险载体和人类社会的防灾减灾措施等三个方面因素相互作用而产生的、人们不能确切把握的一种不确定性态势。灾害风险包含三个重要因素：灾害危险性、承灾体易损性和暴露数据，灾害危险性是指灾变活动规模和活动频次决定的灾变强度。承灾体是指收到危险因素威胁的人员、工程结构、财产等，一个区域内暴露的承灾体越多，可能遭受的潜在的损失就越大，灾害的风险也越大。承灾体的易损性是指在给定的地震危险性下由于潜在的危险因素而造成的损伤程度，以地震易损性为例，其大小与承灾体本身的材料、结构及抗震能力有关承灾体的易损性越低，灾害损失越小，灾害风险也越小。

地震灾害风险评估的关键要素包括地震危险性、结构地震易损性、承灾体暴露数据分布特征。地震危险性是某一区域在未来一定时期内可能遭受的地震破坏影响，包括地震作用的大小和频次。结构地震易损性是指结构在地震作用下，发生某种破坏程度的概率或可能性，结构易损性的改善是提升一个地区抗震防灾能力的主要途径。承灾体的分布特征包括承灾体的种类、数量及空间分布。

灾害风险管理是对人类社会中存在的各种风险进行识别、估计和评价，并在此基础上优化组合各种风险管理技术，做出风险决策，从而对风险实施有效的控制，妥善处理风险所造成的损失，期望以最小的成本获得最大的安全保障目的。其中的成本是指风险分析研究对象的人力、物力、财力和资源的投入，即为了抵抗风险、减少风险损失需要的投入；"最大的安全保障"是将预期的损失减少到最低限度，以及一旦出现损失时获得经济补偿的最大保证。地震灾害风险评估及管理的基本步骤是：首先进行风险鉴别，即鉴别风险的来源、范围、特征及其行为或现象相关的不确定性；然后将风险量化，评估出各种风险的概率值；接着进行风险评价，并设法炸出风险的可接受或不可接受程度；最后采取一套用来处理风险的方法，进行风险管理。

　　减轻地震灾害风险主要有 4 个途径：一是风险识别评估，包括地震监测预测、活断层探测、隐患排查、地震区划、安全性评价、震灾评估等方面；二是风险规避，主要在城乡规划、国土利用、重大工程设施建设时对地震活动断层合理避让；三是风险降低，包括工程设防与监督、减隔震技术应用、风险隐患治理、安全农居建设、地震预警、避难场所建设、科普宣传等；四是风险转移，主要包括巨灾保险和巨灾再保险等等。

　　灾害管理是试图通过对灾害进行系统的观测和分析，改善有关灾害防御、灾害减轻、灾害准备、灾害预警、灾害响应和恢复对策的一门应用学科，它从组织、物资、预警和公众意识等各个方面对致灾因子采取预防和防御措施，以最大限度地减小灾害风险。也就是说，灾害管理的目的是通过人为因素的努力，减轻致灾事件对人员和财产造成的损失，维护正常生产和人民生活秩序。灾害管理的作用取决于规划水平、控制能力和决策的科学性。

1.2　地震保险

　　保险（insurance）是将偶然不幸的风险损失转移给保险人的风险分组集体的一个经济学范畴的专有名词。地震保险是指利用保险这一经济手段，按照概率论的原理，由企业和个人交纳保险费的方式，设立集中的保险基金，专门用于补偿因地震灾害所造成的经济损失。地震保险分为政策性地震保险和商业性地震保险两种。政策性地震保险是指由政府设立，或指定专门机构经营，或者是由政府予以一定补贴、政策支持由商业保险机构经营的地震保险。

　　地震保险的实质是将个别投保人的地震损失转嫁给全体投保人来共同承担，换句话说，把地震造成的损失，由保险公司通过金融调节手段将其变成固定小额保险费支出，是实现社会互助、减轻国家经济负担、提高防震减灾能力的一种有效的金融手段。由于地震事件的损失大、影响范围广、小概率等特征，地震灾害保险是一项特殊的财产保险业务，通常，地震保险具有以下特点：风险大、不符合大数法则、保险费率厘定困难、再保险业务发展欠缺、各类机制不完善。

　　由于地震作为特殊灾种，破坏性地震发生后产生的损失和影响巨大，因此世界各国的地震保险一般都是由国家统一经营，保险也分为直保和再保。地震保险与再保险以承保地震及其危险性为目标，对地震造成的财产损失进行经济补偿，其运行的基本程序为：评估地震危险性→分析地震灾害风险→费率厘定→收取保险费→灾后定损→经济补偿。因此地震保险的发展要建立于科学合理的地震灾害风险评估的基础之上。

　　在防震减灾措施中，地震保险作为风险转移的重要金融手段，作为一种化解巨灾风险的经济措施，不仅仅在经济上减轻了损失，还在震前震害防御、防震减灾知识科普以及灾后稳定人心和社会方面发挥了巨大的作用，主要分为以下几点：

　　（1）通过保险动员，提升风险意识。

　　保险业务拓展的过程本身就是一个对国民危机和风险意识的教育过程，具有覆盖面最广、宣传最直接的特点。地震保险通过投保、理赔等业务加深普通民众对地震灾害的认识，做好灾害事件发生前的防震减灾措施，调动普通民众的积极性和各方力量，综合提升全社会风范防范和应对能力。

　　（2）震后的经济补偿。

交纳地震保险后，一旦因为发生地震遭受损失，则可从保险公司得到相应的经济补偿，大大加快了恢复生产和重建家园的进程，避免和减轻停产、停业等间接经济损失，保障生产经营的持续发展。

（3）地震保险专项基金赔付，逐步减轻国家和社会的经济负担。

目前，政府救灾是我国地震灾害发生后最主导的经济补偿手段，运营地震保险后，可以通过逐年积累，扩大地震风险防御的经济实力和社会后备基金，增强抗震救灾能力，而且随着地震保险面的扩大，还可以做到逐步减轻国家和社会用于救灾的经济负担。通过建立地震保险制度，在国家财政、保险公司、再保险公司、投保人之间形成地震风险的有效分担机制。

2 地震保险发展历程

2.1 世界地震保险发展

作为一种分摊地震风险和补偿地震损失的有效手段，地震保险得到了许多地震频发国家的重视，并得以迅速发展。地震保险作为巨灾险种之一，具有小概率、高损失的特点，世界各国对于开展此类保险都十分谨慎。在经过多年经验积累和论证后，新西兰、日本、美国、中国台湾、土耳其等国家和地区都已建立了较为完备的地震保险系统。多个国家地震保险发展的总体情况统计表 1 所示。

表 1 各国地震保险发展总体情况统计对比表

国家/地区	模式类型	灾害背景	法规文档	核心机构	机构性质	投保要求
新西兰	政府主办	惠灵顿和怀拉拉帕地震（1942）	《地震与战争损失法》（1944）	新西兰地震委员会（EQC）	政府机构，政府担保	部分强制（购买住宅财产保险时强制附加地震保险）
日本	专项再保	新潟地震（1964）	《地震保险法》（1966）	日本再保险株式会社（JER）	私营机构，政府有限担保	自愿，作为住宅财产险的附加险
美国加州	私有公办	北岭地震（1994）	《住宅地震基本险保单范本》（1995）	加州地震局（CEA）	私有机构，政府管理，政府不提供担保	自愿，作为住宅财产险的附加险
台湾地区	专项基金	集集地震（1999 年）	《住宅地震保险共保及危险承担机制实施办法》（2001）	台湾住宅地震保险基金（TREIF）	财团法人，政府提供有限担保	部分强制（购买住宅财产保险时强制附加地震保险）
土耳其	共保体	马尔马拉地震（1999）	《强制地震保险法令578号》（2000）	土耳其巨灾保险共同体（TCIP）	非盈利机构，政府提供担保	完全强制

新西兰地震保险由 1945 年成立的地震委员会（EQC）负责法定保险的损失赔偿。如果居民向保险公司购买住宅或个人财产保险，会被强制征收地震巨灾保险和火灾险保费，

保费由保险公司代为征收后再交给地震委员会。住宅最高责任限额为 10 万新元，个人财产最高责任限额为 2 万新元。地震险费率为 0.1%—0.5%。地震委员会还利用国际再保险市场进行分保，同时拥有政府担保，如果保险赔付需求超过基金数额，政府将出资补充不足的部分。

日本的地震保险是自愿投保险种，作为财产保险的附加险出售。1966 年，日本出台《地震保险法》，并成立日本地震再保险株式会社（JER）。日本在住宅地震保险方面，投保人向保险公司（非寿险公司）投保地震保险后，保险公司向 JER 进行 100% 全额分保，然后 JER 再将所有承保风险分为三部分：一部分自留，另一部分转分保回原保险公司，还有一部分转分保给政府。发生地震灾害之后，根据损失大小分为三级，按照既定规则进行责任分配，损失越大，政府承担的部分越大。日本地震险保额为财产险保额的 30%—50%，。地震保险费率，根据风险区划和建筑材料（木质或非木质），为 0.5‰至 3.13‰不等。此外，根据住宅的建筑年限和抗震等级等，还能享有 10%—30% 的费率折扣。

美国加州于 1996 年成立了加州地震局（CEA）进行地震保险立法工作，并联合民营保险公司为民众提供地震保险。地震保险构架提出了 6 级风险分担机制，由民营保险公司、CEA 及超额再保险分级承担地震损失。CEA 的地震保险的费率计算考虑建筑物的房屋类型、构造方式、年份、所在地点及土壤类型，更细分了建筑物的屋顶形式、建筑物所在地点、坡度等。CEA 采用期望损失的精算费率将加州分为 19 个费率区域，费率均值 3.91‰，下限为 1.1‰，上限是 5.25‰。

2002 年 1 月，中国台湾批准设立财团法人住宅地震保险基金；2002 年 4 月，正式实施政策性的住宅地震基本保险。在台湾，投保人向保险公司（财产保险公司）投保地震保险后，保险公司向地震保险基金全额分保，然后地震保险基金再将所有承保风险分为两大部分：第一部分转分保由地震保险共保组织（由原保险公司组成）承担，第二部分由地震保险基金承担和分散。如果因发生重大震灾致地震保险基金不足支付应付赔款，可请求由政府财政提供担保。在地震保险项下，每户保额最高新台币 120 万元（约 30 万元人民币），全台湾地区采用单一费率（约 1.2‰）。

1999 年土耳其 Marmara 地区地震后，土耳其成立了土耳其巨灾保险共同体（TCIP）。作为土耳其地震保险的专业运营机构，它设计了覆盖全国的地震保险计划，并将保单销售外包给商业保险公司，同时承担保险理赔的整体职责。土耳其地震保险为强制性保险，当业主在房地产登记办公室办理手续时必须附加强制性地震保险。地震保险投保对象只是位于城市的民用建筑，TCIP 将土耳其按照 5 个地震区和 3 类建筑划分为 15 个费率区域来计算保费。

2.2 中国地震保险发展

在中国保险业的发展史上，地震保险的发展走过了一段曲折的历程，大体上可以分为六个阶段：

第一阶段为起步期，从 1949 年至 1958 年，按照中央人民政府政务院的决定，由中国人民保险公司负责具体推动，国家机关、国营企业、合作社的绝大多数财产都办理了财产强制保险。其中，地震属于基本责任范围。

第二阶段为空白期，从 1959—1979 年，我国的国内保险业务由于历史原因中断了 21

年，地震保险停滞发展，财政支付成了赈济地震灾害的唯一手段，使保险业避开了我国那段地震活跃期，掩盖了地震风险的潜在威胁。

第三阶段为恢复期，从 1980—1995 年，保险业务恢复后，财产保险的责任仍然囊括了地震风险。地震保险对震后企业重建和救济发挥了一定作用，但由于缺乏精算依据、巨灾损失难以控制等因素，多造成了保险公司的部分亏损。

第四阶段为免除期，从 1996—2001 年，地震风险被列入财产保险的免责范围。1996 年，中国人民银行下发 187 号通知，决定从当年 7 月 1 日起将地震损失从保险责任中剔除，并要求保险公司不再对地震损失进行赔付。

第五阶段为转折期，从 2001—2008 年，地震风险以扩展条款形式承保。保监会在 2001 年接连下发多个通知，规定地震风险不能作为主险，仅能作为企财险的附加险进行承保，并适当放宽了对保险公司承保地震风险的限制。

第六阶段为发展期，从 2008 年至今，市场潜在需求和地震保险研究工作的深化使地震保险迈入新时期。2008 年汶川地震所造成的巨大损失推动了地震保险的快速发展。十八届三中全会明确提出"完善保险经济补偿机制，建立巨灾保险制度"；2015 年，45 家财险公司联合成立"中国城乡居民住宅地震巨灾保险共同体"，全国首个地震保险专项试点在云南大理白族自治州启动；2016 年，首款全国性巨灾保险产品"住宅地震保险"在全国正式全面销售。迄今，承保标的 19.80 万个，保费收入 503.9 万元，保险金额 188.75 万元，我国地震保险正迎来一个蓬勃发展的春天。

3 地震保险的运作

我国巨灾保险制度至今未能建立的原因是多方面的，但技术层面的制约无疑是其重要因素。对地震巨灾来说，由于其发生频次少、造成损失大、难于预测，现代保险业所赖以建立的"大数法则"难以适用。以往，我国保险业对地震等巨灾事件的风险分析、估测和损失测算等方面的技术储备和力量相对薄弱，难以对地震等巨灾风险状况作出全面科学的评价，保险公司从稳定自身财务的角度出发，在没有掌握巨灾风险规律和获得外部有力支持的条件下，难以冒着失去偿付能力的未知风险去承保巨灾业务。自党的十八届三中全会《中共中央关于全面深化改革若干重大问题的决定》明确提出"建立巨灾保险制度"以来，保险监管部门、各级政府以及行业主体对巨灾保险展开了新一轮探索，开展了巨灾保险试点和产品创新及实践。

3.1 地震保险的核心方式与方法

目前地震保险的运营是依靠中国城乡居民住宅地震巨灾保险共同体，共同体的职能包括：开展城乡居民住宅地震保险产品的销售、承保和理赔工作；根据自留份额划转保费和清算资金等；以自留份额为基础，承担对应的地震责任损失分摊赔款；与巨灾基金和再保险公司等进行地震保险业务合作；开展地震保险相关研究和国内外交流合作；落实政府关于住宅地震保险的相关政策。

地震保险的业务范围和运营机制包括：共同体统一发布《城乡居民住宅地震保险》的条款、费率和承保规则；共同体各成员公司负责销售《城乡居民住宅地震保险》产品，保费收入按约定扣除必要的经营费用后，统一归集到住宅地震共同体，住宅地震共同体定期根据约定的自留份额划分各成员公司的自留保费；共同体成员应承担的赔款责任比例以其享有的保费占比为基础确定；首年各成员公司的自留份额综合考虑住宅地震保险保单销售情况、偿付能力、家财险市场份额，按照成员协商原则确定，以后年度的自留份额在首年各成员公司份额基础上按照协商原则进行调整；共同体根据实际承保风险状况统一办理再保险，并根据国务院保险监督管理机构的要求提存住宅地震保险专项准备金。

我国还没有开发出自己的巨灾分析模型，因此在大理地震保险试点的风险评估过程中，采用的是国际巨灾模型公司开发的巨灾模型，并根据云南省历次灾评报告中震害调查成果，结合当地地质断层构造和建筑结构信息等，得到更加符合试点实际的地震巨灾风险评估结果，为巨灾保险定价提供重要依据，确保试点项目长期可持续运行。

3.2　地震保险投保和理赔

我国地震保险发展还不是很成熟，很长一段时间内采用的多种覆盖地震灾害风险的保险产品，主要包括地震保险责任的企业财产保险、工程保险、家庭财产保险、农业保险、意外健康保险和分散地震保险风险的再保险等。我国单一灾因的地震保险产品还处于探索和试用阶段。

目前采用的地震保险是由共同体成员公司各自销售产品，并按照约定的共保比例（初期基于家财险市场份额）划分保费收入，承担相应保险责任。同时建立基金，计提地震巨灾保险专项准备金（比例为 20%），由保险保障基金集中管理，作为应对严重地震灾害的资金储备，由投保人、保险公司、再保险公司、地震巨灾保险专项准备金、财政支持分层分担损失。

保险标的为城乡居民住宅，承保房屋结构本身，不包括室内装潢、室内财产及附属建筑物。不保房屋包括政府有关部门征用、占用的房屋；用于从事工商业生产、经营活动的房屋；在建房屋；违章建筑、危险建筑、简易房屋；正处于紧急危险状态下的房屋；用芦席、稻草、油毛毡、麦秆、芦苇、竹竿、帆布、塑料布、纸板等为外墙结构的房屋。

保险责任为破坏性地震（中国地震局发布的震级 $M4.7$ 级（含）以上且最大地震烈度达到Ⅵ度及以上的地震）振动及其引起的海啸、火灾、火山爆发、爆炸、地陷、地裂、泥石流、滑坡、堰塞湖及大坝决堤造成的水淹等引起的房屋结构破坏，保险标的在连续 168 小时内遭受一次或多次地震（余震）所致损失应视为一次单独事故。

保险金额的制定综合考虑了民政救灾标准、房屋重置价值等因素制定保险金额，给出了高额的上下限：最高保额：钢结构、混合结构 100 万元、砖木结构 10 万元、其他结构（如土坯）6 万元；最低保额：城镇住宅 5 万元，农村住宅 2 万元。

保险费率是综合考虑保险金额、基准费率、区域调整因子和建筑结构调整因子而确定的，保险费率概念模型如下：

保险费率 = 保险金额 × 基准费率 × 区域调整因子 × 建筑结构调整因子

基准费率为一省一定价，以混合结构为基准，范围在 0.02%—0.12%；区域调整因子则重点考虑同一省份内部的地区风险差异，系数为 0.3 至 2；建筑结构调整因子即考虑不同类型结构的自身抗震能力差异性，钢结构系数 0.4、砖木结构系数 1.2 至 2、其他结构系数 2 至 2.4。

赔偿方式采用第一危险赔偿方式，结构定损依据《国家建（构）筑物地震破坏等级划分标准 GB/T 24335 – 2009》，理赔的标准为基本完好和轻微破坏不赔偿，中等破坏赔偿 50%，严重破坏和毁坏赔偿 100%。

3.3 地震保险的金融衍生品

保险业应对巨灾损失的资源日见不足，迫切需求一个更大的市场以分散风险，这是巨灾衍生品产生的根本原因。资本市场的资金量远远大于保险市场，可以为巨灾保险的分散和转移提供足够的资金。运用衍生品可以将巨灾风险在更大的范围内分散，同时，用衍生品将风险分摊给资本市场中的投机者还可以有效降低保险公司分散风险的成本。目前世界上有巨灾保险的金融衍生品包括债券、期货等。

4 我国地震保险面对的主要问题

在我国加入 WTO 以后，外国保险公司陆续进入我国保险市场，他们已明确表示要以雄厚的资金实力、全球经营的空间规模和丰富的承保经验介入我国地震保险市场。这一介入的实质是全面争夺国资保险公司既有主险市场的第一步。面对激烈的竞争，我国本土的保险企业和刚刚起步的地震保险业该如何应对？这里面临着诸多待解的问题。从宏观层面上讲，首要问题显然是地震保险是否应该完全商业运作的制度问题，其次是如何结合新的地震科技发展透彻了解我国地震风险的问题，再次是如何的保险技术和方法模型适应地震保险本土化的应用需求问题。具体来说，我国地震保险面对的主要问题包括以下方面。

4.1 地震保险模式需要明确

在各国地震保险制度的建设过程中面临的首要问题就是模式选择，即采用什么样的模式建设国家的地震保险制度，是官办，还是民办？还是官民结合？如果是官民结合，那么应当采用什么样的结合方式？是法定，还是自愿，还是"半法定"的方式？因此，在我国建设地震保险制度时，也首先要回答这个问题。从我国的实践看，"政府主导，市场运作"是一种较好的模式。关于是否采用法定模式的问题，从大多数国家的情况看，更多的采用"半法定"的模式，我国可以有所借鉴。

4.2 缺乏完善的地震保险制度

地震保险制度是指为降低不确定的地震灾害可能造成的经济损失而建立的风险分散制度。一个完善的地震保险制度，一是要有较为完备的政策和立法保障，从而明确政府、保险企业、投保人的各项权责；二是要明确适合我国现状的地震保险控制性边界条件，如地震保险的出售方式、保险金额、免赔率、覆盖范围等；三是要健全保险偿付机制，无论是通过分层设计、再保险、政府兜底等方式，还是结合各种金融创新来设计偿付模式，都需要最大限度保障地震保险企业能够切实、有效地履行保障责任。这些内容都需要进一步深化研究，亟待完善。

4.3 缺乏地震灾害风险评估和管理工具

近年来，我国在地震灾害风险领域的研究无论在理论方法还是新的技术手段运用上都取得了长足的发展，大量的学者结合汶川地震、芦山地震等实际震害数据和经验总结，在地震危险性分析和承灾体易损性分析等方面有了新的突破。但如何把现阶段地震灾害风险的研究成果与地震保险大范围、多精度、高时效的风险评估要求合理匹配，目前尚未有一个较为成熟的地震灾害风险评估和管理工具。

4.4　缺乏针对我国国情的地震巨灾保险模型

我国地震保险在起步阶段，在费率厘定、保费核算等方面主要还是借鉴的国外保险公司（如瑞士再保险公司）研发的保险模型。一方面如果不掌握自主知识产权的方法和模型，我国的保险企业将长期在市场竞争中处于劣势；另一方面，国外的模型也不能有效地反映我国现阶段房屋结构在设计、建造、施工等方面的特点，以及不同地区和不同民族间存在的明显差异。积极研发适合我国现实国情的本土化的地震巨灾保险模型势在必行。

4.5　个人和保险公司对地震保险缺乏积极性

目前我国的投保人更加倾向于购买其他财产险或者人寿保险等业务，大多数人对巨灾保险缺乏必要的认知和积极性。而就中国的再保险公司发展的状况来看，目前中国只有一家中国再保险公司，而且其分保能力非常有限，产品也相对单一，很难满足中国大多数保险公司的分保需要，其分保规模更是不到全球再保险市场的 1%，再保险环节薄弱也加剧了保险公司对巨灾保险的忽视，因此，我国巨灾保险发展仍然面临着个人、保险公司、再保险公司三重积极性不足的问题需要克服。

5　地震保险国际经验与中国思路

5.1　地震保险国际经验总结

如前所述，地震保险在新西兰、日本、美国加州等国家和地区已经发展的较为成熟，通过对这些不同地震保险模式的对比分析，我们也可以总结出一些经验，为我国的地震保险发展提供借鉴。

新西兰模式：新西兰模式是典型的政府办地震保险，并从一开始就承担了整个地震保险初创期的全部风险；商业保险公司仅为代理机构，凡投保财产险的投保人被强制参加地震保险。其缺点是：政府似乎只有承担无限责任的义务而没有从中看到自己的直接利益；其优点是：法定带来的宽保面最大限度地降低了地震风险，使政府的无限责任接近于理论承诺。新西兰在过去的 30 年里，仅在 1987 年发生过一次 3.4 亿新西兰元的地震损失，因此，新西兰地震保险模式的成功有制度原因，也有幸运的色彩。

日本模式：日本模式实现了政府、保险公司、投保人共同创建和积累地震保险基金的过程。其优点是：政府提供超赔再保险，明确了自己的权利和义务，并通过一套繁复的分保程序确保了政府和商业保险公司之间的相互信任。其相对于新西兰模式的缺点是：自愿附加险带来了空间的差异性选择，地震高危险区的投保率很高，而地震低危险区的投保率很低，这事实上是有违日本模式策划的初衷。

美国加州模式：美国加州模式一是设有高风险附加费率政策，保险财产高度集中在南加州地区，地震风险难以分散也是其重要客观原因；二是政府不为 CEA 承担无限责任、也不提供超赔再保险，而是提供充分的金融、信贷政策支持；三是自愿附加地震险的做法表面上与日本模式相同，但客观上日本如果采用法定方式。会有比较大的国土分散地震风险，而加州则有经营空间较小的无奈。此外，高风险附加费率政策是在 1994 年北岭地震造成十几家保险公司破产的危机情况下建立的，其长远效果不一定乐观。

5.2 我国地震保险发展的思考

首先，我国的地震保险首先要确立"国家主导，市场运作"这一总方针。对新西兰、日本和美国加州模式稍加分析就会发现，在宽保面、费率略高于年均地震损失率的条件下，政府在地震保险中承担的责任，其实类似于一种比较广义的"信贷"责任。政府之所以必须承担这一责任，首先是为了保障国民的基本生存安全，同时也是为地震保险发展之初提供必须的保障承诺。因此，在日本模式的基础上附加法定投保的相关规定，目前来看是我国地震保险发展的最佳模式选择。

第二，我国可在目前保监会设立的共保体的基础上，进一步考虑建立一个专门的巨灾管理机构，其职责主要负责建立各种巨灾基金，并负责相应的资金管理与运作，同时负责监督各个保险公司对巨灾保险的设计、销售、赔付与落实情况。该机构要保证各项巨灾基金健康运作，为巨灾保险提高资金支持。此外，保监会作为保险业的主要监管部门，也需要对各大保险公司发行巨灾保险的状况进行全方位的监管，并不断修正相关法律法规的适用性。

第三，在我国采取部分强制方式普及地震保险较为合适。居民并不被强制购买地震保险，但当居民办理某些业务时（如办理购房贷款）会被要求购买地震保险。同时部分强制式地震保险应逐步分层次进行普及，如：先从新建房屋实行，民众购买房屋时强制缴纳；对于已建房屋，业主购买财产保险、火险或办理贷款业务时强制投保；剩余部分房屋应考虑地域差异循序渐进实施。为鼓励民众积极投保，政府的财政补贴应根据用户投保地震保险与否而区别对待，以引导居民投保。

第四，在我国采取部分强制方式普及地震保险较为合适。居民并不被强制购买地震保险，但当居民办理某些业务时（如办理购房贷款）会被要求购买地震保险，同时部分强制式地震保险应逐步分层次进行普及，如：先从新建房屋实行，民众购买房屋时强制缴纳；对于已建房屋，业主购买财产保险、火险或办理贷款业务时强制投保；剩余部分房屋应考虑地域差异循序渐进实施。为鼓励民众积极投保，政府的财政补贴应根据用户投保地震保险与否而区别对待，以引导居民投保。

6 结语

我国是一个地域大国，即使在纯粹的商业运行模式下，只要辅之以恰当的风险管理措施，地震保险仍然可望纳入良性循环的轨道。考虑到加入 WTO 以后国外保险公司可能会对我国地震保险商业运行模式形成强力冲击，国家应该给予足够的法律和政策支持，这既是国内保险公司能够与之公平竞争需要，也是我国力争用更短的时间取得比国外更大的地震保险实效、逐步减轻财政赈灾责任、适应我国社会经济体制改革的需要。

发展中国地震保险，时不我待，任重道远。

革命老区地震科普教育工作现状调查与对策研究[*]

——以龙岩市为例

众所周知，我国是世界上地震灾害最为严重的国家之一，地震灾害已成为影响我国经济发展和社会安全的重要因素，而目前我国防震减灾事业还存在许多难以快速解决的问题。因此在当前的基本国情下，加强地震科普教育，提高群众防震减灾意识、应急避震和自救互救能力，对缓解地震中人员伤亡有着非常重要的作用。本文以龙岩市为例，对我国革命老区地震科普教育工作现状及存在问题进行调查、分析和探讨，并提出相应的对策建议。

1　引言

我国地处世界两大地震带——环太平洋地震带与欧亚地震带之间，地震活动频度高、强度大、震源浅，分布广，是世界上地震灾害最为严重的国家之一。据不完全统计，近十年来我国因地震伤亡人数达数 10 万人，直接经济损失已超过 1 万亿元。地震灾害已经成为影响我国经济发展和社会安全的重要因素之一。但由于我国防震减灾事业还存在许多难以快速解决的问题。因此在当前的基本国情下，加强地震科普教育，提高群众防震减灾意识、应急避震和自救互救能力，对缓解地震中人员伤亡有着非常重要的作用。

近年来，为切实做好地震科普教育工作，国内许多专家学者结合各省市地震科普工作实际进行了深入调查研究，提出了许多进一步做好地震科普教育工作的对策和建议。例如安徽省地震局宣教中心专家在全省范围内开展防震减灾科普教育工作调研，从防震减灾宣教工作时间、内容、作品及表现形式等几个方面进行分析研究并提出相关对策。上海市以初中生群体为例开展学生防震减灾科普工作现状调查研究。广州市采取随机抽查方式收集受访者宣传工作的方式、内容、频度和效果等的信息进行分析研究并提相关对策建议等等。但目前国内对于革命老区如何做好地震科普教育工作方面的研究还比较少。

我国革命老区大都地处山高路远、交通不便的偏远地带，与周边地区相比而言，经济发展总体较差，客观上防震减灾工作形势也比较严峻。以龙岩市（即闽西革命老区）为例来看，境内有政和－海丰、邵武－河源、永安－晋江和上杭－云霄 4 条地震构造带纵贯全市，地震地质构造较为复杂，具有发生中强地震的地质构造背景，在国务院划定的全国 25 个地震重点监视防御区内。历史上龙岩发生过多次中强地震（1535 年 5 月长汀 4$\frac{3}{4}$ 级，1940 年 3 月 2 日永定东南级 5$\frac{1}{4}$，1992 年 11 月、1994 年 5 月、1997 年 5 月连城赖源发生

---

　　* 作者：林勇，王德福，何权富，郑小涌，兰天水，谢振杰，张年明，郑永通，福建省龙岩市地震局。

了 5.0、4.8、5.2 级别地震），其中 1997 年 5 月 31 日发生在龙岩市连城县赖源乡与三明永安市小陶镇交界处的 5.2 级地震是福建省自 1970 年有地震观测以来内陆发生的最大地震，造成了一定的经济损失。此外，台湾及临近海域一旦发生的 6 级以上的强震，龙岩也震感明显，市县乡各级政府和社会公众对地震敏感度高，防震减灾工作形势较为严峻。

但老区人民普遍具有信念坚定、爱党爱国的政治品格，为党和民族大业甘于奉献、艰苦奋斗的革命精神，英勇无畏、勤劳友善的优秀品质和优良作风。在战争年代，老区人民为壮大革命力量，建立新中国，付出了巨大牺牲，作出了极大贡献。习近平总书记曾说过：我们永远不要忘记老区，永远不要忘记老区人民，要一如既往支持老区建设。

在 2016 年 5 月召开的全国科技创新大会上，习近平总书记提出了建设世界科技强国的奋斗目标，指出科技创新、科学普及是实现创新发展的两翼，要把科学普及放在与科技创新同等重要的位置。在 2016 年 7 月纪念唐山大地震 40 周年之际，习近平总书记提出了"要坚持以防为主、防抗救相结合，坚持常态减灾和非常态救灾相统一，努力实现从注重灾后救助向注重灾前预防转变，从应对单一灾种向综合减灾转变，从减少灾害损失向减轻灾害风险转变，全面提升全社会抵御自然灾害的综合防范能力"的"两个坚持""三个转变"的防灾减灾救灾新理念。

因此，面对革命老区普遍具有防震减灾工作形势较严峻的客观现实，认真贯彻落实习近平总书记在全国科技创新大会讲话精神和防灾减灾救灾新理念，弘扬"闹革命走前头、搞生产争上游"的闽西革命老区优良传统，加强革命老区地震科普教育工作的调查研究，对于提升革命老区人民的应急避震等灾害防范意识和能力，意义重大。

2 龙岩市地震科普工作开展情况

龙岩市地震局高度重视地震科普宣传教育工作，秉承"主动、稳妥、科学、有效"的工作原则，积极发扬"闹革命走前头、搞生产争上游"的闽西革命老区优良传统，提出了"振红土地雄风 谋跨越式发展 开创闽西防震减灾新局面"的防震减灾工作目标，坚持把搞好地震科普宣传教育作为年度重点工作来抓落实，采取多种形式，利用多种渠道，广泛进行的宣传教育，不断提高社会公众的防震减灾意识、应急避震和自救互救能力建设。主要做法有：

2.1 找准工作抓手，构筑地震科普宣教新格局

一是以"防震减灾知识列入市委中心组学习内容"为抓手，推动全市领导干部重视地震科普宣传教育工作。2015 年邀请国家减灾委专家委员会委员、中国地震局原副局长刘玉辰同志走进"中央苏区发展大讲堂"，为中共龙岩市委中心组（扩大）学习会作题为《提高民族防灾意识 努力减轻灾害损失》的专题报告，切实提高了全市广大领导干部的防震减灾意识，有效推动全市地震科普宣教工作的开展。二是以"防震减灾纳入政府绩效考评体系"为抓手，推动全市各级政府部门广泛开展地震科普宣教活动。2016 年和 2017 年推动防震减灾工作纳入市对县、县对乡镇（街道）党委政府年度绩效考评内容，加大地震科普教育分值权重，实现压力传导，推动地震科普宣教活动在全市的广泛开展。三是以"市政府举办地震主题演练"为抓手，引导新闻媒体关注防震减灾动态，筑牢地震科普宣教网

络。精心组织实施地震应急演练三年行动方案,以 2015 年市政府组建龙岩市第二支地震灾害紧急救援队和修订完善《龙岩市地震应急预案资料汇编》、2016 年市政府组织开展全市地震应急桌面演练、2017 年市政府举办实施全市抗震救灾综合应急演练为契机,引导新闻媒体关注防震减灾动态,并通过签订合作协议等形式,筑牢地震科普宣教网络。

2.2　多措并举,广泛开展地震科普宣教活动

一是健全部门合作宣传工作机制。主动联合相关部门开展防震减灾宣传活动,先后将防震减灾宣传融入民政、教育、住建、司法、党校、农业等多个部门工作范畴,拓展了地震科普宣教平台。二是抓住"5.12""7.28""12.4"等宣传重点时机,搞好了防震减灾集中宣传活动。三是群策群力组建了科普宣教志愿者团队。认真收集整理各类防震减灾讲座 PPT 课件,按照受众群体分类制作宣教标准课件并进行推广,指导各县(市、区)地震办依托中小学校地理教师等成立地震科普宣讲志愿者团队。四是大力开展"互联网 + 地震科普宣教"活动。2016 至 2018 年连续三年在"中国龙岩"政府门户网站开展地震科普主题在线访谈节目,运用局门户网站、"龙岩市民微信公众号"和"e 龙岩手机 APP"等网络平台大力推送地震科普图文视频资料。五是以示范创建为抓手扎实推进地震科普教育基地建设。近年来,我市共创成国家级地震安全示范社区 6 个,市级防震减灾科普示范学校 8 所,并依托各类示范场所及中小学生社会实践基地打造防震减灾科普教育基地。六是编印发放了大量针对不同对象的科普宣传材料。近年来,先后编印发放《家庭防震减灾六步走》《"龙岩地震市民服务"介绍》《龙岩市机关、事业单位干部防震减灾手册》《地震应急救援手册》《防震减灾主题书法作品集》《告诉你什么是地震预警》等地震科普宣教材料,联合市农业局等单位编印发放含有农房抗震设防知识的《农村服务·安全手册》等材料,有效提升了广大市民的防震减灾意识。

3　龙岩市地震科普教育现状调查分析

随着经济社会快速发展,社会公众公共安全意识不断提升,政府和社会公众的公共安全需求不断增长,近年来,虽然我市高度重视地震科普教育工作,并采取了多项措施予以落实。但地震科普教育工作是否能够满足满足民众日益增长的需求?如何才能更好的做好地震科普宣传教育工作?85 年前,毛泽东同志在闽西(现龙岩市)领导革命斗争期间,深入当年的中央苏区模范乡才溪乡调查,提出了"没有调查就没有发言权"的著名论断。因此,只有进行深入的调查研究,才能全面了解龙岩市民防震减灾知识普及情况,使我市下一步地震科普教育工作能得到更加科学合理的开展。

3.1　市民防震减灾知识普及率调查

2018 年 3 月至 4 月,龙岩市地震局在全市范围内组织开展了防震减灾知识普及率调查工作。本次调查采用抽样调查的方式,以县(市、区)为单位,采取问卷调查的形式进行。调查对象按照我市常住人口 253 万的千分之三比例,并结合人口地域分布、行业分布、年龄、学历等因素,共调查 8000 名市民。调查内容主要包括:民众对地震预警知识、对防震减灾知识的了解情况,民众获取防震减灾知识的主要途径,民众是否愿意参加地震

演练等防震减灾活动以及对于防震减灾工作的意见建议等等。经深入调查并汇总分析，得出以下结论：

（1）龙岩市地震科普教育工作取得一定成效，但还需进一步加强。统计结果显示，龙岩市民众防震减灾知识普及率为73.96%，其中民众对防震减灾知识比较了解或非常了解的占42.85%，但对防震减灾知识了解一些的占31.11%，仍然有26.04%的民众对防震减灾知识基本不了解或完全不了解（图1）。即还需进一步加强地震科普教育的民众占比高达57.15%。此外，对近年来科普教育中新出现的地震预警知识，仅有29.64%的民众比较了解或非常了解，但基本不了解或完全不了解的民众占比高达40.46%。这说明，龙岩革命老区存在地震科普工作成效不够明显、民众对新出现的地震预警知识不够了解等问题，还需进一步加强地震科普教育工作，尤其要加强地震预警知识的普及教育，以确实提升民众的防震减灾知识水平（图2）。

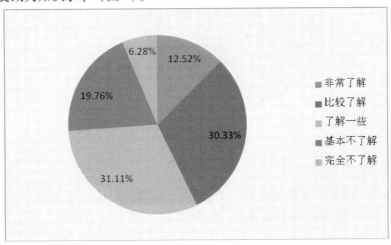

图1　市民对防震减灾知识了解程度

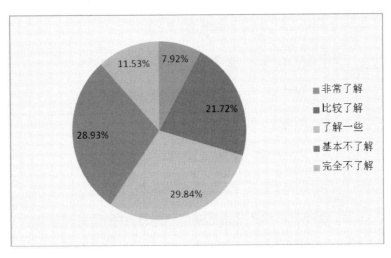

图2　市民对新兴的地震预警知识的了解程度

（2）民众参与防震减灾志愿者活动的热情高涨。统计结果表明：我市民众参与地震预警演练等有关防震减灾方面志愿者活动的积极性非常高。有 87.48% 的被访者表示愿意参加应急演练等志愿者活动，9.64% 的人表示参加与否无所谓，2.79% 的人表示不愿意参加。因此，今后可采取多开展各类防震减灾志愿活动的形式加强地震科普教育工作（图3）。

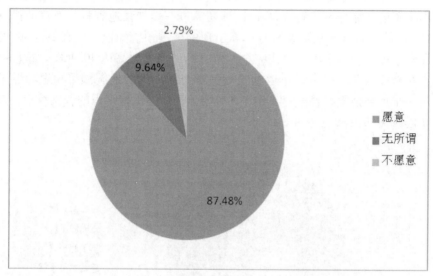

图3 市民愿意参加有关防震减灾方面志愿者活动

（3）目前龙岩民众主要通过电视、广播、报刊等宣传媒体，电脑网络，橱窗宣传栏及宣传资料等常规方式获取地震科普知识。存在地震科普形式不够新颖，互动体验性差的问题。在本次调查征集到的意见里面，民众提出期望能够增加地震科普互动体验环境等方式学习了解地震科普知识意见建议占了绝大多数（图4）。

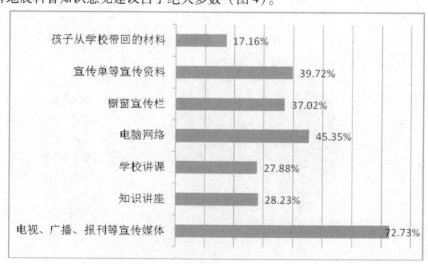

图4 目前市民防震减灾知识获得的途径

（4）龙岩市防震减灾科普示范校建设效果显著。这次调查活动中，有针对性的在全市八所防震减灾科普示范校中随机抽取了450名师生进行调查并与全市的调查结果进行对比。统计结果显示，防震减灾科普示范校师生比较了解和非常了解地震预警知识的比例达到了54.89%，比全市市民的29.64%高出了25.25%；防震减灾科普示范校师生防震减灾知识普及率更是高达96.44%，比全市市民的73.96%高出了22.48%。这表明，近年来，我市开展防震减灾科普示范校建设效果显著，防震减灾科普示范校的师生防震减灾意识明显更高（图5、图6）。下一步，可以通过加强防震减灾科普示范学校建设工作，发挥示范带动效应，推动地震科普"教育一个学生、带动一个家庭、影响整个社会"作用。

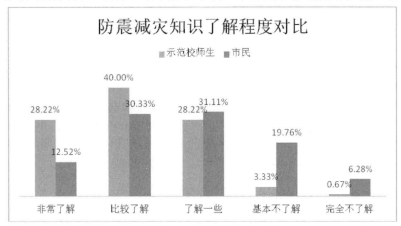

图5　防震减灾科普示范学校师生与市民地震预警知识了解程度对比

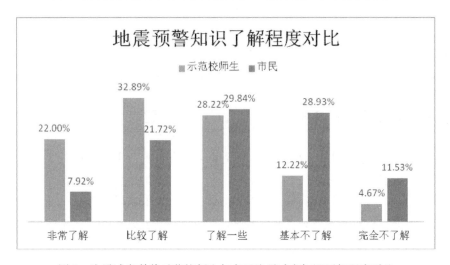

图6　防震减灾科普示范校师生与市民防震减灾知识了解程度对比

（5）农村居民防震减灾知识普及程度较低。统计数据显示，受文化程度、年龄结构、经济发展等多个因素影响，与城镇居民相比，农村居民防震减灾知识普及程度较低，因此加强农村地震科普知识教育，提升农村居民防震减灾意识，还需进一步采取有效工作措施予以推进。

3.2 从事地震科普教育人员情况分析

通过在日常地震科普教育的摸底调查发现，目前龙岩市内专门从事地震科普教育工作的主要有市县地震系统工作人员（含龙岩地震台和长汀地震台）43 人——长期并固定从事地震科普教育工作的人员；部分县市区以中小学地理老师为基础组建的地震科普宣讲团（约 20 人）——兼职从事地震科普教育的人员，每年开展地震科普教育时间比较多，开展形式主要为科普讲座；从事地震科普教育志愿工作人员近 200 人（主要为乡镇防震减灾助理员、地震应急救援队成员、中小学地理教师等）——在重点宣传时间节点偶尔参与地震科普教育，参与形式主主要为上街宣传、指导地震演练。这些人员大都没有地震专业知识背景，也没有接受过系统的地震科普教育专业培训，地震科普教育素质普遍低，有时在接受群众咨询时无法给出比较好的解答（知其然而不知其所以然），无法满足人民日益增长的地震安全知识需求。

以市县地震工作人员为例进行分析，除龙岩地震台和长汀地震台工作人员（9 人）不仅具有地震地质相关专业背景且经常有参加中国地震局和福建省地震局组织的业务培训外，全市地震系统其余 34 名工作人员中有地震地质相关专业背景的仅 1 人，接受过中国地震局深圳培训中心、防灾科技学院等地震科普专业培训人员为 15 人，地震科普教育能力和水平远远不能满足日常工作需要。因此，加强从业人员地震科普教育学习培训，提升地震科普能力水平，已成为当前迫切需要解决的一项重要工作。

3.3 当前龙岩市地震科普教育工作存在的主要问题

通过深入调查分析表明，龙岩市目前地震科普教育工作存在的主要问题有：

（1）地震科普工作成效仍需提升，民众对新出现的地震预警知识不够了解等。

（2）地震科普形式不够新颖，互动体验性较差。

（3）农村居民防震减灾知识普及程度较低。

（4）地震科普教育从业人员规模小且科普教育能力水平较低。

4 加强龙岩革命老区地震科普教育工作的对策和建议

为认真贯彻以习近平同志为核心的党中央关于防灾减灾救灾工作的重大决策部署和落实《全民科学素质计划纲要实施方案 2016——2020》工作任务，坚持以人民为中心的发展理念，进一步做好龙岩革命老区地震科普教育工作，拟采取以下对策：

4.1 实施地震科普教育专项工程，抓实七"点"建设

（1）继续抓好科普"领导干部"这个关键点。采取广泛推动地震科普知识和防震减灾法律法规教育常态化列入市县中心组学习、公职人员学法考试和党校培训课程等形式，切实提升领导干部这个"关键少数"的防震减灾意识，增强领导干部树立"以人民为中心"的执政理念，加大对防震减灾工作的重视和支持，推进政府及各部门更好履行在防震减灾的应尽之责。

（2）持续深挖科普"中小学生"这个潜力点。通过示范校创建，深入学校广泛开展防震减灾知识手抄报、黑板报、演讲赛，融入校本教材，举办知识讲座，指导开展地震应

急疏散演练等形式，努力提高中小学生防震减灾意识，确实起到地震科普"教育一个学生、带动一个家庭、影响整个社会"作用。

（3）努力突破科普"针对性差"和"科普团队建设弱"这个困难点。继续组织专业人员借鉴国内外优秀地震科普 PPT 课件，集思广益、换位思考，针对不同受众人群编制不同风格的地震科普 PPT 课件，确保地震科普教育针对性强，起到较好的科普教育效果。加强科普团队建设管理，吸收志愿者壮大队伍，加强与专业培训部门对接实施专业订单培训，确实提升团队科普能力水平。

（4）全力夯实"科普阵地建设"这个基础点。紧紧抓住防震减灾科普场馆建设列入市委市政府民生补短板项目这个有利契机，市县联动，多方筹措资金，建设集声、光、电、磁和实景模拟于一体，互动体验感较强的现代化防震减灾科普体验馆，确保 2020 年之前实现防震减灾科普场馆市县全覆盖。

（5）及时补足农村地震科普这个薄弱点。顺应"乡村振兴战略"，加强部门联动，融入"美丽乡村建设""科教文卫"三下乡、脱贫攻坚挂钩帮扶、农村工匠培训等工作做好农村地震科普宣传和抗震设防知识普及工作，切实提高农村居民防震减灾意识。

（6）用好用活"互联网＋"地震科普这个新热点。大力开展"互联网＋"地震科普宣传活动，充分运用好局门户网站、"龙岩市民微信公众号"和"e 龙岩手机 APP"等网络平台，做好地震科普图文视频资料推送工作。持续深入政府网站、电视广播等主流媒体开展主题访谈，扩大宣传覆盖面。

（7）融入普及率调查活动这个契合点。2013 年及 2018 年两次的地震科普知识普及率调查活动在全市范围内开展，声势较大，群众参与热情高，媒体辅助宣传到位，社会反响较好。通过与民众面对面近距离问卷调查，同步答疑解惑，发放相关宣传资料，对于进一步普及防震减灾知识起到至关重要的作用，也充分展示了干部队伍的精神风貌，展现了行业干部的作为担当。后续将持续抓住这个契合点，开展大规模的科普宣传活动。

4.2　实施"三强化三提升"工程，提升科普人员素质

强化行业队伍、宣讲团队和志愿者队伍的学习培训，提升三支队伍地震科普能力建设。鉴于目前龙岩市市县防震减灾从业人员、地震科普宣讲团队和志愿者队伍普遍存在地震科普素质能力水平较低的现状，积极弘扬面向革命老区"闹革命走前头，搞生产争上游"的优良传统作风，采取向上积极争取地震科普专业培训机会、不等不靠自立更生自学提升、主动出击交流取经等多种方式，努力提升从业人员整体科普素质。

4.3　建议上级地震部门加大对龙岩市防震减灾工作支持力度

龙岩是革命老区，也是原中央苏区核心区域，为中国革命的胜利作出了巨大的贡献和牺牲，为此建议上级地震部门按照国务院有关支持苏区建设的相关政策，加大对龙岩市防震减灾基础设施建设的资金和技术扶持力度。比如在科普场馆建设方面给以资金扶持和前沿科技创新技术等方面的支持。

总之，通过本次对地震科普教育工作的深入调查分析，我们总结出龙岩革命老区地震科普教育中取得的一些先进经验，也发现了一些存在问题，提出了相关的对策建议。这必将有助于革命老区扬长避短，补足工作短板，更好地做好地震科普教育工作。

参 考 文 献

[1] 汪丹丹，王远等，安徽省防震减灾科普宣教工作现状分析及对策 [J]，《城市与减灾》，2016，(6)：17～21。

[2] 刘子一，赵甜等，上海市学生人群防震减灾科普工作现状调查研究以初中生群体为例 [J]，《国际地震动态》，2015 (6)：13～19 。

[3] 李晔霖，胡坚鑫等，广州防震减灾普及宣传工作现状调查及对策研究 [J]，华南地震，2013，33 (2)：84～92。

[4] 龙岩革命老区情况介绍，中国·龙岩网站。

探索篇

让公众理解防震减灾科学[*]
——科技工作者助力防震减灾科普宣传的探讨

科普的发展经历了两个阶段的演化过程。直到 20 世纪初期,科学家还以钻在实验室里不与公众接触为荣,所以科学技术的普及是科学家向公众单向输出的关系,这时的科学传播活动被称为 Popularization of Science,即科普。二战以后,科学家和公众都陷入对二战期间科学给人类带来巨大灾难的思考中,公众对科学家的道德、对科学技术同人类和环境关系的审视导致了公众对科学议题的全面参与,科学、科学家和公众由过去的自上而下简单地灌输和接受关系转变成一种新型的互动交流的关系,即“公众理解科学”(Public Understanding of Science)。

防震减灾科普宣传是防震减灾事业中的一项不可缺少的重要基础性工作,有效的科普宣传,是广泛普及地震科学知识、提升社会公众防震减灾意识与技能的重要途径。1998 年《中华人民共和国防震减灾法》颁布实施后,从国家法制的高度明确了防震减灾科普教育的重要性和必要性。毋庸置疑,地震部门是防震减灾科普宣传的重要主体之一。地震部门在防震减灾科普宣传工作中具有专业性、权威性的特点,我们积极探索如何充分利用地震部门内部专业资源做好防震减灾科普宣传工作。

1 从公众质疑说起

2008 年汶川地震后,部分公众对地震科研研究工作从不了解,到不理解,进而产生了抵触情绪。公众在问:地震局到底是做什么的?我国的地震预报现状是什么情况?地震科技工作者到底在做什么?这一系列问题的提出,揭示了长期以来我们在科普宣传上的薄弱环节——我们更注重向公众单方面传输平时防御和震中震后自救互救知识,忽略了有关地震科学研究方式方法、发展情况的介绍。

防震减灾科普宣传工作的一个重要作用就是为公众与科技工作者之间搭建一座沟通交流的桥梁。事实上,科学发展到了今天,早已从当初的单向“科普”发展到了“互动交流型”的“公众理解科学阶段”。由“科普”到“公众理解科学”昭示我们,要想做好防震减灾科普宣传,就要多从公众的角度去考虑宣传的内容。向公众介绍地震科技发展和地震科技工作者的研究,应该也必须成为防震减灾科普宣传工作中的一项重要内容,对防震减灾工作的顺利展开具有十分重要的意义。

我国防震减灾科普宣传起步较晚,很长一段时期人们都是谈“震“色变,因此在宣传上都是浅尝辄止,无法深入的探讨和宣传,生怕引起社会恐慌。这样就导致人们只知道国家投入了大量的人力物力,却不明白地震部门到底在做什么?

---

* 作者:郭心,北京市地震局。

其实，地震学家所做的工作与我们的生活息息相关。

例一：有些公众认为"地震预报是世界性难题，很多人认为现今的地震监测预报都是马后炮，对现实生活并没有什么意义。"

其实不然，简单讲地震监测预报就是建立地震台网，用来监测和记录地震。即搞清一个地区在一定时间内发生地震的概率有多大；搞清万一发生地震，某地方会出现怎样的地面运动；主震后余震情况以及有可能引发的次生灾害等等。主震后加密监测，可以降低强烈余震的危害。在地震救灾中，时间就是生命，而"时间"就是地震台网"抢"出来的。对大震前几分钟甚至几秒钟的预警，是减轻灾害带来的损失重要方法之一。

例二：地震"防不胜防，防的作用微乎其微"。

其实，在地震预报还不过关的今天，防震减灾的关键还是预防为主，防患于未然。进行地区的活断层探测和加强建筑物的抗震设防标准，是降低地震灾害损失的根本。日本是一个地震活动最为频繁的国家，但是每次地震损失却很小，为什么？不是因为他们能够预测地震，而是他们的建筑物抗震能力特别强，连普通住宅都要做专门的地震安全性评价工作，以达到标准。地震部门的一个重要职能就是监督管理重要工程、容易产生次生灾害工程、生命线工程的抗震设防，并对重要构（建）筑物进行地震安全性评价，这是最科学、最可靠的防范地震的措施。

2 整合资源，走群众路线的防震减灾科普宣传新形式

在防震减灾科普宣传中，充分整合利用现有科技资源，请地震学家们走出来直接面对公公，对科普工作具有事半功倍的效果。

2.1 组织专家科普讲师团

倡导地震科技工作者积极投入到科普宣传中，有效整合地震部门内部资源，组织一支由地震监测预报、地震活断层探测及安全性评价、测震仪器研究、地震救援等多学科专家组成的科普师讲团，并鼓励科技工作者多写科普文章。另一方面，科普宣传工作者也要紧跟地震科技发展形势，追踪科技研究成果，适时的将防震减灾科技工作以深入浅出的形式介绍给公众，让公众正确了解我国的防震减灾事业发展，我国防震减灾事业的工作体系等等。

在地震部门专家指导下组建大学相关专业学生和社会志愿者的"防震减灾科普宣讲团"，通过赋予大学生、志愿者防震减灾科普宣传责任，既提高了大学生、社会志愿者参与防震减灾工作热情，又有利于建立和完善防震减灾社会动员长效机制。

2.2 创新科普宣传教育基地

2003 年中国地震局召开全国地震台站工作会议，提出要积极探索新形势下地震台站建设与发展途径、开拓新的业务领域的指示精神。之后，各省市地震部门迅速行动起来，围绕建设科研型、开放型、综合型等类型台站的思路模式开展不同形式的探索与实践。例如，北京市 8 家有人值守的地震台站在做好地震监测预测等基本工作的前提下，围绕防震减灾科普宣传开展了大量工作，尤其是海淀地震台定位为科普宣传、试验观测和数据备份

中心。为了发挥好海淀地震台科普宣传的功能，北京市地震局向市科学技术委员会申报了北京市科普专项课题，针对当前社会防震减灾教育体验式教学的不足，采用亲身体验和参与互动的方式，建设成以模拟地震装置为主体的防震减灾教育场所，建成的地震震动模拟演示台，可使参观者亲身体验不同级别地震的震动情况。另外，北京市地震局还自主研制了砂土液化等互动展品，建设了地震观测仪器陈列室等，这些场所和设施为台站开展科普宣传活动奠定了坚实的基础，也提升了台站自身科普宣传的能力。

全国各地地震台站在5·12防灾减灾日等特殊时段对外开放，接待学校、企事业单位、社区居民的参观访问，发放科普宣传材料，取得了较好的科普宣传成效。应该说以台站为基地的宣教工作极大地推进了以台站为中心的地域为主的防震减灾宣传教育工作。打开地震部门大门把公众请进来，既充分利用了资源，又进一步将宣教工作做得更深入，更扎实，更有针对性。

2.3　充分利用地震部门现有媒介，共创防震减灾科普论坛

为了科学总结新形势下科普宣传工作的新思路新方法，可利用地震部门现有媒介（如北京市地震局主办的《城市与减灾》等杂志），策划有关科普宣传工作的系列征文、论坛等活动，以专刊、特刊甚至增刊的形式，如邀请地震学家、全国各省市地震安全示范社区科普工作者，对防震减灾知识、社区好的经验做法进行系统梳理，归纳总结出符合当前科技进步与社会发展形势的科普宣传工作的有效思路与方法，进而指导社区的防震减灾科普宣传工作，提升防震减灾科普宣传的总体能力与水平。

2.4　利用互联网，充分进行计时有效的互动

作为新兴媒体，互联网的优势在于能够及时有效的互动。地震各学科专家利用这种互动，不仅指导公众日常生活中的防震减灾行为，而且能够更直接快速的解决地震谣言，安抚公众的负面情绪，达到稳定社会的作用。互联网是地震部门发布权威地震信息的重要途径。

3　结　语

公众理解防震减灾科学，不仅仅指公众对防震减灾基本知识的掌握，更重要的是了解我国防震减灾事业现状，正确理解防震减灾科学的发展，避免负面情绪的产生，从而杜绝地震谣言的发生和传播，当地震巨灾来临时，才能以科技为依托，将人民的生命财产损失降到最低。公众对地震部门的信心是建立在对地震科技的了解以及对其发展过程的理解上，如果地震科技工作者更广泛更密切的加入到科普工作中，积极的走入群众中，为公众消除心中的疑虑，那么我国的防震减灾事业前进的步伐会更加顺利快速！

探寻防震减灾科普活动新途径[*]

8 级地震到底有多剧烈，暴风骤雨来了怎么办，地震发生时哪里最安全……? 孩子们的这些疑问，在家长的陪伴下能通过亲身体验一一得到解答。2015 年 12 月 19 日上午，由北京市防震减灾宣教中心策划组织，以"探寻吧，精灵!"寻宝活动为主题的 2015 年防震减灾科普亲子活动。此项活功在北京地震与建筑科学教育馆举行，来自北京、陕西、河北的 50 个家庭参加了活动。

1　"亲子活动"策划背景

我国是地震多发的国家，由地震造成的人员伤亡和财产损失，在自然灾害的破坏中占首位，因此，防震减灾的科普教育越来越得到各级政府和社会的重视。防震减灾是国家公共安全工作的重要组成部分，事关人民群众生命安全和经济社会可持续发展。我国的防震减灾科普工作正逐步取得明显的社会效果，因此，加强少儿和青少年的防震减灾知识教育，提高震时应急和自救、互救能力，是实施素质教育的重要内容，也是对少儿和青少年加强防御自然灾害安全教育的一个重要组成部分。借鉴国内其他领域成功开展的亲子科普宣传活动所产生的宣传效果，对响应国家提出的"教育一个孩子，影响一个家庭，带动整个社会"防震减灾工作具有重要意义。因此，如何在互联网时代，并充分利用防震减灾科普公共资源激发公众的兴趣，发挥真正效益的科普活动是摆在我们面前的重大课题。

为进一步加强少儿和青少年防震减灾地震科普宣传教育，逐步提升公众地震安全素养，我们策划了以"小手拉大手"的宣传教育形式。教育一个孩子，影响一个家庭，带动整个社会为目标的亲子科普活动向家长和孩子们传播必要的地震科普知识和应急避险的技能，强化地震来了怎么办的意识。通过精心谋划，周密安排，借鉴现代科普宣传教育"参与＋互动＋传播"的理念，根据孩子不同年龄段制定了有针对性、可操作性强的亲子宣传活动实施方案。在北京地震与建筑科学教育馆活动现场，编写地震知识"宝物"答题卡片，通过考察设计了活动海报、活动标识和"寻宝"体验图、任务卡及涂图看等宣传材料；制定活动流程、"寻宝"规则、参赛须知和奖项办法等，利用北京防震减灾宣教中心的互联网地震三点通微博、微信公众平台多元化媒体动态发布活动信息，在微信朋友圈建立亲子活动群，烘托了防震减灾亲子科普活动宣传的热烈气氛。

2　亲子活动的价值

对举办以"防震减灾"为主题的亲子活动而言，可以激发孩子对防震减灾科普知识的

---

[*]　作者：李妍，北京市地震局。

兴趣，通过不同形式的活动内容、活动场地和活动方式，让孩子在家长和组织者的关注下，能够感受到活动情景如家庭般温暖，会产生更强的安全感和大胆探索的勇气。孩子们在安全的活动氛围下，易于产生自由感、成就感，乐于与同伴互动，从而对科普知识积累和运用起到了积极的推进作用。

对家长而言，集中时间与孩子互动，一方面可以增进亲子间的感情交流及合作，一方面可以通过参加各类亲子科普教育活动，对家长的知识系统进行更新和积累，促进家长教育理念的提升和方法的改善，为孩子的身心健康发展提供帮助。另外，还可以有效地挖掘家长群体自身的资源，为防震减灾宣传提供互相交流的机会。

对组织防震减灾科普活动而言，如果组织有规模的青少年特别是低龄儿童活动，如夏令营、应急演练，组织者都会担心孩子的安全问题，但是组织亲子活动的好处是家长是孩子安全的第一责任人，一个孩子有一个甚至两个家长陪伴，安全会有充分的保障。只要组织者事先在活动前将注意事项告知家长，无形之中就避免了安全隐患，这样，让组织者有更多的精力在亲子活动中通过对家长和孩子互动进行观察，更清楚的了解孩子接受知识的程度和多层次需要，从而有针对性地开展防震减灾科普活动。通过与家长的交流，可以及时完善活动方案和调整教育理念，有利于亲子教育的专业化发展。

3 "互联网＋"与亲子活动结合的新模式

充分利用"互联网＋O2O"形式。此次"亲子"活动利用移动互联网（微博、微信）进行互动与体验，以体验与知识、知识与传播相结合的方式，在宣传中体验，体验中传播，传播中宣传再体验，即线上召集、互动、参与，线下活动、学习、体验，打造全方位的循环体系，创新活动亮点，增加了体验互动和多种动手操作的活动机会，激发孩子们积极去探寻知识"宝物"，强调孩子能安全、主动、愉快地"动起手来"，挖掘孩子蕴含的教育潜质，更好的达到向儿童普及防震减灾知识的目的。

4 "亲子活动"内容设计

活动中，线上自拍与孩子互动的亲子照片截图上传到微博地震三点通，线下充分抓住孩子们喜欢寻求挑战、刺激性的心理，将亲子活动融知识性、教育性和互动性为一体. 气氛活跃、节奏紧凑，幼儿组的孩子通过"涂图看"的形式认识应急避难标识图，青少年组的孩子们身临其境体验"地震体验屋""大自然的力量""建筑抗震测测看"等展项，活动结合展项知识点内容，让孩子们去探寻展馆内藏有的"宝物"，以答题卡的形式完成"寻宝"任务卡，从而调动"精灵们"积极去找寻"宝物"，寓教于乐，使孩子们在体验过程中轻松了解地震科普相关知识，掌握地震自救互救能力。

5 "亲子活动"活动分析

从报名情况看。利用互联网的强大功能和影响力，是这次防震减灾科普活动宣传的主要渠道和出口。此次亲子活动我们主要利用北京防震减灾宣教中心的地震三点通微博、微信公众平台随时随地将活动最新进展进行传播，贴子浏览量达几百人，关注或参与"亲子"活动的人数远远超过以往其他形式的宣传教育活动。参加活动的家庭不仅有北京本地的，还有的来自河北、陕西等地。考虑活动现场的情况，我们将报名人数限制在 50 个家庭。活动截止后还陆续接到报名信息，这种情况远远超出预期。

从人员分类看。参加"亲子"活动的 0—6 岁幼儿家庭居多，7—12 岁青少年家庭偏少，幼儿家庭因为孩子偏小，受呵护程度高，陪同孩子参加活动的家长至少有两位，含祖孙三代。而青少年家庭的孩子偏大，独立性较强，最多由 2 位家长陪同。原因分析，五、六年级，即将上小升初或初中的孩子学业比较忙，家长带出来参加亲子活动的意愿小，而幼儿家庭和小学四年级以下的家庭很愿意带孩子出来参加亲子互动活动。所以，组织 0—6 岁的幼儿家庭比青少年家庭的参与者范围广、人数多。

从活动效果看。以往防震减灾科普活动形式单一，缺少互动体验环节。而"亲子活动"结束后，在现场和微信朋友圈我们陆续收到家长们的不断好评，家长们利用自己的微信朋友圈、微博为我们活动点赞，纷纷表示，这种科普形式效果非常好，通过和孩子一起学习，让他们了解防震减灾科普知识和应急避险技能，不仅有益于亲子之间的沟通交流，还对拓展和提升防震减灾科普效果，提高家庭应对地震灾害的能力具有重要意义。同时，家长们还建议像类似这样的亲子活动要延续下去。

6　几点思考

首次开展防震减灾亲子科普活动是防震减灾宣传教育形式的一次创新，利用互联网微博、微信的线上、线下同时互动使防震减灾亲子科普主题宣传活动取得了实实在在的效果。由此，在总结这次"亲子活动"的背景策划、内容设计、活动分析的同时，对如何开拓防震减灾科普宣传新途径值得进一步思考和探索。

（1）**活动设计要量身打造**。根据不同年龄阶段孩子的年龄特点、认知特点以及心理发展特点，创设不同的有利于互动的游戏教育情境，生成有效的合作性和引导性互动策略，包括参与式、讨论式、建议式、启发式、提问式、示范式和指导性的互动方式。让教育活动具有游戏特点，激发孩子的好奇、探索、创造的激情，最大限度的挖掘孩子的学习潜能。因此，组织者要根据活动场景、活动人群量身设计活动方案，通过对"亲子"活动分析，并结合家长建立的微信群进行网络调研。从调研情况看，孩子和家长对第一次防震减灾亲子科普教育活动非常喜爱，强烈希望能够继续开展类似科普教育活动。让亲子科普教育具有在实践上和时间上的延伸，可以引起家长和孩子们对防震减灾科普活动的持久关注。

（2）**活动教育要注重指导**。总结这次"亲子"活动的特点，北京地震与建筑科学教育馆的两位讲解员利用她们扎实的功底、敏锐细致的观察能力和通俗易懂、生动形象且富有幽默感与感染力的语言表达能力征服了活动现场的的孩子们，使活动现场气氛活跃。所以组织亲子科普宣传教育活动需要有经验的教育者来进行场外、场内或线上、线下的指导，使宣传防震减灾知识起到事半功倍的作用，要不定期组织亲子家庭讲座或座谈会，使家长得到更系统、更深入、更有针对性的指导与培训。

（3）**活动过程要把握效果**。在活动过程中，要把活动的每个环节要求、目的、规则等提前告知家长和孩子，让大家在一定的游戏规则指导下开展活动。每个环节都要实现活动与指导的融合，环节时间的长短要把握好，让孩子们的好奇心和兴趣的生长点充分发挥，充分调动所有参与者的激情，使家长和学生的积极性、主动性和创造性发挥到最大。活动结束后，要开展调研，以回收活动设计书为调研内容，并结合网络、面访等方式，认真进行研究和总结，不仅可以找到新的活动主题，而且还可以为以后开展活动积累经验。

（4）**弘扬减灾文化的新举措**。从科普实践的意义看，优化和整合资源开展系列亲子科普教育活动不仅是科普教育理论和实践的创新，也是宣传防震减灾科普场馆的重要途径，我们可以通过组织系列丰富多彩的亲子活动，可以扩大防震减灾科普场馆知名度和影响力，从而带动当地防震减灾文化的发展，有利而无害。如：到四川参观汶川地震后新修建的防震减灾科普教育馆，到郊区县的防震减灾科普宣传教育基地开展形式多样的亲子活动，并开设"亲子俱乐部"、举办"亲子郊游"等。

总之，开展亲子科普活动在形式上要注重：生动、活泼、有效、实用，为家长和孩子的共同成长提供丰富的具有实物体验的宣传教育环境和健康的心理环境，促进家庭间以及家庭与教育者间的互动成长。

因此笔者认为，探索防震减灾亲子科普活动新途径是件很有意义的工作，责任重大，任重道远。

新媒体时代地震谣传的分析与对策[*]

随着网络科学技术的飞速发展，人们获得各类信息的网络载体也越来越丰富多样化，给人们的生活和学习工作带来了极大的方便；也会有些别有用心的组织和个人为了名利，不惜进行炒作、造谣，严重破坏了网络环境和网络秩序。

地震作为一种自然现象，因为其巨大的破坏力、发生的频繁性、突发性等诸多因素给很多人造成了心理阴影，尤其是对那些亲身经历过地震的人而言，可以说是谈震色变。由于地震预报水平的不过关，各种地震谣传，尤其是预报类的谣言一直较多，我们还发现一种奇特的现象，在新媒体时代，互联网媒体经常是地震谣传的滋生源。特别是新出现的微博、微信平台，由于其极大降低了个人对社会发布和传播信息的成本，已成为最主要的网络谣言传播平台（图1）。

图 1　地震谣言的相关词条信息量搜索到近 270 万条

因此，作为从事防震减灾科普宣传的人员，有必要分析地震谣言的特征和背后的动因，探索新媒体时代网络地震谣言的防控的路径。

1　地震谣言的含义、特征和分类

1.1　地震谣言的含义

谣言，指的是没有相应事实基础，却被捏造出来并通过一定手段推动传播的言论。对于涉及不同领域的谣言，从不同的角度就有着不同的解释。根据百度百科的解释，地震谣言是指那些"预报"的地震震级很精确，发震时间、地点很具体；带有封建迷信色彩或离奇古怪传说；对后果过分渲染的言论。美国社会心理学家奥尔波特认为："谣言是一种通常以口头形式在人们中传播，目前没有可靠证明标准的特殊陈述。"[1]这些定义可能都是较为传统的，到了互联网传播成为主流的新媒体时代，谣言的传播途径和载体已经不仅仅限于口头了，微博微信等网络载体的传播已有超过口头传播之势，两者相结合，新媒体时代网络地震谣言应该就是指通过微博微信等网络介质以公开或非公开渠道传播的未经官方公开证实或者已经被官方所辟谣的信息，主要涉及地震突发事件、地震预测预报等内容，其传播具有突发性且流传速度极快，因此对正常的社会秩序容易造成不良影响。

---

* 作者：汪丹丹，王远，吴雯雯，严吉，颜玲，安徽省地震局。

1.2 当前地震谣言的主要特征

新媒体时代的信息网络传播具有不可预测性、连通性、开放性、互动性且没有终点，网络传播不稳定同时不可计算、不能集中控制，是一个混沌过程，是所有人对所有人的传播。但是在网络传播中，尤其是微博微信等新的社会化媒体当中，存在着信息节点，形成无标度网络模型，少数节点连接数大大超出普通节点。20%的知名博主及微信号有着近80%的流量、过百万的点击量，他们对网民的影响巨大。但无论是网络"大V"还是普通网民，只要涉及地震谣言的，我们都会关注，通过统计分析后发现网络地震谣言有这样的一些主要特征。

1.2.1 操作方式更加多样化

网络技术的发展，使网络传播载体越来越多样化，当前的网络谣言传播通过论坛、

图2 成都高新减灾研究所的诋毁性微博信息截图

QQ群、微博、微信、视频、搜索引擎、及平面媒体进行整体推广传播，各种新媒体载体互相使用，效果十分明显。例如把一个某地的地震灾害现场的惨烈现象的视频或者是图片说成是另外一个地区的地震灾害现场，由于震区的人们处于特定的环境氛围中，加之焦虑、紧张的情绪，不容易辨别真假，很有可能将其传播扩散出去，使不良影响扩大。

1.2.2　市场越来越大，形成了完整的利益链条

部分个人和公司因为自身利益需要出名，就通过网络造谣来提升自己品牌的知名度、信誉度。例如，四川成都某公司，为了推广自己的地震预警系统，不惜借助地震事件诋毁中国地震局或违反科学性地进行预警信息宣传（图2）。

1.2.3　谣言"说的跟真的似的"和实际的毫无根据性

确定性的信息更容易获得网民的信任，"说的跟真的似的"。为了迎合公众对于事实渴望的心理，往往把预报的地震信息里的时间、地点、震级等详细信息披露出来，给人的感觉好似真的一样。例如，曾今有网友将地震谣言信息利用图片编辑技术PS到电视里，合成的图片里冠以中国地震局的名义，发布某地即将发生破坏性的大地震，信息传播出去后引起了部分网民的恐慌（图3）。

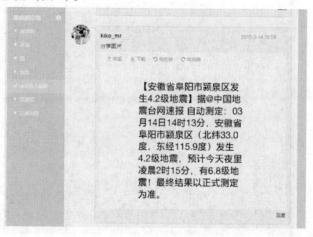

图3 阜阳地震时的谣传信息截图

1.3　当前地震谣言的分类

从地震谣言的来源来分的话，主要有五类，如下：

（1）恶作剧，以制造乱局来取乐，或在现代的网络新媒体时代，以赚取粉丝数和博取眼球抬高身价为目的（图4）。

（2）有爱好预报的民科们以不同的形式向社会散布他们的预测意见，并在社会上造成一定的影响（图5）。

（3）公众对防震减灾部门的一些正常工作部署和措施产生误解，而引发地震恐慌（图6）。

中国国际救援队 V

制造安徽阜阳 3月23号，地震谣言的源头于鹏飞被警方抓获，经审查，于鹏飞是阜阳市颍泉区一摆地摊做生意的摊贩，在3月14号地震发生后，他因为无聊便编辑"3月15日凌晨2点15分还有6.8级地震发生"的谣言通过微信朋友圈发出。虽10分钟后感觉影响不好，将该信息删除，但仍引起了大范围的转发传播。

@中国国际救援队
@救援君

制造安徽阜阳将发生6.8级地震谣言者于鹏飞被警

安徽阜阳一网民因散布阜阳将发生6.8级地震谣言信息被治安拘留 来源：央广网 作者：张秋实2015-03-26 00:30:22 [提要] 3月14号14时13分，阜阳市发

图4 阜阳地震时制造当天夜晚即将发生更大地震的网络谣言截图

临沂老徐 V
3月10日 22:08 来自 微博 weibo.com

刚才在微博看见一组疑似合肥拍照的地震云照片，配了卫星云图，说明如下：这是地震云，属于5等级左右的分类。看第1、2个照片疑似是在合肥的拍照的。看卫星云图是来自喜马拉雅山脉偏西南的南侧，或者印缅交界地区。96小时观察期，可以压缩到72小时以内。

☆ 收藏　　↗ 12　　💬 9　　👍 15

临沂老徐 V
3月10日 22:25 来自 微博 weibo.com

补充一下：今天傍晚的卫星云图有些乱，合肥拍照的地震云的漂移路径不明显。在川西与青、藏、滇交界地区出现了紊乱，不能确定相对小的区域。不知道气象专家能不能确定合肥傍晚云系的来源？这个云的最大值可能超过了5等级，应该不会突破5.5等级。

☆ 收藏　　↗ 5　　💬 4　　👍 16

图5 微博上专门以"地震云"预报某地即将发生地震的截图

图 6　庐江县地震各种会议的文件不当泄露及工作部署引起民众恐慌截图

2　网络地震谣言传播的动因探究

第三十九次《中国互联网络发展状况统计报告》显示，截至 2016 年 12 月，我国网民规模达 7.31 亿，相当于欧洲人口总量，其中，手机网民规模达 6.95 亿，占比达 95.1%。我国的互联网普及率达到 53.2%，超过全球平均水平 3.1 个百分点，超过亚洲平均水平 7.6 个百分点[2]。手机和网络信息传播方便快捷，地震谣言一旦通过这种途径进行传播的话，影响巨大。我国广大的网民群体中就有少数产生或者帮助传播地震谣言的，这就不得不引起关注，无论这些人是普通网民还是网络"大 V"，究其原因，他们为何会且热衷于制造，传播地震谣言呢？

（1）从制造者和传播者来看，网络地震谣言拥有庞大的市场，并能满足某些发布者的心理需求[3]。

令人痛心的是，少数人借着震情散布谣言，或者插科打诨、博人眼球。更有甚者，一些不法分子利用人们的善良和对灾区的关切，以虚假短信、冒牌网站等方式设立陷阱，骗取钱财。

（2）从受众者来讲，心理认同和知识层次不同，使自己成为网络地震谣言的消费和传播者。

鲁甸地震发生后就在举国抗震救灾时，一条内容为"职中学生刘冻雪请速回鲁甸县医院，妈妈在地震中伤得很严重，姐姐号码是 13751977218"的信息在不少微博、微信中传播。网友们纷纷表示一定要帮忙找到这名女孩。随后不久该号码被证明根本不在云南，不少官方微博、微信对此纷纷辟谣。

与此同时，一条"北京市政府号召市民捐款遭前所未有抵制与唾骂"的消息也在网上疯转。文中称北京市民政局在微博公布捐款方式和账号后的两个小时内收到 7 万多条微博，多为网友"抵制捐款"。为此，北京市民政局副局长李红兵特意澄清："号召捐款遭抵制是谣言。"他解释说此文明显是将过去水灾情况嫁接到这次地震上。"民政局目前没有面向社会号召捐款。我们只是打开了可以接收捐款的平台为有捐款意愿者提供方便。"

（3）政府辟谣的不够及时透明和网络媒体的纵容助长了地震谣言的传播。

如今微博、微信等社交平台渠道通畅，传播速度快，并具有一定私密性，这使得一些不法分子有机可乘，大肆散布谣言。而地震谣言如不及时澄清，很容易成为"次生灾害"，干扰救灾工作，给灾区人民造成更大的损失和伤害。

3 网络地震谣言防控路径探析

正是因为网络信息传播的方便快捷，地震部门同样可以通过它们快速遏制地震谣言。政府部门通过手机、网络、电视滚动字幕等形式进行辟谣，由于其专业权威性和社会公信力，谣言会迅速停止传播，不实传言迅速消失，人心很快趋于安定，生产生活秩序恢复正常。但是，在面对新媒体时代的网络地震谣言，我们做的还不够，还应从以下几方面加强工作。

3.1 政府层面的防控路径

（1）地震等政府部门的信息要公开准确透明，提高政府的公信力。

（2）地震部门要主动占领网络宣传及舆论引导阵地，坚持常态化宣传。加强网络舆情监控，将谣言扼杀在摇篮里．

（3）地震部门要与网宣、公安等部门建立联动合作机制，对谣言加大打击惩处力度，建立长效的奖惩机制[4]。

（4）健全相关的法律法规是长久之计。

3.2 社会层面的防控路径

（1）广大新闻网络媒体要坚持真实性原则。新闻不仅要真实，也要准确，尤其涉及到专业性的科学知识，地震部门有必要对主流媒体进行科普，新闻机构及从业者也要积极学习对口单位的知识。

（2）新闻行业要进一步推行实名制和技术手段对其限制，自觉的承担社会责任。一旦有人员涉嫌制造传播谣言，新闻行业自己可以根据实名制的信息向公安和地震部门举报。

3.3 网民个人层面的防控路径

（1）网民个人要提高综合素质，提高辨别是非的能力。社会公众平时应积极参与地震及其他部门的科普宣传活动——要重视"开卷有益"的作用。

（2）网民个人要遵守网络道德和法律，自觉抵制网络谣言。谣言被转发超过500次就可以入刑，无论你是否有意为之，所以对自己的网络言行也应谨慎为之。

4 结语

防震减灾宣传是防震减灾工作的重要组成部分，是地震灾害防御中非工程性预防的重要措施。做好防震减灾宣传工作，对于动员全社会广泛和自觉参与防震减灾实践，切实提升全社会防震减灾综合能力，最大限度减轻地震灾害损失，具有十分重要的意义。

借助微博微信等新媒体进行防震减灾宣传，它们所具备的图文并茂的交互式功能能够最大限度、多层面调动受众个体的积极性。但是它们也存在着一些亟待解决的问题，比如网络谣言的广泛传播和难以杜绝,媒体在推送信息内容方面没有做到严格把关等。

为此,我们仍应不断加强对新媒体特点的研究和利用,深入开展防震减灾宣传与公众需求现状的分析研究,探讨和完善利用新媒体做好防震减灾宣传的机制,提高防震减灾宣传教育的实效,增强全社会防震减灾意识和能力。

参 考 文 献

［1］奥尔波特著,刘水平等译,谣言心理学［M］,辽宁:辽宁教育出版社,2003。

［2］第 39 次中国互联网络发展状况统计报告［R］,2017。

［3］钟英,网络传播伦理［M］,北京:清华大学出版社,2005。

［4］张玮晶,新时期防震减灾宣传工作的思考与建议,中国应急救援,2014(3):12~14。

我国大学生开展防震减灾科普宣传的
重要性及方法研究[*]

地震是对人类生存和发展最具威胁性的自然灾害之一，2008年5月12日四川汶川地震无情的剥夺了七万多人鲜活的生命，还有超过1.5万人失踪，更有500多万人无家可归。20世纪，全球因地震死亡人数将近120万人，其中我国占据70万，占全球地震死亡人数的60%以上，并且，单次死亡人数超过20万人的地震灾害我国就有4次之多，全球为6次。因此，我国是世界上地震多，地震灾害较为严重的国家之一，地震灾害已成为我国的基本国情之一。

科学技术的进步使得人类能够更深入的了解地震，并做出相应措施，尽管目前还无法准确的预报地震，但各类减隔震技术已经得到应运，能够在一定程度上减轻地震带来的人员伤亡和经济损失，防震减灾科学知识的普及，则能让人们在地震来临时可以用正确的逃生方法避难，从最大的程度上减轻伤害。

1 科普宣传概况

科普宣传工作在近年来得到了广泛支持，各机关单位高效开展各类科普活动，学校、社区等重要场所也积极响应，我国正掀起一场科普宣传的文化大潮。其中以防震减灾为主题的科普宣传活动也逐渐走向大众化，由以前的系统内部交流到现如今的全民防震减震，我国防震减灾事业正一步步走向更高水准。掌握正确有效的科普宣传方式方法，对开展防震减灾科普宣传工作有着至关重要的影响，在科学技术不断发展的今天，想要扩大宣传力度，就必须推陈出新，结合现代化思想理念，运用现代化科学技术，不断创新，谋求与时代共发展。

1.1 走出单位，走进群众

让科普走进群众的最直接方式就是"走基层"，从以前的群众走进单位学习，到如今的科普人员走出单位进社区进学校，科普宣传服务在这个过程中不断优化，群众的学习也变的更加方便，群众对科普宣传的重视程度也提高了很多。

而与科普宣传服务不断提升相对应的是，进行科普宣传的人力及物力资源短缺。我国人口基数庞大，一个社区的人口数量少则几百，多则几千，仅仅依靠地震系统的科普宣传人员是远远不够的，而普通志愿者的培训周期和宣讲效果有很难把控，这便是造成了科普宣传范围小，力度不够等问题。但与此同时，我国也是人才大国，如何将高素质人才运用到科普宣传工作中，需要各机关单位实力出招。

* 作者：张军强，防灾科技学院。

1.2 线上线下，科普先行

提起宣传，我们最先想到的便是各类传单，传单印刷方便，廉价，区域传播性好，能够在最短的时间内得到最大力度的宣传效果，然而防震减灾科普宣传不同于商家广告，科普宣传是将防震减灾知识深入人心，让群众学会自救互救等基本技能，像传单等科普宣传手段的确能够在短时间内让群众学会此类技能，但在时间的消磨下，知识架构就会逐渐模糊，甚至形成伪科学，得不偿失。

二十一世纪网络得到了飞速发展，因为其丰富多彩的内容和时效性，网络平台早已占据宣传领域的半边天，加强线上多媒体宣传，是现阶段科普宣传的一大重要发展，科普宣传也应紧跟时代潮流。网络宣传平台建设初期，需要进行大规模推广，寻找合适的群体进行推广是各平台建设者难题之一。

1.3 深入浅出，科学为本

防震减灾是门大学科，涉及内容庞大，单方面的技能或知识是无法满足科普宣传的需求的，必须经过系统及长时间的培训才能成为一名优秀的科普人员，并且根据受众的不同要转变讲解的风格及宣传内容，让受众听明白，学得会，这样才能避免伪科学的出现，保证知识的科学性。

各地震系统人员的专业性是毋庸置疑的，他们对相关知识的理解也非常深刻，能够确保知识的科学性，与此相对应的，这些优秀的专业人才却并不全是优秀的科普人员，他们将更多的心思放在了学习知识和实践技能上面，对于科普领域，是存在一定的空白。如何架起专业与大众之间的知识桥梁，用通俗易懂的语言来描绘晦涩难懂的学科知识，以及谁来充当这段桥梁，是我们大家共同的责任。

2 大学生进行科普宣传的重要性

2.1 大学生基数庞大，社会影响力大

据不完全统计，我国大学生（不包含研究生及以上）数量超过三千万人数，分布在全国各个地区，校址一般在大城市的周边或居民区，在当地属于标志性建筑，拥有较大的影响力。大学生在广大群众的认知中属于受较高教育人群，在知识的专业性上要高于普通群众，而且大学生的目的较为单纯，不会引起较强的警惕性，这对于开展科普宣讲活动具有良好的环境条件。

2.2 大学生活动范围广

大学生的生源地来自全国各个省份，外来人口占据一所高校学生人数起码一半以上，在这个不同文化"交易"的大场所，科普宣传最有可能走向全国。大学生是造成每年客运高峰的主力之一，这种巨大人流的变动带来的是文化的输出与输入，以大学生为科普宣传的后主力，让他们在充当文化传播者的同时，将防震减灾知识一并普及，不仅能够加大文化的双向交流，还能在很大程度上扩大科普宣传的范围，这就可以将防震减灾知识传播到更为偏僻的地方，实现全国地区科普文化协同发展。

2.3 大学生拥有较高的知识接受能力

大学生能够在科普宣传领域发挥重要作用，其中很大原因是大学生出众的学习能力，能够考上大学，说明大学生对知识的总结能力和转换能力已经游刃有余，大学生学习一门新科目所化时间更少，这是长期学习积累的经验。地震知识专业性很强，想要充分了解地震时房屋的破坏情况，就要清楚房屋结构、抗震性能、安全避震措施等等，只有综合的理解地震发生过程，了解房屋破坏过程，才能在地震灾害中提高自己的存活率，这些知识的偏差很大，不同的理解会有不同的结果，所以知识的传播者必须要有较强的判断能力，来杜绝"伪科学"的传播。

2.4 科普活动能够提高大学生整体素养

大学被称为"象牙塔"，它是大学生走向社会的通道，在这个过程中大学生需要进行很多的磨练，一点一点慢慢融入复杂的社会环境，学校也愿意提供安全的社会活动给学生从而锻炼他们的综合素质能力，大学生进行科普宣讲活动，不仅能够锻炼自己的组织能力，还能提高沟通能力。在得到进行科普宣讲活动的许可后，需要自己组织活动，编写策划，还要进行人员分配，这个过程可能很累，但当大家齐心合力完成一次科普活动后，就会发现自己收获到了很多，珍贵的友谊、专业的知识还有学会承担，在这个过程中，大家相互配合相互学习，是一个不断进步的过程，是难得的一个提高自身综合能力的机会。

科普宣传是一种知识加文化的宣传，它衬托了一座城市的文化风貌，大学生在开展科普宣传活动时，也是在传播一种文化，作为文化的传播者，他也会成为一名文化的拥有者。

3 大学生开展防震减灾科普宣传的方法建议

3.1 校园文化，科普先行

校园活动是校园文化的基础，定期举行"防震减灾科普行"等活动，让学生"走出去"，先从简单的发放科普宣传单开始，让学生了解科普，感受科普的文化，体验科普宣传活动的过程，让科普宣传成为一件有意义的事。以防灾科技学院为例，学院每年都会举行"防震减灾科普宣传教育日"等活动，组织同学向广大群众散发科普宣传单、医疗急救物品等，旨在通过活动加强市民对防震减灾的重视力度，做到防患于未然。

3.2 走进社区，走近群众

科普宣传是传播知识，是一种面对面的知识疏导，仅仅依靠传单是远远无法满足安全教育的标准，毕竟传单内容有限，知识面狭窄，只能进行简单的总结，容易偏离现实生活。让大学生走进社区，与社区居民面对面交流，了解居民对灾害的认识以及逃生方法的应用情况，查看社区安全隐患，为之后的科普活动做准备，将知识与现实环境中的安全隐患相结合，使得群众更加容易理解，也排除了社区的安全隐患。

走近群众不仅提高大学生的沟通能力，也能让他们切实感受到社会对于安全教育的需求，培养大学生对社会的责任心。以防灾科技学院为例，学院每年会组织同学为社区群众或各中小学进行安全教育课程和急救知识讲堂，并组织开展"地震疏散演练"和"火灾逃生演练"，增强市民灾害逃生能力。

3.3　建立团队，向专业邻域迈进

大学中充满着群体，一个优秀的群体能够轻松完成一项活动，各省地震局或灾害防御中心可与当地大学建立合作关系，合力出资组建"大学生防震减灾志愿者协会"，学校负责人才收纳与队伍管理，地震部门或灾害防御部门负责人员培训，从而组建一支优秀的专业人才，专门从事防震减灾知识科普活动，利用课外时间集体活动，在不断的摸索中完善队伍建设，成为一支能够独立承担各类防震减灾活动的综合队伍，不仅为学校增添了一份色彩，还充分发挥大学生能力，将公益进行到底。

知识足够专业才能保证科普宣传的科学性，从而避免"伪科学"的传播，现代社会信息驳杂，只有强调专业性，才能走得更远。以防灾科技学院为例，学院于 2009 年成立了"防灾科技学院大学生志愿者地震灾害紧急救援队"简称：大学生救援队。此队伍主要任务便是开展防震减灾科普宣传工作，承包了学院及周边社区、中小学的消防疏散演练和模拟地震逃生演练，并积极与社会救援力量交流学习，努力提高自身专业水准，普及科普和救援知识，属于学院重点组织，具有学院特色文化，在实践科普工作中，大学生救援队以公益为出发点，开展各类防震减灾活动，包括急救技术，如创伤包扎、心肺复苏、固定搬运等等，也进行地震与火灾逃生知识宣传，主要针对中小学和有需要的周边企业，宣传效果良好，群众反馈良好。

4　结束语

根据以上分析，建议加强大学生安全教育，确保每一位入学新生都具有最基本的安全常识，从大学生开始打好安全教育基础，保障大学生毕业后进入社会能够做到自我安全。建议各省地震局或安全教育部门能够和各大高校合作，建立大学生应急组织或部门，让学生带头做安全，共同推进青少年安全教育水准，努力打造文明社会。

试论新媒体时代防震减灾科普工作新途径[*]
——以山西省地震局官方微信为例

科技创新、科学普及是实现创新发展的两翼。党中央、国务院提出了科技创新和防灾减灾救灾的一系列重要部署，中国地震局地震科技创新工程以"透明地壳、解剖地震、韧性城乡、智慧服务"4项地震科学计划为重点，山西省地震局也开展了科技创新团队的建设，这些都为防震减灾科普工作提出了新的目标和要求。自从 2008 年汶川大地震以来[1]，公众对地震的关注度和对地震知识的需求不断增强，在这种形势下，防震减灾科普宣传作品作为一种最直观并且传播最为迅速广泛的媒介，在地震工作者和普通社会公众间搭建起了地震科普知识的宣传桥梁。如何在现今的新媒体时代深度挖掘防震减灾科技工作的深远内涵，以公众易于接受和参与的形式传播地震科学技术知识、普及防震减灾常识等已成为目前摆在广大科普工作者面前的一个新问题。下面以山西省地震局的官方微信为例，具体谈谈防震减灾科普工作创新的的粗浅认识。

1 官方微信基本情况

山西省地震局于 2015 年 6 月正式开通官方微信平台，旨在通过微信平台与公众交流防震减灾工作，推动地震事业的健康发展。截止 2018 年 2 月总用户数为 9252 人，图文信息 550 条。共设有 3 个一级栏目，即地震咨询、工作动态和最新活动，在此之下均设有二级菜单。在地震资讯栏目中，通过自主研发的地震信息宣传管理平台发布全球地震信息；工作动态介绍山西开展地震工作的动向，最新活动主要介绍山西防震减灾工作最新进展。

2 工作成效和存在不足

山西省地震局官方微信开通已近 3 年，微信平台在科普宣传、地震资讯播报和地震工作交流方面发挥了"短、平、快、新"的优势，对传播和弘扬防震减灾文化，提高公众防震减灾意识和技能，正确引导舆论起到了不可替代的作用，但与新时代满足人民群众对包括地震安全在内的美好生活需要相比，与信息化发展和保障公众知情权的显著提升工作特点相比较，科普工作的管理、科普内容和形式、科普工作者的素质提升等方面还存在不足。

2.1 微信科普内容创新不足，形式较为单一

从创作内容来说原创文章较少，形式单调，主要以主动推送地震应急避险常识为主，

---

* 作者：张正霞，赵晓云，山西省地震局。

没有以防震减灾科普为核心,深入引导用户思考更深层次的山西地震行业的科学内涵问题。通过微信公众平台不仅要向关注用户传播防震减灾科普知识,更重要的是要突出山西省地震局的特色,传播山西地震行业精神,促进地震科学探索和内涵延伸,这些在现在的微信图文内容上没有得到充分良好的体现,只注重于内容的传达,与传统媒体并无两样,受众无法选择传播内容,只有接受或者不接受,并没有真正发挥微信平台的作用。同时,缺少内容调研,不了解公众对防震减灾工作推送内容和形式的喜好,进而不能够准确把握用户心理,有针对性的开展科普工作。

2.2　与用户互动沟通不足,缺乏反馈机制

基于社交和联络功能的微信公众平台实际上一直在进行自己的更新完善和不断的吸引受众。关注用户不仅仅只想知道实时的全球地震资讯,科学应急避险常识,更希望能够通过微信平台与山西省地震局形成良好的互动,希望山西省地震局关注个性化科普需求。现实情况是微信维护人员少,多为兼职;用户互动消息涉及方方面面,尤其震后可谓铺天盖地;针对性的回复和历史资料不能及时回馈给用户,用户一直处于被动接受状态。虽然用户能够通过微信公众平台的 3 个分类菜单查阅历史推送信息,但用户使用起来并不方便。如果订阅者想要了解以往某一方面的信息,需要把历史推送信息翻个遍才能查询到,这样会给用户带来极大的不方便。虽然目前微信公众平台有阅读量和点赞数量,用来激励科普工作者更好地开展地震科普工作。但并不能充分调动科普工作者的积极性,还没有形成用户反馈机制,科普工作者并不了解公众真正的需求。

2.3　专业人才队伍不足,专业水准和科普能力欠缺

由于信息时代的瞬息万变,新媒体技术的不断更新和地震事业发展的不断进步,科普工作者仅仅局限于在校学习知识的积累来进行科普创作,不能跨部门跨行业(地震科学发展依靠多学科的技术发展支撑)掌握前沿探索。目前开展的科普创作培训远远赶不上信息时代技术的更新换代,造成了科普创作发展的缓慢。

3　防震减灾科普作品创新的案例分析

在科普实践工作中发现:真正能够与用户互动、具有减灾实效和地震新闻类的微信用户关注度极高,得到了关注用户的肯定。

3.1　用户对参与性的互动信息关注飙升

2018 年 2 月 12 日,山西省地震局通过官方微信推送了"长治市地震局关于开展防震减灾宣传作品征集评选活动的通知"。此条信息关注度立刻飙升,阅读量立刻上升为 948次,既很好地开展了防震减灾科普工作,也提升了山西省地震局微信的关注度。由此可以看出,用户对能够互动增强实效的信息还是蛮关注的,也愿意参加到其中来。可以尝试多开发此类信息,真正做到以人为本。

3.2　具有减灾实效的内容很受欢迎

结合最近旅行青蛙游戏刷爆朋友圈,科普工作者抓住这个契机,即时开展防震减灾科普宣传。2018 年 1 月 27 日,山西省地震局通过官方微信发布了题为"各位家长们,真的

以为蛙儿子在家就安全吗?"的图解漫画。该条微信图文并茂，并对家里的安全隐患进行了红笔标注，立刻受到用户的追捧，许多公众留言与后台交流。看来公众还是希望能够身临其境地感受到具有减灾实效的图文信息，来指导实际生活。

3.3　优秀地震新闻增强关注度

为弘扬地震科技创新的优秀行业精神，山西省地震局特针对在防震减灾工作中涌现出的优秀青年进行宣传。2017 年 11 月 29 日山西省地震局通过官方微信发布了题为"防震减灾好青年　撸起袖子加油干"的 H5 信息，由于形式活泼生动，很受用户喜爱。不仅是内容，在形式方面也充分考虑到了受众的喜好。

4　防震减灾科普创新的策略

以上仅仅是科普工作中的一小部分，山西省地震局微信公众号应坚持创新引领发展的理念，从防震减灾科普管理创新、作品内容和形式上下功夫，切实增强与用户的互动性能，把科普工作抓实抓好。

4.1　加强科普人员应用新媒体能力的培训

信息时代给人们的生产和生活方式带来了便捷，新媒体的发展给公众获取科普知识带来了全新的体验。科普工作者应利用新媒体亲民、便捷、生动的效果，充分满足用户的个性化需求。由于新媒体更新的迅速，发展之快，科普工作者的能力和水平也需要升级换代，因此对科普工作者与时俱进的开展培训学习已成为提高科普工作质量的必然手段。首先，要对现有科普人员开展新媒体技术知识和新媒体应用的系统培训，多渠道多方式鼓励科普工作者积极参加各类培训与学习，从理论到实践提高自身综合素质[2]。除了专业素质之外，工作人员必须具有社会责任感，秉持实话实说的态度，为宣传报道的每一篇科普新闻信息负责。其次在科普工作者之间开展广泛的交流，他们可通过多种形式进行取长补短，相互学习。比如，可把全国各地的地震科普工作者聚在一起，通过座谈、一对一交流或主题发言的方式开展提高，拓宽知识面，了解相关专业前沿。最后，应适时开展新媒体从业人员与科技人员的交流，增进相互了解，促进融合发展，实现科技人员掌握的第一手科技研究资料与用户的零距离接触，提高科普工作者的新媒体科普传播能力。

4.2　利用新媒体加强科普作品内容的创新

科普作品创作不同于一般科技著作创作[3]，它要求撰写者必须用通俗易懂、形象生动、幽默风趣的语言和插图，将科技知识深入浅出地进行表述，以适合具有普通文化程度的读者阅读和理解。产品内容应该更具有精、准、新的特点，与当下用户紧密关注的热点新闻相联系。比如，在"张衡一号"成功发射期间，可通过微信平台聚焦航天相关知识；月全食出现时，科普应该以天文知识为切入点，重点介绍与地震有关的知识，也就是说要把地震科学知识的传播与大众的兴趣点结合起来，强烈的新闻性特征可以获得更多的关注，以达到良好的科学传播效果。其次，科普作品应该更注重视觉设计，由于微信在社交圈的广泛应用，有良好感觉的体验产品会更加吸引用户的眼球，会引起用户的直观体验。一方面，科普图文应布局合理，简洁大气，具有吸引力；另一方面通过动画片、视频等形式增加受众的感召力，可充分应用科技元素，打造科学氛围。第三，在制作科普作品时应该增强其活泼性、时尚性和幽默感。

4.3　利用新媒体加强科普作品形式的创新

首先，注意传统媒体与新媒体的融合发展，可把传统媒体上具有价值的内容应用微信进行改良，最大范围发挥防震减灾科普工作效果。其次，科普工作者还要深入开展防震减灾科普工作与公众需求热点的分析研究。作为山西省地震局应支持这方面的项目研究，不断探究利用微信平台开展防震减灾科普工作的新形式，使科普工作推陈出新，增强公众的防震减灾意识和能力，不断满足公众日益增长的防震减灾科普需求。

4.4　微信公众号互动性提升亲民度

始终以提升与公众的互动性能为基础，扩大山西省地震局微信公众平台的影响力，不断激发微信公众平台的活力，为新媒体融合创新发展，享受地方特色资源服务，展示品牌打下基础。

4.4.1　利用一级菜单作导航，突出特点

地震速报目前已能够对发生的地震进行精准定位，利用这一优势，可在微信自定义菜单中开通导航功能，将全球发生的地震经过系统自动编辑向用户实时推送，更类似于专属的 APP。利用自定义菜单不仅便于山西省地震局对相关栏目进行设定和地震资讯栏目内容的资源整合，更为重要的是，地震速报自定义菜单能极大地提升微信公众平台的互动性，使订阅用户快速了解到震情信息。

4.4.2　以回复功能为切入点，提升互动性

比如用户在关注山西省地震局官方微信平台后，会出现相关的欢迎信息，此时可充分应用地震科普串联起来的知识进行个性化设计来迎接，以突出山西省地震局的独有特点，给用户留下美好的印象。由于官方微信面对的是为数众多、不同层级的用户，重点是根据不同用户针对防震减灾的提问设置不同层次的回复，从而使回复更具有目标性，提高互动效果。针对有的用户是对推送的历史信息来进行查询，强大的自动回复完全可以与用户"活"起来。只需维护人员在后台设置相应的关键词，用户通过输入关键词就可以查询到相关内容，同时还能够把相关话题归并到同一关键词下，便于用户集中查阅，从而提升内容查阅的互动性。

可以看出，对用户进行有效回复，不仅了解了用户的阅读需求，而且还能够更加的亲民，增强与用户的亲和力，从而达到扩充用户，积累"粉丝进"而扩大山西省地震局官方微信影响力的实际效果。

4.4.3　与其他学科融合，全面提升服务度

现实生活中，有许多时候需要对相关的学科话题进行讨论，了解用户的想法和建议。因此，需要地震部门与气象、国土、地质等部门开展交流与合作，挖掘更深层次的信息，以便能够深入人心。此外，在 5.12 防震减灾宣传日或 7.28 地震纪念日之际，利用微信公众平台提供的投票功能开展用户关注点的投票调查，开发更深层次的科普话题，从而为品牌发展提供决策依据。

4.4.4 利用平台热点分析统计功能提升社会关切度

要充分利用微信公众平台具有的强大统计功能，在后台分析用户的关注点，编辑相关信息和图文，同时考虑到用户的快速阅读速度，科普工作者需要标引关键词语和制作图画，快速准确地呈现在用户面前，从而达到知识分享、用户收藏或快速转发的目的，扩大推送消息的影响力。现代信息网络技术的发展为微信平台的编辑与发布提供了广阔空间，根据工作经验可以编辑一些专题 H5、简短视频、动画片或当前的"网红"来适当做一些加工，从而吸引用户点击参与内容的获取与分享，提升用户与平台的互动性。

5 结语

随着微信公众平台功能的不断完善和开放，防震减灾科普工作必将迎来更多的机遇。在微信平台的应用中，最主要的是提升与用户的互动性，准确掌握用户的真实需求，及时地向用户第一时间推送有价值的消息。同时，科普工作者应不断创新，加强交流，力求在内容和形式方面能够吸引更多的关注用户，扩大山西省地震局微信传播防震减灾科普的影响力。

参 考 文 献

［1］李妍，科技创新支撑下防震减灾科普资源的融合绽放，《防灾博览》，2017 年 3 月。
［2］邱成利，发挥新媒体优势 创新科学普及方式，《科普研究》，2013 年 12 月，第 8 卷，总第 47 期。
［3］沈 静，新媒体对科普宣传的影响与提升，《新媒体研究》，2018 年第 2 期。

应急演练的新境界新方式——"虚拟现实"模拟[*]

习近平总书记明确提出"创新是引领发展的第一动力"。党的十九大报告提出的新时代坚持和发展中国特色社会主义十四条基本方略之中，有一条是"坚持新发展理念"，即创新、协调、绿色、开放、共享的发展理念，将"创新"排在了首位，并要求不断开拓发展的新境界。应急演练领域如何"坚持新发展理念"，开创应急演练发展"新境界"？虚拟现实的产生为应急演练提供了一种全新的开展模式，将自然灾害模拟到虚拟场景中去，人为的设计灾害情景，组织受训者在形象、直观、逼真的演练环境中做出及时正确的应对和处置。

1 何谓虚拟现实演练

虚拟现实（Virtual Reality，简称 VR）是指通过计算机模拟三维空间，营造出一种逼真的虚拟世界，是电子计算机技术、人工智能技术、应急专家系统技术、多媒体技术和模拟仿真技术的发展和应用。它借助计算机软硬件、传感器和网络等设备设施进行显示和交互，在伴有虚拟的声音和感触下，使受训者沉浸在一种逼真的专为演练而设置的、多源信息融合的三维动态景况和实体行为的环境中，可满足多种科目演练的需要，是"一种使演练者不是被动地观察人工环境，而是与之交互作用的高级计算机模拟"，最突出的是具有"身临其境"和"引导"两大功能。

演练者之所以有"身临其境"的感觉，是由于各种技术的结合在计算机创造的虚拟世界中产生了三维图像，真实的声音和触觉。不过，使演练者"身临其境"只是虚拟现实的一部分，为了达到真正的"完美的真实性"，必须让演练者在模拟的灾害应急环境中参与行动——随机应变。"引导"功能所指的就是这种"在虚拟世界中因势利导，从不同角度观测环境，进入情况并抓住最佳逃生时间（如地震逃生黄金 12 秒、火灾逃生黄金 90 秒）和黄金救援时间"的能力。"身临其境"和"引导"功能构成了虚拟现实的交互式特性，这种相互作用是虚拟现实的根本所在。

虚拟现实主要包括模拟环境、感知、自然技能和传感设备等方面。模拟环境是由计算机生成的、实时动态的三维立体逼真图像。感知是指理想的虚拟现实应该具有一切人所具有的感知。除计算机图形技术所生成的视觉感知外，还有听觉、触觉、力觉、运动等感知，甚至还包括嗅觉和味觉等，也称为多感知。自然技能是指人的头部转动，眼睛、手势、或其他人体行为动作，由计算机来处理与参与者的动作相适应的数据，并对用户的输入作出实时响应，并分别反馈到用户的五官。传感设备是指三维交互设备。

虚拟现实之实质，是一种解决用数学方法无法解决的非程式问题的人工智能系统。演

---

* 作者：曹金龙，北京市海淀区地震局。

练问题本来是非程式问题，但传统的演练方法采用程式化的方式，使受训者按照标准的、事先规定好的程式机械地进行演练，只能使受训者习惯于在标准条件下作出机械的反应，不能使其掌握在非标准情况下的行动技能及创造性地去完成任务。虚拟现实不仅给受训者一个逼真的灾害应急环境，而且为参训者提供了非标准或"启发性的"程序设计，这种程序设计可以很容易地由受训者在演练过程中进行更改，甚至可以自动适应具体的条件。

2 虚拟现实演练的主要特征

2.1 仿真性

虚拟演练环境是以现实演练环境为基础进行搭建的，操作规则同样立足于现实中实际的操作规范，理想的虚拟环境甚至可以达到使受训者难辨真假的程度，如实现比现实更理想化的灾害场景包括灾前、灾后空间环境、微观、宏观异常效果等。在虚拟环境中，受训者的视觉、触觉、嗅觉等感觉上的反应与现实世界几乎一样，所操纵的"虚拟物体"，其形态感、表面质地感、矢向感、力度感等与实际操作感觉几无差别，有种身临其境之感。

2.2 随机性

与现实中的真实演练相比，虚拟演练的一大优势就是可以方便的模拟任何演练课题、科目，借助虚拟现实技术，受训者对局势的发展处在灰箱之中，可以将自身置于各种复杂、突发环境中去，从而进行针对性训练，提高应变能力与相关处置技能。这种动态的、不以人的主观意志为转移可能出现随机性变化的新环境，打破以往演练中常有的"一厢情愿"的格局。

2.3 自主性

借助虚拟应急演练系统，演练组织者可以根据演练对象的实际需求在任何时间、任何地点组织指导演练实施，并快速取得演练结果，进行演练评估和改进。受训者亦可以自发的进行多次重复演练，使受训者始终处于训练的主导地位，掌握演练主动权，大大增加演练时间和演练效果。

2.4 交互性

交互性是虚拟现实技术最主要的特征。在虚拟环境中用户不仅可以控制其中的 3D 对象，还可以互相通信，其触角所产生的一连串信号输入计算机，计算机适时作出反应，并给操纵结果后的新环境。比如，地震发生后某大楼发生倾斜垮塌，需要进行搜索与救援演练，那么计算机将大楼的设计蓝图转换成三维布局图，为演练者提供一个"虚拟倾斜垮塌大楼"的灵境模型，救援人员可以带着头盔"进入"到虚拟的大楼内进行演练，既不用担心建筑垮塌和余震使自己生命安全受到威胁，又能感受地震造成建筑垮塌的真实景况，实施逼真性、交互式、实战化的演练，锻造应急响应综合能力和素质。

2.5 客观性

能够较为客观公正地评估受训人员的演练质量，并能及时将反馈的演练效果等信息提供给受训人员。

3 虚拟现实的形成与发展

任何事物都具有其发生、形成和发展的过程，虚拟现实也不例外。它是为了使受训者"身临其境"和随时应变的需要而产生的，并经历了一个从初级到高级的发展过程。

3.1 虚拟现实的产生

1965 年，有虚拟现实"先锋"之称的计算机图形学创始人美国国防部高级研究计划局信息处理技术处处长伊凡·苏泽兰在名为"终极的显示"研究报告中指出："应该将计算机现实屏幕作为'一个观察虚拟世界'的窗口，计算机系统能够使窗口中的景像、声音、事件和行为非常逼真"。随后，虚拟现实技术应运而生。美国国防部研究出用于部队战术训练和评价效率的 SIAF（独立行动部队模型）的模型，它可以创造一个近似实战的、逼真的、不断变化的战场环境，比较真实模拟出战场地形、天候、气象、时间等自然条件和人为战场环境诸因素对部队行动的影响，以及部队行动情况。1966 年，苏泽兰研制出了第一台头盔式三维立体显示器，并开发了著名的人机图形通信系统——sketchpad 软件，在计算机三维建模可视化仿真、人机交互方面取得了新的突破。

1975 年，迈伦·克吕格尔提出了"人工现实"的思想，展示了"并非存在的一种概念化环境"。

20 世纪 80 年代，美国宇航局及美国国防部组织了一系列有关虚拟现实技术的研究，并取得了令人瞩目的研究成果，从而引起了人们对虚拟现实技术的广泛关注。1985 年，来自雅达利电脑游戏公司的斯科特·费舍尔加盟该研究小组，把头盔显示器、数据手套、语音合成和三维立体声以及触觉反馈装置等集成为一个整体，虚拟现实技术正式登上了计算机历史大舞台。1986 年，研制成功了基于头盔式显示器和数据手套的虚拟现实系统 VIEW。这是世界上第一个较为完整的多用途、多感知虚拟现实系统，它使用了头盔式显示器、数据手套、语言识别与跟踪等技术，并应用于诸多领域。

3.2 虚拟现实的发展

20 世纪 90 年代以来，在"需求牵引"和"技术推动"下，虚拟现实技术发展如火如荼，并将技术成果成功地集成到一些很有实用前景的应用系统中。

虚拟现实技术的应用决不仅仅在游戏，在军事、公共安全、文化娱乐等领域均有重要的应用。比尔·盖茨曾指出：虚拟现实会允许我们"去"我们永远不能去的地方，"做"我们无法做的事。虚拟现实已成为信息文明社会的主要表征，受到社会各个领域的关注。

军队首先敏感地发现了"虚拟现实"的魅力。单兵模拟训练与评判，士兵可以通过立体头盔、数据服、数据手套等做出或选择相应的战术动作，体验不同的作战效果，进而像参加实战一样，锻炼和提高技战术水平、快速反应能力和心理承受能力。指挥决策虚拟系统则利用 VR 技术，根据情报资料合成出战场全景图，让受训指挥员通过传感装置观察判断情况、定下作战决心，战斗员通过头盔显示器观察各种复杂的虚拟环境、演练作战技能和行动。

虚拟现实技术在娱乐艺术领域也有着广泛的应用。3D 游戏利用虚拟现实技术让游戏玩家有身临其境的感觉，这既是虚拟现实技术重要的应用方向，也对虚拟现实技术的快速发展起到巨大的需求牵引作用。

虚拟现实技术在公共安全领域也受到相当关注，将灾害或事故现场模拟到虚拟场景中去，人为的制造各种灾害或事故情景，组织救援人员做出正确应对，保证了人们面对灾害或事故时指挥若定，措置自如。

2016 年被业内人士称作"虚拟现实技术元年"。随后，"狂飙突进"，谷歌、Facebook、三星、索尼、微软等带来了众多虚拟现实设备与产品，HTC、苹果即将进入虚拟现实领域。国内巨头同样高歌猛进，2015 年底，百度、腾讯、乐视、阿里巴巴、小米先后正式进军虚拟现实领域或发布了虚拟现实开发计划，虚拟现实成为智能硬件新宠。近来年，国内众多知名互联网公司和初创公司，共同催生虚拟现实产业从小到大发展，在中关村虚拟现实中心就聚集了数十家虚拟现实相关创业企业。虚拟现实借助可穿戴设备的火焰，即将火暴于诸多领域。

4　虚拟现实演练的地位和作用

虚拟现实演练造出一个应急响应与演练有机结合的连体婴儿，将显示出强大的生命力，受到人们的青睐和推崇。虚拟现实演练较之传统的演练方法，具有更重要的作用。

4.1　有利于增强和扩大应急演练效果

用虚拟现实演练，不仅能够较好地、便捷地解决应急演练中的理论与实践问题，而且能够实现演练中的视觉、听觉和触觉的三统一，在更广阔的空间内体验更真实的灾害应急场景。据有关资料介绍，"人脑经由视觉、听觉和触觉所直接感知的信息比从书本和数字上间接获得的信息处理起来效果要好得多"。在虚拟现实中，集成运用多种现代技术和应急专家系统技术，营造逼真的演练环境，生动形象地反映应急响应的基本形态，演练者的组织指挥、应急行动与实际情况中的组织指挥、应急行动极为相似。如地震应急救援演练，救援人员操作虚拟现实设备，便可以足不出户即可进行进入灾害现场、安全评估、排除风险、搜索受困者、营救受困者、标记清理演练。这种模拟演练可激起演练者行为和思维的双重反应，比实地演练效果更好。它是一种非常有效的演练方式和手段。

4.2　有利于在同一模拟现场完成各种不同环境的演练

由于虚拟现实模拟系统具有在同一模拟现场创建不同环境的能力，可以人工制造"未来应急救援环境"，根据演练目的需要，迅速提出各种演练背景，应急行动可以在不同应急环境中演练，并可变换白昼与黑夜的演练条件。虚拟现实模拟系统是一个界面环境，可使受训者实时地与数据结构或程序相互作用，进入一个计算机生成的模拟环境的任何一个位置，并且和周围的环境相互作用，控制抽象的数据与非图形的环境，如天候气象的变化、时间的流逝、强噪音、灰尘、烟雾或余火、余震等，使受训者感受到一个真实的灾害景况、逼真的避难、救援环境，可满足多种应急行动科目演练的需要，亦可对一种应急行动的多种应急预案进行评估，提高演练效率。

4.3　有利于克服应急演练中"一厢情愿""模式化"的现象

虚拟现实演练情况随机，纷繁复杂，受训者根据临机情况、态势的自然发展，灵活处置，能把演练中生动具体、丰富多彩、复杂多变的避难、救援行动如实地反映出来，从而能够启迪思维，充分发挥演练者的主观能动性，把指挥和救援行动练活。虚拟现实模拟演练与传统的（模拟）演练内在区别是，它把应急演练看作对受训者进行选择、施训和检查演练结果的一个统一的过程；把练技术技能和练心里素质、避险和逃生、灾民安置和组织指挥结合起来；同时又使整个仿真演练过程同论证新的灾害应急理论、应急预案、应急准备模式和效应侦检搜索、救援装备紧密结合起来。

虚拟现实已成为信息文明社会的主要表征，虚拟现实应急演练只需要在室内安装虚拟现实设备，便可以足不出户地穿梭于各个虚拟场景……当虚拟世界中的"虚拟"越来越成为现实世界中的"现实"时，我们必须选择拥抱这个新世界，点燃了应急演练转型的星星之火，使其成为提高应急演练效果、做好应急准备的利器。

探索青少年科普新视角[*]

1 引言

近年来，防震减灾知识进校园已列为防震减灾宣传教育工作的重点任务之一。在这个信息爆炸的年代，如何更好地完成这项任务，是个值得探究的课题。目前，重新审视多年来一直沿用的课堂宣讲方式，我们有了更深刻的体会：大部分传统的防震减灾知识讲座，较侧重于讲解抗震设防理论、强调《防震减灾法》条款释义，从而忽略了学生的安全教育需求，忽视了学生的参与意识。笔者认为，传统的防震减灾宣传像陆地，各有疆界，守住地盘，以期提升受众的自救互救水平。新时期下防震减灾课堂的宗旨，是让孩子们听课学生的注意力紧跟我们主题。而互联网时代的情境互动模式科普，则像变幻多姿的电影蒙太奇手法，凭借着平实、匠心与装备，完成新常态下科普转型的飞跃。

2 正文

在教育心理学领域有一句经典名言：播下一种思想，收获一种行为；播下一种行为，收获一种习惯；播下一种习惯，收获一种性格；播下一种性格，收获一种命运。这句话，很好地诠释了习惯在人一生中的重要性，也很好地诠释了从小牢固树立减灾意识能够终生收益的必然性。而创建防震减灾示范学校的宗旨，就是从孩子抓起，让安全观念在校园扎根，在中小学生行为中成为习惯。

2.1 设置语言情境，激发探究兴趣

上课时要运用语言的感染力，设计好防震减灾知识讲座的教学语言，把学生的注意力吸引到科普内容上来。

首先，潜心设计精彩的开场白。一篇好新闻要写好导语、一部好乐章要奏好序曲，一堂课也要有好的开场白。例如，刚开始上课时，或讲上一个幽默的小笑话，或描述一次特大地震的悲惨场景，或说一部著名的电影，以此渲染气氛，给枯燥课程增添"味精"，通常都会起到先声夺人的效果。

其次，善于运用提问方式贯穿全程。爱因斯坦说："提出一个问题，往往比解决一个问题更重要。"要使学生在讲座中始终处于最佳的关注状态，科普人员的提问是一门吸引孩子目光的艺术。提问可以激活课堂气氛，引导学生的思路，启发孩子开动脑筋。在课堂教学中要正确把握提问时机，要触及学生的共性问题，唤起学生的学习热情，起到"一石激起千层浪"的效果，把学生的思维彻底调动起来。例如，针对大震时跑与不跑的悖论设

* 作者：王莉，江苏省淮安市地震局。

置问题，引出"大震跑不了，小震不用跑"的逻辑，顺势导出大震时从教室有序撤离的方法。使学生从"山重水复"之中，自然而然地到达"柳暗花明"的境界。

最后，适当加入具有个性的语言。中小学生共性特点是：有求知欲望，但不是所有人全勤投入，当科技普及的内容枯燥时，精力便无法长久集中。为了把学生注意力集中到课件上，在讲课时，要善于用生动的语言吸引学生，例如：首先看到……然后发现……再次明白……诸如此类，由易到难，不断唤起学生的学习兴趣，用引导、点拨的手法，周而复始地调动学生学习的主动性，从而使学生体验到获取知识的成就感。也可适当加入校园流行语。热门词汇如果应用得恰如其分、恰到好处，则会妙笔生花、妙趣横生。例如北大教授在大学生毕业典礼上脱口讲出网络热词，引起现场同学的会心一笑的同时，引发学生深入思考，进而影响学生的行动。

2.2　提供实践空间，增强行动能力

皮亚杰曾说过："知识的本身就是活动。"防震救灾宣传的成功与否，在很大程度上表现在能否培养学生的实际避震能力。我们根据学生爱动爱玩、好奇好胜的行为特点，适当地设置一些亲身参与的活动，把实用的安全知识寓于游戏活动之中，不仅能使学生产生对新知识的求知欲望，而且还能促使学生的注意力处于高度集中状态，让学生在玩中学，学中玩，不知不觉中掌握了现实生活中遇到地震的应变措施。例如，2018 年寒假期间，淮安市地震局组织小学生到洪泽防震减灾体验馆，在参观过程中，让孩子们进入 5 级地震的电子互动感受仪器，现场体验震感，同时讲解逃离地震区域的方法，根据学生好奇好动，乐于模仿的特点，在教学中让他们通过亲身经历，留下深刻的记忆，从而达到最佳讲解效果。

2.3　营造学习氛围，培养创新能力

教育心理学研究表明：学生的创新意识是在学生对新知识的主动探索中产生，并在学生主动探索中不断加以完善的。因此，要培养学生的创新意识，就要充分体现学生的主体地位。所以，在针对学生的课堂宣传工作中，我们要营造一种对话式、互动式、交流式的教学氛围，使每个学生都在不知不觉中参与到我们的课程中，这样课堂的学习氛围浓厚，而且学生的创新意识也被调动起来，防震减灾宣传就会收到了事半功倍的效果。

为此，在给中小学生上课时，我们可以运用图片、声效和视频制作 ppt，将文字宣传与声、像、图宣传相结合，创设有利于现场互动的教学情景，打造具有指导意义的实用型教学，让学生终生受益。

为了巩固课堂学习效果，我们在校园展出防震减灾知识画板，制作宣传栏图片、公益广告画，推出城市避震应急 APP，播放影碟，以丰富多彩的宣传形式，让同学们在课间休息时，形象直观地接受到防震减灾信息。

2.4　穿插实战内容，提高教学实效

捷克教育改革家和教育理论家夸美纽斯曾经说过：兴趣是创造一切欢乐和光明的教学环境的主要途径之一。在领会这句话精神实质的基础上，我们采取了演练法！首先部署灾难来临时的撤退方案，在黑板上画出并讲解逃生线路，然后开始进行防震演练，在演练中，进行模拟鸣放警报，开动消防救援的车辆和设施，让同学们在统一指挥下有序跑出教

室，快速安全地到达操场、绿地等应急避难场所，并在此结合事先放置的相关设施，集中讲解攀爬、逃生的技巧；普及灾难来临时安全关闭水电燃气常识、食物中毒预防常识以及气象灾害防护常识；讲解灾区、野外基本生存方法和国际惯例约定的求助信号特征；让孩子们分组练习自救互救方法和火场逃生技术等。总之，把学校这个防震教育的主阵地，作为大规模有效开展安全教育的最佳场所，以"教会一个学生，带动一个家庭"为目标，将学校宣传教育与全社会教育相结合，以点带面，增强全社会的防震减灾宣传效果。

3 结语

宣传情境是防震减灾工作者在课堂上，运用各种适合中小学生年龄特点的方式，营造一种生动的学习环境，通过现场互动强化宣传效果，"以境生情"，使学生更好地体验防震避震过程中的技巧，使原来抽象的知识变得活泼有趣，打造高效的防震减灾知识课堂。当年，习近平总书记赴四川芦山看望地震受灾群众时，一个男孩说，我想当科学家，建造会飞的房子，这样就可以免受灾难危害。习总书记告诉他：青少年要敢于有梦。从《西游记》到凡尔纳科幻小说，飞船、潜艇今天不都有了吗？有梦想，还要脚踏实地，好好读书，才能梦想成真。可见，以启发孩子思路为宗旨的宣传新视角，探索"去说教化"的青少年科普新模式，能对提升学生防灾能力给予全面的指导作用，并在"教会一个孩子，带来全家安全"方面起积极的影响。综上所述，我们在今后的防震减灾知识宣传中，以此为目标进行积极探索具有长远的意义。

参 考 文 献

何志惠，《政治课堂情境模拟教学的探索与实践》，《成才之路》2008 年 21 期，10～11 页。

防震减灾科普启蒙教育形式与方法探究[*]

——基于工作实践的总结与探索

1　引言

我国是世界上遭受自然灾害最严重的国家之一。由于我国处在太平洋板块和亚欧板块的交汇地带，存在强震乃至大震频发的风险。地震的发生是客观存在，地震灾害乃群灾之首，其损失巨大。我们的应对策略就是以防为主，防御与救助相结合，有效提高社会的综合应对能力。我们应加强忧患意识、责任意识，一方面，严格按照抗震设防要求进行建筑房屋的抗震设计和施工，对已建工程进行抗震加固。另一方面，我们还应做好防震知识的普及和避险逃生技能的培养，真正做到从减少灾害损失向减轻灾害风险转变，提升社会抵御自然灾害的综合防范能力，最大限度减轻灾害给人民生命财产造成的损失。

习近平总书记强调：科技创新与科学普及是实现创新发展的两翼，要把科学普及放在与科技创新同等重要的位置。科技创新成果只有推广应用，才能推动社会进步，而通过科学研究和生活实践经验总结积累的经验与常识，只有得到普及应用才能取得社会实效。因此，开展防震减灾知识科学普及工作应从孩子的启蒙教育阶段抓起。

2　浅析科普与启蒙教育的含义

2.1　科普

科学普及简称科普，又称大众科学或者普及科学，是指利用各种传媒以浅显的、让公众易于理解、接受和参与的方式向普通大众介绍自然科学和社会科学知识、推广科学技术的应用、倡导科学方法、传播科学思想、弘扬科学精神的活动。科学普及是一种社会教育，即"科学普及"的概念应该是将目前人类所掌握和获得的科学知识与技能进行传播的过程。科学普及本身应该是一个科学大众化、民主化的过程。

2.2　启蒙教育

在一些不知道新理论的人特别是儿童，不具备验证科学知识的能力时，只能简单使他们记住结果而应用科学知识，这种忽略证明过程的教育方法叫启蒙教育。启蒙教育常用的说理方法是用一些被启蒙者已知的类似常识，来说明道理，而不是讲述科学证明过程。

---

　　* 作者：陈莉，贾思萱，王金萍，中国地震应急搜救中心。

3   防震减灾科普启蒙教育的必要性与重大意义

儿童年龄较小，自我保护意识淡薄，在意外事故和灾害来临时极易受到伤害，社会应注重对儿童的安全自我保护教育。突发事件总是在人们最意想不到的时候发生，我们也很难做到时刻守护着孩子。因此，看护、爱护不如自护，培养儿童的自我保护能力非常重要。只有安全，孩子们才能开心地成长，广泛开展防震减灾科普启蒙教育，让儿童学会自我保护是很有必要的。

孩子从小所学习掌握的知识与技能记忆深刻，将受益终生。孩子纯真无稽的天性会让他们把自己所知道的知识和学会的技能充分展示。关键时刻，如果他们真正知道如何做是正确的，不仅自己能避险逃生，还会挽救家人与朋友的生命。

2014 年印度洋发生地震海啸时，英国 13 岁的小女孩爱丽丝就是利用自己在学校里听老师所讲的知识，判断有可能要发生海啸，而且及时大胆地告诉了妈妈和身边的人，挽救了几万人的生命。

防震减灾科普启蒙教育主要是针对幼儿园及学校以及社区开展防震减灾知识和应急避险技能的渗入与培养。这是一项特殊的社会公益事业，关乎祖国的未来，也关系社会经济发展与社会和谐稳定，是功在当代、利在千秋的大事。少年强则中国强，因此，我们加强防震减灾科普宣传教育工作应注重科普启蒙教育，要从娃娃抓起，这是全社会的共同责任。

4   我国防震减灾科普启蒙教育现状

自中华人民共和国成立以来，科普一直被作为公益事业，受到了政府和社会各界的高度重视，设立了科普管理和协调机构，建设了大量科普场馆和设施，有关部门不断开展形式多样的科普活动。但由于我国幅原辽阔、人口众多，社会经济发展不均衡，科普程度存在很大的城乡差别、地区差别与职业差别。公众的科学素养也有较大的差异，在防震减灾科普启蒙教育方面也是有一定的区域性和年龄差别的。

目前，我国大部分城市的防震减灾科普启蒙教育较比乡村广泛，大城市比偏远的小城市更重视，中小学校已普遍开展，而幼儿园的科普启蒙教育还不够普及。

中小学校在防震知识的科普教育方面有所重视，也有一定的普及范围，而针对幼儿园开展防震减灾科普启蒙教育工作的程度还是很有限的。这方面很大的原因是由于我国的教育方式和教育基础设施以及人均受教育水平存在较大差异，有关主管部门的认识程度也不尽相同，公众的整体科学素养水平有待提高。我们国家对孩子的教育方式还保留着传统的老母鸡护小鸡的理念，普遍认为孩子的年纪小，听不懂带有专业性的知识，更谈不上开展疏散演练了，千万别磕着碰着，只要他们平日能够安全就好，所有的事情都应由家长和老师来负责，包括吃住行，安全方面更应是家长和老师的责任。

此外，由于地理环境和人口素质的差异化，使我国的科普工作形成一个多层次的立体工程，较之西方的公众理解科学具有更丰富的内容，包括普及科学知识、倡导科学方法、传播科学思想、弘扬科学精神。

为了加强对中小学幼儿园应急疏散演练工作的指导，提升学校应急疏散演练的组织和管理水平，教育部发布了《中小学幼儿园应急疏散演练指南》，要求中小学校每月至少要开展一次应急疏散演练，幼儿园每季度至少要开展一次应急疏散演练。同时，在校生较多的城镇中小学、农村寄宿制学校要适当增加应急疏散演练的次数。安全教育正在逐步纳入教育体系，防震减灾科普教育和地震应急疏散演练已广泛开展，幼儿园也在逐步加强和重视起来。

5　发达国家的防震减灾科普启蒙教育现状及能力体现

从国际上来看，许多发达国家都非常重视学生的安全教育和应急演练，而且均已实现了常态化。

在英国，为了应对可能出现的自然灾害，英国政府要求学校制定危险应急预案，要求每周都要对学生进行应急训练，使训练成为每周的固定科。

在美国，从小学到高中学生必须熟知火警、地震等灾难演习，按照规定每个学年，都要进行一到两次的安全演练。

在日本，学校经常组织演习，还要告诉学生面对自然灾害，哪些做法是正确的，哪些是错误的。在这个过程中，学生不仅提升了安全的意识，学到了逃生的常识，也同时提高了应变的能力。

他山之石可以借鉴，我们应该吸取发达国家的一些好的做法，更好地开展我国中小学校防震减灾科普教育工作，我们更要有开拓创新和勇于探索实践的思想理念，将防震减灾科普启蒙教育深入到幼儿园。习近平总书记强调，新时代、新征程、新使命，我们要肩负起提升中华民族科学素养的历史重任，发扬工匠精神，踏踏实实地从一个幼儿园、一个城市开始，逐步将防震减灾科普启蒙教育深入到幼儿园，普及到城镇乡村，从娃娃开始抓起。

6　浅析开展防震减灾科普启蒙教育工作情况及成效对比

6.1　已开展活动情况

2017 年，我们团队获批立项"幼儿及学校科普教育研究"和"幼儿地震应急自救互救启蒙教育示范项目"两个项目。在北京、大连、温州广安等地区相继开展了幼儿园和学校及社区防震减灾科普宣传教育活动。共开展防震减灾科普讲座近 20 场，开展一次校园地震及消防综合应急疏散演练。向幼儿园、学校和社区发放自编印及相关科普图书 6000余册、赠送自主研发的专利儿童应急包教具 200 余个。科普宣传教育直接受众人群 6000余人，间接受众以及覆盖人群约 3 万人，通过电视、电台以及新媒体传播方式辐射受众数百万人。

我们在四川省广安市开展活动，广安市委市政府高度重视，主管副市长亲临活动现场并致辞，市应急办主任和教体委主任全程参加活动。活动之后，组织召开座谈会，由广安市政府副秘书长亲自主持、市政府有关部门主管领导及各区域的教育主管及学校主管安全方面的校长参加，介绍广安市校园安全现状、共同座谈探讨下一步应如何深入有效地开展校园安全科普教育工作。广安市黄金时段新闻播报，让全市人民都对本次活动的内容有所了解，进一步唤起公众的防震减灾意识。

我们在浙江省温州市，与温州市应急办、市教委以及太平洋保险温州分公司等单位联合，针对中学生与教师开展防震减灾科普讲座与消防应急实战演练，由市政府应急办组织召开有关负责人和专家参加的座谈会，针对校园安全现状现进行分析，讨论如何开展以后的工作，浙江省及温州市多家电视与新闻媒体进行报道，传播影响广泛。

我们计划以北京为中心，东西南北中全面铺开，通过直接或间接的方式将防震减灾科普启蒙教育活动逐步普及到全国各省。

6.2 活动模式

我们的想法是以点带面，从北京开始，东西南北中在全国范围逐步的向每个省铺开。每个省选择一或两个城市，每个城市先选择一至两所幼儿园或学校，每个幼儿园或学校可以是整体范围、也可以是年级或班级，每次参加活动人员可根据活动单位的实际情况来决定。

6.3 活动形式及成效对比

有采取集中在礼堂或操场上大规模集中活动的形式，也有选择一个班级授课全校同时转播，分散在每个班级的学生以视频和听广播的形式收听收看，还有只在一个班级里开展活动的形式。总之，哪种活动形式的都采取过，主要是根据具体活动单位的安排或我们相互商量来定，每一种形式都有不同的效果。

（1）集中活动场面大，受众人多，活动的社会效益高，但在讲课和互动过程中，不能照顾到每个孩子的听课效果和想要表现的欲望。

（2）小班上课同时转播的形式，现场的孩子收效好，其他班级的孩子也许因为没有现场的氛围而不能集中精力听课。

（3）以纯小班的授课形式活动，因为比较直观，孩子们听课精力会集中一些，参加互动的孩子比例也高一些，现场氛围和孩子们的听课情绪都好照应，授课效果相对会好些。但由于受众面较小，社会效益低。

（4）不分年龄大小，将幼儿园、小学生以及初高中生、甚至还有未达到进入幼儿园年龄的孩子都混在一起开展活动，大孩子觉得自己太大了，不好意思参与互动，小孩子又自认为小，也不积极表现，严重影响孩子们的个性发挥，使活动现场略显尴尬。但这样搞活动能让大孩子做些志愿服务，进行社会实践。

6.4 活动方法

由于每一次活动的受众人群不同、规模大小不一，采用的方法也都是不同的。基本上都是以PPT课件结合实际教具演示的方法来讲授防震减灾知识与技能，首播或插播相关微视频短片，期间根据现场环境选择适合的互答互动科目。可能进行全场互动，也有可能提问让孩子在原座位回答，或者是让一个或多个孩子到指定位置进行演示与演练。

从开展活动以来，采取过多种形式与方法。通过对孩子们的加深了解和活动经验的积累，已逐步发展到可在活动现场组织小规模的综合性互动与演练。从大体来看，无论是数十人的小班活、数百人的礼堂活动、几十人在小班活动同时转播全校收听收看，还是千余人在集中在操场上活动，不同的活动的形式都有所长与需进一步完善之处。在以后的工作中，我们应尽量根据开展活动的幼儿园或学校的设施情况，策划适合的方案，采取实效好的活动形式。

7　存在的不足

（1）自身不足应提高。我们正式开展这项工作的时间较短，处于边学边干边提高的阶段，自身认识与能力都有限，产品的研制与课件内容的开发应进一步适应实际的需求，各个方面都有待尽快加强提高。

（2）社会的认知接受程度有待提高。我们国家的防震减灾科普启蒙教育工作还是刚起步，社会各方对这项工作的认识接受程度有很大差异。有些合作单位在没有开展活动之前都画着问号，持有怀疑的态度，甚至有的机构明确表态没有接受意愿。社会缺乏对这项工作的认知度和接受力，有待通过我们的努力来扩大影响，产生实效，以提高社会对我们的理解和认知，要用社会实效来提高社会对我们的接受程度。

8　建议与展望

防震减灾科普启蒙教育是民族大业，我们应拓宽思路，采取孩子们易于接受和喜闻乐见的形式与方法，我们还应举全社会之力，按照社会成效高的形式在全社会广泛深入地开展。综合工作实践，今后的工作应尽量按实际需求和注重社会成效并有针对性地开展。

（1）年龄应尽量细化，尽量把不同年龄段的孩子分开进行活动。

（2）理论知识与实际教具相结合、讲解与演示演练相结合。

（3）视频让孩子们更感兴趣，很能吸引孩子们的注意力。

（4）声、情、图、形、动并茂更容易引发孩子们的关注，容易记住知识点。

（5）对不同的受众人群，应有针对性和差异化地选择活动方式与教学方法。

（6）应有针对性地进行课件内容的相应调整，以激发孩子们的兴趣，确保让孩子们对防震减灾知识和基本应急技能的了解掌握。

（7）应结合教学实践不断研发适宜的教具和有效的科普作品。

综上，在策划活动方案前，应先了解参加活动的孩子年龄段、曾接受培训和参加类似活动的情况，还要了解活动当地的历史灾害背景，以便有针对性地策划方案和编写课件及演示演练科目。这样更能抓住孩子们的注意点，同时也能收到良好的活动效果。

第七任联合国秘书长科菲．安南曾说："灾前预防不仅比灾后救援更人道，而且更经济"。我们应探索更好的形式与方法，不断研发适合用于启蒙教育的防震减灾科普作品，营造良好社会氛围，把防震减灾知识、自救互救和避险逃生技能渗透给孩子们，并启发他们逐步了解掌握这些知识与技能。

我们还要培养孩子做防震减灾小小宣传员，通过手拉手和小手拉大手，让他们把所学到的知识与技能传播给自己的家人和朋友，以期实现"教育一个孩子，影响一个家庭，带动整个社会"的目标。

只要我们找准切入点，探索研究出行之有效的防震减灾科普启蒙教育活动形式与方法，使减灾真正从娃娃掀起，切实提升全民防震减灾科学素养。同时，呼吁全社会行动起来，共同减轻灾害风险，就一定能够提高社会防灾减灾抗灾救灾能力，从而最大限度降低灾害给人民生命财产造成的损失。

参 考 文 献

［1］《幼儿园安全指南》。
［2］李红梅，王立军，王恬恬，刘宁，我国防震减灾科普宣传品现状调研，河北省地震局。
［3］《中小学幼儿园应急疏散演练指南》。

关于探索地震智慧服务建设的几点思考[*]

1　何为智慧服务

1.1　智慧化发展的时代背景

智慧化实际上是信息技术的阶段性发展产物。当今信息技术的发展已经历经三个阶段，从数字化、网络化再到智慧化，目前我们正处于智慧化的发展阶段。国内外众多专家学者[1]-[4]认为社会产业一旦与智慧化技术相结合，将大大提升产业素质，提高资源配置效率，实现产业的高度化。为此，我国政府先后提出了发展智慧政府、智慧城市、智慧环保、智慧能源等若干政策措施。

智慧城市就是地方政府提出的涉及城市管理的新模式，这种发展模式意味着政府将依靠信息技术来实现对城市规划、建设、发展的全方位管理[5]。气象部门提出了智慧气象的发展理念，智慧气象包括智能的信息获取、精准的预报预测、开放的气象服务和精细的科学管理，倡导产业融合，与智慧城市、智慧政府协同发展[6]。农业部门则将互联网发展的相关技术融入到农业服务体系中提出智慧农业的发展口号[7]等等。由此可见，智慧化的发展模式已经深入社会发展的各个角落，已然成为信息化发展潮流。

1.2　响应时代的号角，地震智慧服务计划顺势而生

地震部门同样紧跟信息技术的发展步伐，在《防震减灾规划（2016－2020 年）》中已明确强化信息化支撑，实施"互联网＋"行动计划，拓展物联网、云计算、大数据、移动互联网、地理信息系统等新技术应用。2017 年制订《国家地震科技创新工程》，针对我国特殊的构造背景和孕震环境，提出"透明地壳""解剖地震""韧性城乡"和"智慧服务"四项科学计划，争取到 2025 年，使我国地震科技达到国际先进水平，国家防震减灾能力显著提升。在这四项计划中智慧服务的提出尤其彰显出地震部门积极响应国家号召，顺应时代发展新要求，开始跨入智慧化发展的进程，全面打造和提升防震减灾科技产品，提供更加个性化的智慧服务，不断满足政府、社会和公众需求，服务国家和公众需求，服务经济社会发展主战场的发展方向。

2　地震智慧服务的主要内涵

根据《国家地震科技创新工程》的阐述，"智慧服务"计划的主要任务有：建设地震科学大数据中心；构建防震减灾信息"云＋端"智慧服务体系；地震信息服务产品深加工；设计和完善地震标准体系。比对其他行业的智慧化发展模式，及当下社会各界对地震

＊　作者：何萍，广东省地震局。

科技服务的种种需求，本人认为地震智慧服务计划的未来实施囊括了以下几个方面内容：

2.1 智慧服务以建立、完善地震大数据资源共享机制为基础

智慧服务将充分发挥防震减灾资源的最大效益，把分散在地震系统内部各部门、省内市县地震部门的防震减灾数据资源整合为逻辑上集中、物理上分布的统一信息资源，成为地震服务信息化的最重要基础设施之一。

2.2 智慧服务将实现地震公共服务模式的新颖化，服务载体的多样化

依托"互联网＋"构建多元化的服务媒介，在公共服务中根据服务对象、类型的不同实施分类、定向、精准服务，让社会各界真正体验到地震服务的及时性、有效性，让地震服务无处不在。

2.3 地震智慧服务与地震科技创新是辨证的发展关系

地震科技创新可以拓宽智慧服务的深度及广度，而智慧服务的需求同样可以有效促进地震科技服务的应用发展。通过成果的转化应用可以使地震数据及服务产品无缝嵌入到各部门、各行业的现有业务应用系统中去，有效解决以往数据共享不充分、服务产品不集中、服务体系分散等问题，促进防震减灾成果更加深入广泛的应用。

3 广东特色地震智慧服务体系的建设思考

2017年6月广东省省长马兴瑞、中国地震局局长郑国光分别代表广东省政府、中国地震局共同签署《合作推进防震减灾现代化试点省建设备忘录（2017—2021年）》，这意味着广东要率先实现防震减灾现代化，因此广东省地震局理应在公共服务及信息化技术发展领域走在全国地震系统前列，率先实施好智慧服务计划。

3.1 实施智慧服务的现有基础

近几年来广东局不断拓展防震减灾能力，积极提升防震减灾服务社会水平，在推动科技创新和公共服务平台建设方面做了很多工作。通过省防震减灾"十二五"项目建设，充分整合和优化以前的科技成果，建成一个网络化、专业化，多功能的"一站式"创新服务平台（http：//www.gdsin.net/），对于促进防震减灾资源高效配置和综合利用，在推动科技创新发展发挥了重要作用，同时也得到了行业内外领导及专家的认可和好评（图1）。

在这个平台里，按地震系统的三大业务体系的信息产出及项目建设成果向社会公众提供科技服务。将广东局多年的项目建设成果归总，整合成各类社会服务产品。地震监测服务产品主要包括地震自动速报、地震人机交互速报终报、大震产出速报、烈度速报、地震监测综合信息等信息的查询。震害防御服务产品，则整合了近十年来震害防御领域实施的地震安全保障项目，包括广州市部分城区建筑物震害预测查询系统、桥梁的安全监测及诊断、广东省十三个城市部分建（构）筑物抗震性能查询、广东省农村民居地震安全技术信息服务、数字地震科普服务等。地震应急服务系统包括全省的基础资料及地图展示、最新地震灾害以及防震减灾助理员分布等。

创新服务平台自上线以来受到了广大市民的关注，通过该平台，使越来越多的人关注地震科技服务产品，关心地震安全。平台的建设也为智慧服务计划的实施打下了良好的基础。

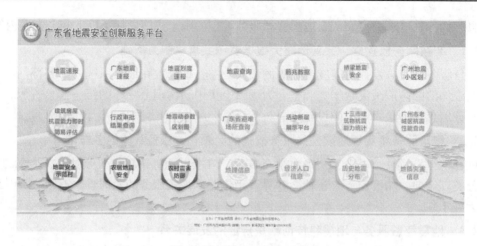

图 1   创新服务平台主页面

3.2   服务平台仍需进一步完善升级

面对新时代的要求，现有平台离智慧服务仍有不小的差距，主要体现在以下几个方面：

（1）数据资源没有得到整合，致使各系统相互孤立、重复。平台只是将以往三大业务的应用产出或项目建设成果通过集成或链接的方式，嵌入在同一个网站里，系统间没有任何耦合，很难优化，而且系统的展现风格各异，服务界面相互独立的，并没有真正成为一体化的服务平台。后续的更新维护也是一个大问题。

（2）用户体验感较差，服务形式较为单一，用户只能被动接受信息。目前平台网络仍存在"挑浏览器"的现象，某些软件应用只能用特定的浏览器操作，大大影响用户的体验感。且大部分服务产品仅提供网页服务模式，无法满足公众多元化的服务需求。

（3）平台并没有预留数据及软件的共享接口，使得部门间的资源调度、共享操作困难。

3.3   构建广东特色地震智慧服务体系中的思考

（1）广东特色地震智慧服务体系应是基于"数据资源化""应用云端化""服务智能化"的防震减灾公共服务信息系统，利用信息化手段通过自建、与其它相关部门的共建等方式，构建出安全可靠、弹性扩展的地震云平台，可实现网络资源、计算资源、存储资源、数据资源的共享与服务。服务渠道多元，服务产品丰富，可实现面向社会公众、政府部门、企事业单位等受众的地震信息服务的精细化、定制化、智能化，也可实现地震信息资源的纵横联通和有效集成。

（2）服务体系的建设应紧紧围绕"一图""两网""三服务"的建设宗旨。"一图"包括基础地理图件及地震相关专业数据，代表数据资源的权威和可靠，以及大数据资源共享整合的背景。"两网"即对现有的信息网络进行优化和完善，内外网分离，政务内网与行业内网相统一，政务外网与互联网相统一。"三服务"，包括两个层次的含义，对服务时段而言以地震前－震时－震后为时间轴，按日常－震时－灾后三种服务模式建立和呈现符合大众需求的服务产品。对服务对象而言涵盖政府职能部门、科研院校以及社会公众。

（3）智慧服务体系设计及建设应是呈金字塔形的层次结构，共分为五层，由下至上，逐个突破（图2，图3）。

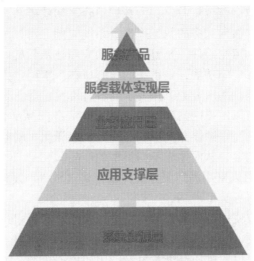

图 2　智慧服务体系的建设层次结构图

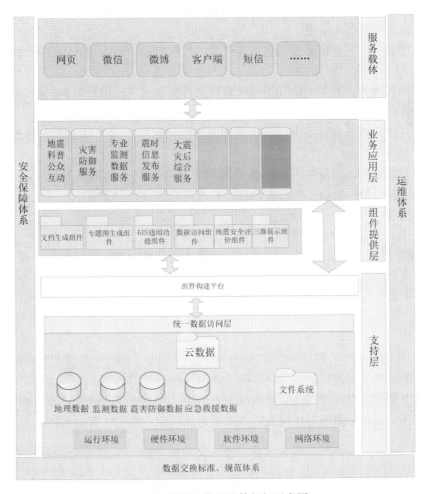

图 3　智慧服务体系总体框架示意图

位于最底层的是系统资源层，也是最先应该完善的工作，该层负责搭建服务体系所需的软硬件系统资源及大数据整合资源。在大数据整合之初就应结合未来服务对象及服务产品类型将数据细化，建立面向服务的数据库群。系统应用支撑层主要包括服务所涉及应用支撑平台中的相关组件和定制组件，是整个系统的应用技术骨架和技术基础。业务应用层主要包括服务平台的全部应用功能，是系统的核心所在。本层也是对外服务层和展示层的基础，为应用系统提供满足用户业务工作要求的各种资源。服务载体实现层主要用以实现服务产品的应用方式，可以门户网站为服务主体，在服务产品细化的基础上，结合 12322 平台、微信、微博等新的互联网媒介实现服务形式的多样化。服务产品层则是最终根据用户群体订制不同的服务内容，从而生成不同类型的产品。

（4）服务软件平台可以采用面向服务的体系架构（SOA）设计理念，实现数据和应用的分离，至少提供如下服务类型。

①认证服务：对用户使用各项服务的资格进行验证，确认用户可否取得授权调用相关服务。主要通过接口实现。

②目录服务：用户可以通过信息资源目录，比如依据标题、关键词、摘要、全文、空间范围、登载时间等方式的浏览、查询和检索功能，快速定位感兴趣的数据集。

③元数据服务：用户可以通过元数据注册，元数据下载，以及数据或图形预览等功能准确、全面地了解数据集情况。

④专业产品应用服务：通过提供专业产品、数据应用等，为用户提供在线的、实时的技术应用服务。

⑤数据发布服务：为了支持其他部门将自身可共享的专题信息以规定的形式发布为共享数据，供其他用户访问调用。

⑥服务注册管理服务：提供对于第三方服务的注册管理服务功能，支持服务的注册、查询、聚合和链接。

⑦二次开发服务：为专业用户提供了调用平台各类服务的浏览器端、移动端、WEB 协议客户端以及原数据资源二次开发接口，并与其它行业部门业务应用系统集成，实现增值业务应用系统。

（5）业务化的运行维护与管理机制是智慧服务可持续发展的有力保障。

在智慧服务体系建设过程中应逐渐形成业务化运行维护与管理机制，组建运维技术团队，建立健全运维管理办法，建设稳定可靠的服务管理系统，才能为智慧服务体系的资源管理、服务调度、运行监控及适时更新提供有力的保障。

4　结语

智慧服务计划的实施不仅仅是公共服务或信息管理部门的业务范围，而是地震系统整个部门的重点工作，它涉及到地震业务的方方面面，也与地震行政管理、科技服务息息相关，智慧服务的实施需要所有地震人的共同努力及社会各界的强有力支持。

参 考 文 献

沈婕，钟书华，智慧专业化：区域创新战略的理性选择［J］，科技管理与研究，2017 年第 24 期。

MCCANN P. ORTECA-ARCILES R. Smart specialization, entrepreneurship and SMEs: issues and challenges for a results – oriented EU regional policy [J] . Small Business Economics. 2016, 46 (4): 537 ~552。

FORAY D, DAVID P A, HALL B. Smart specialization – the concept [J] . Knowledge Economists Policy Brief, 2009, 9 (85): 100。

李超民，治理现代化视阈中的智慧政务建设 [J]，社会主义研究，2014 年第 4 期。

王敏，我国城市智慧化发展现状、问题 与对策 [J]，科技进步与对策，2013 年第 19 期。

周勇，胡爱军等，智慧气象的内涵和特征 [J]，信息化研究，2015 年第 1 期。

郭迎春，"互联网 +"背景下智慧农业服务体系构建研究 [J]，经济研究导刊，2017 年第 19 期。

实践篇

学习《防震减灾法》
浅析防灾减灾日主题"科学减灾 依法应对"*

大自然是美丽的，也是有生命的，它孕育着万物生灵，也带来了刮风下雨阴晴圆缺等各种现象。地震就是这些自然现象之一。每年大约在全球会发生 500 万次，不过绝大多数都很小，只有灵敏的仪器才能够感知，但尽管只有少数具有危害，每年平均 20 次 5 级以上的地震就给我们带来了重大损失。相信大家都没有忘记，1976 年河北唐山大地震造成24.2 万余人死亡，20 多年的经济建设成果瞬间毁于一旦。2008 年四川汶川大地震造成近7 万人死亡，举世震惊！地震多、分布广、灾害重已经成为我国的基本国情之一，在全球众多国家中我国的地震灾害名列前茅，地震造成的人员死亡数量也成为群灾之首。没有安全何谈发展？最大限度减轻地震灾害损失成为全社会共同关注的课题。1998 年颁布实施《防震减灾法》，2008 年进行了修订，至今已实施接近 20 年。全国防灾减灾日也已经设立7 年之久，今年的活动主题是"科学减灾 依法应对"，我深切感受到，这个主题看似宽泛，实则与《防震减灾法》的要求十分贴切吻合。在全国防灾减灾来临之际，作为一个多年从事防震减灾工作的科研工作者，我从《防震减灾法》的角度谈谈对今年防灾减灾日的理解，期望全社会更加关注防灾减灾，共建美好家园。

1 防震减灾内容丰富，科学减灾是必然需求

近年来，从四川汶川特大地震，到青海玉树强烈地震，再到甘肃舟曲特大山洪泥石流，几年内一系列地震、地质灾害接连发生，灾区人民生命财产和经济社会发展蒙受了巨大损失。当这些灾难过后，我们痛定思痛，防震减灾到底该从哪些方面着手？借鉴汶川特大地震抗震救灾宝贵经验，新修订的《防震减灾法》对此有了更为明确的规定，确立了地震监测预报、地震灾害防御、地震应急救援、地震灾后过渡性安置和恢复重建四道防线。要做好防震减灾各环节的工作，其中最为重要的是科学减灾，这是取得减灾实效的灵魂和关键，围绕这个核心，在尊重科学规律、依靠科技进步两个方面狠下功夫。

1.1 必须尊重科学规律

地震一般发生在地下几千米到几十千米深度，而地震仪器一般都布设在地表或者几百米，几乎所有的监测设备都没有真正深入到地震孕育的岩石内部，我们只能依靠地表得到的不完整信息来反演地下介质和应力、应变状态，从而对地震孕育发生过程进行预测。正所谓"上天容易入地难"，基于科技发展的基本现状，地震监测预报问题目前在全球都还是一个尚未解决的科学难题，全人类都在努力探索和实践，实际工作中必须遵循这个科学规律，而不能急于求成。地震灾害防御包括两部分工作，一是把工程建设结实，二是让全

---

* 作者：郑轶文，北京市地震局。

社会关注防震减灾工作、掌握防震减灾知识和技能。地震应急救援涉及到如何快速评估地震灾害，如何在复杂环境下搜救生命等。震后恢复重建涉及到环境承载能力科学评价、场地避开危险源等。可以看到，每一项工作必须依靠科学技术来支撑，而不是一个单纯的行政决策，必须尊重科学规律。

1.2　必须依靠科技发展

国内外地震灾害实践表明，每一次科技重大进步都会产生重大社会经济效益，在防震减灾领域也是如此。近几年消能减震技术得到不断应用，昆明国际机场成为目前亚洲使用减隔震技术的最大单体建筑，多个建筑由于使用这项技术在地震中没有受到损坏，经历大地震考验，与周围大量房屋倒塌形成鲜明对比。汶川地震后一度出现道路中断、通讯不畅，卫星遥感技术、无人驾驶飞机等先进技术得到应用，为快速获取灾情和抗震救灾决策发挥了重要作用。不妨做一个假设，如果当时没有大批先进技术方法和产品作为支撑，大地震造成的人员伤亡和经济损失可能会大大增加！

2　防震减灾需要全社会共同行动，依法应对才能合力减灾

一次重大地震可以使地震灾区遭受全面的破坏，因此防震减灾是一个复杂的系统工程，不是哪一级政府、哪一个部门、哪一个单位、哪一部分人就能做到的，必须动员全社会的力量共同完成，需要各方面密切配合，共同努力，这是各部门、各级政府和单位、个人的法定职责，也是其应尽的义务。只有通过法制，才能保障防震减灾事业的健康发展，才能规范、协调政府和全社会的行动。

《防震减灾法》第五条规定："在国务院的领导下，国务院地震工作主管部门和国务院经济综合宏观调控、建设、民政、卫生、公安以及其他有关部门，按照职责分工，各负其责，密切配合，共同做好防震减灾工作。"同时也规定，县级以上人民政府，有义务做好本行政区域的防震减灾工作。第四条规定："县级以上人民政府应当加强对防震减灾工作的领导，将防震减灾工作纳入国民经济和社会发展规划，所需经费列入财政预算"。第八条规定："任何单位和个人都有依法参加防震减灾活动的义务，国家鼓励、引导志愿者参加防震减灾活动"。在加强防震减灾宣传教育方面，第四十四条规定："机关、团体、企业、事业等单位，应当按照所在地人民政府的要求，结合各自实际情况，加强对本单位人员的地震应急知识宣传教育，开展地震应急救援演练""学校应当进行地震应急知识教育，组织开展必要的地震应急救援演练，培养学生的安全意识和自救互救能力"等。防震减灾社会参与的法律制度，其内涵主要包括两个方面：一是规定了任何单位和个人都有参与防震减灾活动的义务。二是国家鼓励、引导社会组织和个人、志愿者开展防震减灾活动。

近年来，尤其在汶川大地震后，各部门、各级政府和广大社会组织、个人按照防震减灾法规定，参与防震减灾工作的积极性和主动性大幅度提高，取得了显著的成效。2009 年开始，我国开始实施中小学校舍安全工程，各级政府、多个部门共同努力，将所有校舍进行普查鉴定、建立档案，对危旧校舍进行加固改造或重建，历经几年时间，效果是明显的，近几年的几次大地震中新建校舍几乎没有出现损毁事件，保护了祖国花朵的安全。比如，2013 年 "4·20" 芦山 7.0 地震中，天全县是此次地震的重灾区。天全县思经乡第一

小学的教学楼，主樑曾在 2008 年汶川大地震后用碳纤维加固过，这次地震中没有损坏，但是由于只是加固了柱体，墙体还是受到了损坏。天全县思经中学的教学楼，是汶川地震后按照设计标准达到抗震烈度 8 度建设的，这个教学楼经受住了地震的考验，除了填充墙有横裂损坏外，主体没有受到什么大的影响。据了解，2008 年以后，天全县校安工程共实施重建 93286 平方米，加固 3598 平方米，合计投入资金 1.43 亿元，严格按照抗击地震烈度 8 度的标准建设。正是有了这样的投入和质量保障，才使天全县的学校在这次 7.0 级的地震中，尽管校舍也有大的裂缝和很多破损，但基本经受住了地震的考验，保障了师生和前来避险群众的生命安全。汶川地震后调查表明，在中国地震局的积极倡导下，各地积极创建地震科普示范学校，汶川地震中灾区 90 多所示范学校除了个别学校外，绝大多数没有造成任何人员伤亡。2008 年以后，国家减灾委倡导创建综合减灾示范社区，中国地震局倡导创建地震安全示范社区，相关部门和各级政府积极行动，从房屋抗震设防、防灾科普宣传、家居安全摆放、应急避难场所建设和演练等方面，切实从基层抓起，建设了一大批示范社区并经受住了多次地震的考验，在地震发生后，这些示范社区的居民不但成功保护了自身安全，而且还成为帮助他人脱险的重要力量，谱写了一个又一个自救互救的成功案例。在国外这类案例也很多，例如 2004 年 12 月 26 日印尼海啸前夕，年仅 10 岁的英国小姑娘蒂莉与家人正在享受美妙的阳光和沙滩。突然，蒂莉发觉海水有些不对劲，马上告诉她妈妈:"海水变得有些古怪，冒着气泡，潮水突然退下。我有一种感觉，那将会是海啸。"随即蒂莉拼命地喊："大浪要来啦!"幸亏她的直觉得到了家人和其他人的重视，整个海滩和邻近旅店的人们在潮水袭至岸上前，都及时撤离了，而这一切完全得益于蒂莉从地理课上学到的海啸知识。这些实例充分表明，防与不防大不一样，一部分人防与全社会共同防也大不一样，依法减灾势在必行。

3　提高全社会防御地震灾害能力，必须严格遵守法律规定

"房子不倒、社会不乱"是衡量防震减灾成效的主要标志，也是全社会防震地震灾害能力的主要表现。《防震减灾》第三十五条规定："新建、扩建、改建建设工程，应当达到抗震设防要求。"三十八条规定："建设单位对建设工程的抗震设计、施工的全过程负责"。我国是一个发展中国家，受多种因素的限制，还存在不少老旧房屋，抗震能力有待提高，这是造成地震灾害甚至小震大灾的重要原因，全面提高建筑物抗震性能是今后很长一个时期防灾减灾的重要任务之一。汶川特大地震后，即使在重灾区，仍然可以看到一批房子坏而不倒，减少了人员伤亡。事后调查表明，这些房屋在抗震性能方面确实比周围的房子要好，其减灾效果是明显的。2004 年以后，国家对农村民居抗震性能不高的问题高度关注，在全国范围内逐步开展地震安全农居工程，建设了一大批抗震性能较高的新农居。这项工作在新疆全面铺开，新农居经受住了 60 多次 5 级以上地震的反复考验，基本做到了 5 级地震零伤亡，6 级地震零死亡，与 2003 年伽师 6.8 地震前的地震伤亡情况形成了鲜明的对比。

《防震减灾法》第二十九条规定："国家对地震预报意见实行统一发布制度…任何单位和个人不得向社会散布地震预测意见。"虽然法律是这么规定的，但擅自在网络中传播

地震谣言的事例仍有发生，由于地震传言造成社会恐慌的现象也时有出现。尽管积极参与防震减灾是法律倡导的，但一定要在法律规定的框架内开展，而不能是随意的、无序的。无论通过何种手段，我们应该始终牢记最终目的是减灾，否则非但不能减灾，还可能造成人为的灾害，甚至演变为违法行为。

恩格斯说过一句话："没有哪一次巨大的历史灾害不是以历史进步为补偿的"，其实自然灾害也是如此。我国之所以在汶川大地震后把 5 月 12 日设立为国家防灾减灾日，就是要提醒全社会更加关注和重视防灾减灾工作。今年防灾减灾的主题定为"科学减灾 依法应对"，这个主题看似不具体，实际上对全社会提出了更高、更明确地的要求，把防灾减灾提高到了依法治理的高度。我国各种自然灾害频发，近年来仅地震灾害就给灾区人民带来了重大损失，这些用鲜血和生命换来的经验、启示弥足珍贵，各级政府、各部门、各单位、各民间组织和每一个公民，都应该按照国家法律法规的要求，各司其职，科学减灾，合力减灾，为建成小康社会贡献力量。

教育基地的主要运作模式和类型[*]

防震减灾科普教育基地作为具有防震减灾科普教育和防震减灾知识科学传播的公共设施，是开展防震减灾宣传教育、增强公众的防震减灾意识，有效提高全社会的防震减灾能力的最佳场所和阵地。建设好防震减灾科普教育基地，充分发挥这些设施的功能，对增强公众的防震减灾意识，有效提高全社会的防震减灾能力、弘扬抗震救灾精神，构建社会主义核心价值体系具有重要意义。

1 全国地震科普教育基地现状

2004 年 7 月中国地震局下发了《国家防震减灾科普教育基地申报和认定管理办法》（中震发防〔2004〕122 号），开启了地震科普教育基地创建的篇章，2016 年 12 月中国地震局又下发了《国家防震减灾科普教育基地认定管理办法》（中震防发〔2016〕69 号），成为了新时期各级防震减灾科普教育基地创建的指导性意见。

目前，全国的防震减灾科普教育基地主要运作模式类型主要有以下几种：一是以地震部门为基础的展馆（办公大楼、台站、实验室），例如武汉地震基准台、安阳市防震减灾科普教育基地等。二是由政府投资专项建设的大型科普展馆，例如唐山地震遗址纪念公园。三是依托社会公众展馆建设的基地（科技馆、博物馆、景区地质公园、相关部门展馆、学校、其他教育基地等），例如南阳市张衡博物馆、河北省科技馆防震减灾展厅等。四是依托学校和各种青少年实践基地，比如北京市海淀区东北旺中心小学、上海市青浦区青少年实践中心等。

2 目前教育基地存在的问题

2.1 发展不平衡的问题

虽然目前全国各级防震减灾科普教育基地已形成一定规模，但是仍然存在着地区发展不平衡和同类型教育基地发展不平衡等问题。防震减灾科普教育基地数量较多的省份集中在江苏省/安徽省，北京市、河北省、山东省、广东省等中东部地区，而多震的西部地区的科普教育基地总数仅占全国总数的 14.6%，这种分布情况与我国西部多震的实际，存在严重不符。效果最好的那些由政府投资，规模较大、常年开放、有专职工作人员的基地，只占全国总量的约 10% 左右；而那些以地震部门为基础的基地，由于投资小、位置偏远、布设简单等原因，发挥的效果并不是很好，但这样的基地数量却占大多数，比例在 50% 左右。

---

* 作者：刘臻，河南省地震局。

2.2　展示内容和设施简陋不规范

由于展示内容没有一个统一规范的标准或指导意见，很多科普性的内容说法不一，使得很多内容的编写各自为政，显得很不规范。有的内容以偏概全，重点不突出，甚至会出现像地震的半径、板块的分布等常识性内容出现偏差和错误的情况。有的内容专业性又太强，没有以科普的形式展示出来。有的科普教育基地由于经费不足、主管领导忽视，加上自身作用发挥的不力，现有的设施已跟不上形势发展的需要，有的甚至从"开张"以来就没有"升级"过，教育手段落后，展示设备简陋。这种局面导致广大青少年和社会公众越来越不愿来防震减灾科普教育基地，这样的恶性循环，只能使教育基地一步步走向衰落。

2.3　现行运作管理模式存在诸多问题

稳定的资金支持，是各级教育基地可持续发展的经济基础。但目前很多地方政府或相关的主管部门对基地公益性认识不足，特别是对其运营规律认识有盲点和误区，以为一次性巨资投入建成了防震减灾科普教育基地，就完成了这种公共产品的建设任务，而没有持续稳定的财政支持，其运行发展的经费短缺，展品不能及时有效更新改造，员工的培训学习得不到保障，想举办各类科普活动也是心有余而力不足，教育基地的影响力和吸引力肯定无法随着时间推移而得到提升，甚至还可能下降。

有些防震减灾科普教育基地在管理方面着明显的疏漏，管理制度不健全，制定制度主观性、随意性较大，有的甚至就没有管理制度。现阶段的创建中，各级主管部门大多只注重评比认定而忽视了认定后定期的检查和指导，造成了教育基地没有进步的动力和方向。很多教育基地认为评比通过了就万事大吉了，开展活动越来越少，展品也不再更新，人员敷衍了事。有的早期认定的科普教育基地甚至已经不满足新时代防震减灾科普教育各项要求。

上述种种，很容易造成人浮于事，干与不干区别不大的被动局面，让基地毫无创新可言，从而导致科普教育资源的浪费、资源利用率低下，甚至闲置现象严重。

2.4　对人才队伍建设重视程度不足

目前，科普教育基地大多作为各单位兼职或者非主业的工作，工作岗位大都是由原单位的人员兼任。虽然他们可以充分利用其本工作的便利条件，为基地建设与发展提供有利的条件，但这些人员的本职工作本来就较为繁琐，很可能会弱化其对于基地工作的热情与求新求变的动力。而且人才培养机制和内容落后，对于基地内部员工的培训机制和内容缺乏必要的研究与探讨，大部分是以各自单位原有的形式进行，缺乏既处于原有体系外又符合科普基地自身发展规律的学习培训内容。

3　我们的建议

出现上述问题的原因是多方面的，有客观的，也有主观的。同样，解决上述问题也不是一蹴而就的，我们必须要通过"引外力，修内功"逐步解决这些问题。

3.1　争取各级政府支持

目前效果最好的教育基地大多是由政府支持、投资的大型科普教育基地。因此各级地震主管部门，一定要充分研究相关政策，在制定建设方案时，要紧扣时代主题、把握社会热点、体察民众需求，把最能体现我们社会价值的活动、项目提炼出来。积极将基地建设融入到各级政府制定的中长阶段的发展规划中，争取各级政府支持，通过立项的方式，建立大型防震减灾科普教育基地。还可争取资金，建立"地震科普教育宣传车"，充分利用其灵活机动的特点，把大篷车开到各个学校、社区、农村、企业，把防震减灾科普知识主动送到社会公众身边，让身处边远地区的民众也能接收到防震减灾科普教育。

3.2　"借风行船"利用社会资源

任何一项工作，靠单打独斗是很难取得大成功的，由于地震行业的自身力量局限、资源有限，建设防震减灾科普教育基地更应该"借风行船"，利用社会资源。

要主动出击，充分利用社会上现有的成熟的或者是待建的科技馆、博物馆、安全馆、教育中心和各类其他科普展馆，采用协作筹办地震展厅、提供相关科普材料等办法，共同建设防震减灾科普教育基地。以小投资，甚至是零投资，来换取非常好的防震减灾科普宣传效果，同时也可省去展馆运转管理事宜。必须改变以往"守着场馆，等着参观者来参观"的工作模式，主动加强对外宣传，与有关部门建立固定的协作机制，并善于发现和挖掘别家的长处、优势，同时也要为他人着想，主动提供自己的优势资源，实现双赢。特别要加强同地方教育部门的联系，纳入当地素质教育计划，实现教育基地与学校之间的资源整合，积极发挥防震减灾科普教育基地的优势和特色，推进素质教育。

3.3　规范基地展出内容

在选择基地内容方面，要遵循"增强防灾减灾意识，普及地震科学知识"这样一个原则，目的是通过展出内容让老百姓了解地震和地震工作，学习应急避险、自救互救的技能。因此，列入展出内容应该包括：地震灾害、地震基本知识；地震工作"三大体系"介绍和防震减灾工作如何为经济社会服务的介绍；以及地震应急避险知识和技能，和地震法律法规的介绍等。那些容易引起社会公众误解和思想混乱的问题，不被主流专家认可、目前还存在争议的理论或问题。比如各种宏观异常现象和地震的关系等诸如此类的问题，就不应该列入教育基地中。因为这些问题在学术界还存在着较大的争议，如果宣传它，可能会适得其反，引起大家的误解和对地震工作的不理解。

从展品的表现形式和内容上讲，必须是公众所喜闻乐见的，既要体现科学性，也要体现趣味性，在轻松中学习到防震减灾知识。还要突出特色，适时改进教学内容。新建设的科普教育基地可能在一两年内对当地公众还是有比较强的吸引力，但是如果展品和内容两三年得不到更新改变，就必然会影响观众的参观热情。基地在发展理念、展览内容和展品更新规划上，必须紧跟时代步伐、按照公众需求、反映和回答社会发展和人民群众所感兴趣的关于防震减灾方面的问题，脱离实际的防震减灾科普教育基地是很难获得长期的欢迎的。

3.4　加强教育基地管理工作

各级防震减灾科普教育基地的主管部门，要加强日常的检查、监督和指导，及时了解各级科普教育基地的现状与问题，及时发现存在的问题，想办法解决面临的困难。与基地一线工作人员及时探讨和交流工作中出现的新情况、新动向，使日后政策制定时更具有针对性、更有效。通过检查、监督和指导，还可同时进行一个横向比较，从而推动全国防震减灾科普教育基地整体的健康、平衡发展。

定期召开全国科普宣传工作会议，并与教育基地认定合并召开，给各单位提供实地学习和相互交流的机会。既可以加强联络，相互取长补短，实现资源的共建共享，也可以通过学习和交流，相互借鉴好的做法和经验。条件成熟或功能相同的基地，可探索政策联动公用机制，使相对应的政策发挥出最大的功效。

3.5 充分利用高科技研发科普产品

科普教育区别于学校教育的一个特征是互动性较强，实践、体验、参与是获得真知、提高能力最有效的方式。这就需要充分利用先进声光电等高科技，研发具有生活性、体验性和选择性较高的科普产品，弥合我国科研与科普之间的割裂，实现最新的防震减灾科研成果向防震减灾科普资源的有效转化。同时加强影响观众学习效果的关键因素及影响机制的研究，才能让公众在参与中了解科学、感受科学、享受科学的成果。

3.6 重视人才队伍建设

高素质的人才队伍是各级防震减灾科普教育基地高效发展的坚实基础，各级主管部门和教育基地一定要高度重视人才队伍的建设。不断建立和创新人才激励机制，并逐步形成制度，切实提高科普从业人员的积极性。比如在每年的经费计划中留出员工培训和教育的专项经费，开展形式多项的培训和再教育；设立相关奖项，用以奖代补的方式，对于表现突出的员工给与精神和物质上的双重奖励。

为人才队伍创造流动环境。全国各级防震减灾科普教育基地由于分布地域广阔、类型多样，实现人才的横向流动似乎不是一个可行的方式，但是可以模仿干部交流的形式，采取走出去、请进来的方式，在特定空间和时间内促成各类科普教育基地工作人员的短期交流学习。在把本基地优秀工作经验向其他基地传播的同时，还可以深入了解其他基地的运作模式，促成各类型科普教育基地百花齐放、百家争鸣的蓬勃发展局面。

3.7 多措并举，逐步解决"发展不平衡"问题

要解决中东部地区防震减灾科普教育基地远远高于西部这样一个发展不平衡的问题，不是一撮而就的，而是要求各级政府和主管部门以全国一盘棋的思想，长远规划，多措并举，逐步解决。

首先定制全国防震减灾科普教育基地中长期的专项发展规划，对今后 5 年 10 年甚至是更长一段时间，科普教育的平衡化发展提出发展目标、发展方向。二要打破行政区域界线，形成多种多样的跨行政区的多层次、多形式合作，取长补短、优势共享，努力推动形成以东带西、东中西共同发展的格局。三要加大对无基地和少基地地区的帮扶力度，中东部和西部地区形成点对点帮扶点，加大财政倾斜力度。

防震减灾科普宣导在浙江村镇基层
开展现状调研和建议[①]

防震减灾科普宣导是扎实推进防震减灾"三大体系"建设的重要保障,是促进公众提高防震减灾意识、增强防震减灾能力的有效手段,是落实防震减灾工作"政府引导、部门协调、社会参与"的有力抓手,有助于把地震事件发生之后一时的、被动的、消极的救灾活动,转变为地震事件发生之前长期的、主动的、积极的、全社会参与的防御行为。

习近平总书记在纪念唐山地震40周年考察时指出:"当前和今后一个时期,要着力从加强组织领导、健全体制、完善法律法规、推进重大防灾减灾工程建设、加强灾害监测预警和风险防范能力建设、提高城市建筑和基础设施抗灾能力、提高农村住房设防水平和抗灾能力、加大灾害管理培训力度、建立防灾减灾救灾宣传教育长效机制、引导社会力量有序参与等方面进行努力。"习总书记讲话指明了防震减灾科普宣导工作的发展方向,在于着眼于深入、持续、稳定的长效机制的建立,在于引导社会各方面力量共同参与和有序推进。

本文将防震减灾科普宣导的关注角度定位在村镇基层,防震减灾科普宣导要取得广泛的效果,必须扎根于居民聚居的基层社区,必须深入到基层群众,基层科普决定了防震减灾科普宣导整体工作的深入程度和取得效果。本课题选择宁波作为重点调研地区基于两点:一是宁波大部分地区属于第五代中国地震动参数区划图7度区范围,震害防御和科普宣导工作成绩比较突出;二是宁波地区拥有构造地震发震背景,比较容易受本地区以及南黄海、东海等海域地震的影响,多次列入全国地震重点监视防御区。在这样的背景下,宁波地区基层组织对防灾减灾的科普宣导工作较为重视,结合当地实际,探索建设了适合当地民情特点的防震减灾科普宣导设施,将科普宣导工作落实在日常行政事务中,具有一定的总结和思考意义。

1 当前我省防震减灾科普宣导工作的现状和存在的问题

我省防震减灾科普宣导体制与全国范围内基本一致,在结构上与政治体制具有高度吻合性,是一种"政府主导、民众参与"的路径模式。这种模式把较大的工作重心建立在"防灾减灾日"等大型纪念日活动中,围绕纪念日主题开展形式多样的活动,如广场和社区科普宣导、应急演练、科普竞赛等,在集中宣导的工作模式下,政府部门、民间组织、新闻媒体等都被发动起来,配合进行全民性的科普宣导。以浙江省为例,在2015年5月12日防灾减灾日当天,据不完全统计,全省参与防震减灾系列宣传活动的群众超过40万人,全省设立性防震减灾临时科普咨询台300余处,发放各类宣传资料10万余份,其间

---

① 作者:王晓民,浙江省地震局。

举办各类应急演练 200 余场，参与演练群众超过 30 万人，各类平台展播宣传视频（含公益广告）10 部。

这种模式的优势在于可以利用政府力量短时间内广泛地组织和动员社会各种力量参与到科普宣导中来，形成人力、财力和物力优势，它的缺陷也很突出，就是运动式的集中宣导很难在持续稳定的长期效果方面提供有益的帮助。以市县级地震部门工作计划和经费安排来说，经过不完全了解，市县地震部门在防震减灾科普宣导工作计划和经费安排方面，围绕防灾减灾日的活动比重一般都超过 60%，高的甚至 100%，相反，用于日常科普设施建设维护以及产品投入的精力和经费则严重不足。

另一个突出的不足是参与防震减灾科普宣导的力量不够丰富也不够均衡，尤其在社会力量参与防震减灾科普宣导方面缺乏进展。现有防震减灾科普体系中地震部门占比偏大，而社会组织或者民众自发性组织的力量偏弱，地震部门"包揽"科普服务的格局短时间内较难有突出的改观。虽然在宏观政策要求上强调防震减灾科普向基层倾斜，包括进社区、进农村等"科普六进"的要求在各地执行的力度不一，且大都在可持续性和有效利用社会力量方面缺乏抓手。

2 宁波基层社区科普实践的启发

课题组选择了镇海区迎周社区和勤勇社区、北仑区横阳社区、鄞州区海创社区进行了实地调研。宁波地区经济发达，城乡一体化程度高，村级行政机构全部实现了"社区"化。课题组重点听取了社区行政负责人对开展基层防灾科普的工作介绍，实地参观了基层科普场馆和设施。总体来看，宁波基层社区防震减灾科普实践有以下几个特点：

一是以社区活动场所为依托的科普设施建设较为突出。社区活动场所主要包括社区文化礼堂、活动室、图书馆等。这些场所是社区民众集会、活动、休憩的场所，拥有较高的使用频率，在人流量方面具备了良好科普效果的基础条件。围绕社区活动场所建设的固定科普设施主要有小型的科普馆、科普图书室、科普教室、科普画廊等，临时科普设施主要是利用文化礼堂的展板布置。

以社区活动场所为依托的科普设施，在整个社区活动场所总面积所占的比重较为突出，显示出基层社区组织对公众科普工作的重视程度。这些科普设施的建设通常体现了多部门协作共建的原则，社区自筹和市、县地震部门、科协甚至民政部门项目支持，共同发展了良好的科普设施硬件基础。

二是社区科普内容向减灾方向倾斜。宁波地区经济发达、人口稠密、财富相对集聚，人们在衣食温饱基础上拥有较为强烈的安全需求，"平安浙江"概念的提出和打造，也正是契合民众日益增长的安全需求。在自然灾害方面，宁波地区历史上曾发生过 5.5 级地震，区域断层发育表明地震构造背景存在，从地理位置上看，也容易受到台湾和南黄海等远场大震影响；此外，宁波每年受到台风登陆或者影响的次数超过 10 次，随着经济的发展，自然灾害造成的损失风险在逐年加大，所以，民众对防灾减灾的知识获取需求在增加，作为科普供给端，相应的在科普内容上对减灾方向产生倾斜，体现了基层组织对民众减灾与安全需求的了解和重视，为防震减灾科普进基层提供了良好的组织和导向基础。

三是社区组织因势利导调动社会力量参与科普的尝试比较有效。在科普的几个要素：政策、组织、设施、活动，活动是最易于调动社会力量参与的科普要素。宁波社区组织在构建了较为丰富的科普场所和设施之外，充分利用设施，组织策划活动，采取了积极有效的方法，调动辖区内中小学教师、大学生志愿者等群体，作为科普活动的组织者和执行者，参与到社区科普活动中来。在政策方面则利用"爱心支教""暑期社会实践"等活动的鼓励措施，对科普志愿者的参与行为表示肯定和支持。

3 借力基层科普体系推进防震减灾基层科普实效化

从宁波基层社区组织的调研我们发现，在社区组织以及各级科技、民政、科协部门的支持下，基层科普场所和设施条件得到了充分的发展，以宁波为例，文化礼堂和科普画廊基本覆盖到社区（村），人口密集的社区还不止一处科普画廊，从硬件设施和内容导向上都符合了防震减灾科普向基层蓬勃开展的条件。

防震减灾科普向基层推进应当充分重视基层科普体系的成长和发展现状，探索与基层科普体系的融合和协作，借助现有科普设施平台，形成"以点带面"的示范效应，把基层防震减灾科普的追求目标定位于普及和实效。

3.1 借助科普画廊平台输送防震避险知识内容

防震减灾科普应当重视和利用现有覆盖至社区的科普画廊平台，以及科协部门在"科普信息化建设"要求下推广的"科普电子化驿站"平台，通过参与内容设定和购买服务的方式，推动基层科普平台呈现直接面对民众的常态性宣传。常态性宣传在形式上虽然不具有科普场馆展项的互动性、物质上也不具有科普活动的鼓励性，但胜在内容有效和宣教时间长久，有助于民众建立对防震减灾内容的理解和巩固。

3.2 建立防震减灾基层科普体系的鼓励和示范管理

基于社区科普体系（场所、设施、内容、活动）的发展现状，在防震减灾科普借力基层科普体系形成铺开效应的同时，应当在科普政策管理方面给予充分的鼓励和保障。建立对防震减灾科普融入基层科普体系的政策鼓励和示范引导，探索以点带面，推动防震减灾基层科普体系向全省推广，作为全省防震减灾科普体系的重要组成部分。

研究防震减灾基层科普载体的传播内容和传播效果，主要对象有基于学校科普教室建设的防震减灾科普示范学校，基于科技场馆、青少年活动中心建设的防震减灾科普示范基地等，研究其投入和社会效益对比、科普手段特征和受众接受程度，对其发展规模和未来预期作出科学的判断和规划，形成政策鼓励和推动的方向和力度把握。

3.3 推动社会力量参与防震减灾科普实践

通过示范引导，鼓励防震减灾科普内容融入基层科普体系的同时，注意采取多种措施吸引大学生志愿者、教师等群体参与防震减灾科普实践。这个群体的科学素养，按照中国公民科学素质评测的要求，多数能进入达到的序列。从政策导向上，通过"公益支教""暑期实践""科技扶持"等渠道，鼓励这个群体参与到防震减灾科普实践，有助于带动更多普通民众（农民和城镇手工业者）提高防震减灾科学素质和应急避险能力。

4 防震减灾科普基层化的几点认识

第一，推进防震减灾科普基层化要跟上科技的发展和时代的变化。重点体现在密切把握基层科普的需求和发展现状，科普阵地要适应群众活动空间的变化。

这种变化在线下体现为社区基层治理体系的功能丰富和吸引力增强。社区组织建设和管理能力的强化，为基层民众搭建了组织的向心力和凝聚力，建立了政策引导和宣传的话语的信任渠道。随着基层治理体系的水平不断发展，基层活动内容的丰富程度不断提高，基层宣传场所和设施的利用程度和地位也在不断增强。基层治理体系下减灾科普发展现状以及未来的可能性，是防震减灾科普基层化必须要重视的时代变化。

在线上的变化则体现在民众信息接收主要方式上。在新媒体时代，民众尤其是青少年大多在移动互联网上。目前，中国网民数量达到了 6.68 亿，通过网络获取科学信息的公众比例从 2010 年的 26.6% 提高到 2015 年的 53.4%，也就是说，多数的科普对象在网上。防震减灾科普工作上网，建设网上科普和移动互联网科普，才能与科普对象始终保持密切联系，提供有效服务。通过调研，我们发现基层社区和市县科技、地震部门等，都在逐步适应移动互联网时代对社会的影响，适应移动互联网科普的需求，通过建设公众号以及网格化微信群管理，实现科普传播和管理的互联网化。而省级地震部门在科普的移动互联网建设和运行方面则显得不足，缺乏紧扣这一时代变化特征、抓住有效科普手段的措施。

第二，要通过部门协作推进防震减灾科普走进综合减

灾科普的路径，优势互补，集中发力。习总书记在纪念唐山地震 40 周年调研工作中指明了走综合减灾的道路，契合我国自然灾害发生现状和未来风险的判断，是解决我国灾害管理困局的前进方向。综合减灾有助于各灾种数据共享和研究，有助于智慧碰撞探索实效减灾的措施，有助于集中力量推进公众减灾意识和能力的提升。

当下，科协、科技、民政、卫生、消防等部门都参与了减灾科普宣导工作，尤其是科协部门对于基层科普实施的普及投入力度相当之大，对科普信息化建设和基层推广也有明确的目标和详细的计划。基层组织架构呈现类目详细、综合管理的特点，本身在综合化方面拥有组织优势，有助于开展基层综合减灾科普的尝试和探索，事实上经过调研也发现基层综合减灾科普的道路正确并且富有成效。防震减灾科普基层化应当借助基层组织综合管理的优势，加强部门协作，主动融入综合减灾的发展道路，以"星星之火"的态势燎原发展，为减灾科普更高层面的综合管理提供有益的思路借鉴，形成全民全面减灾素质的有效提升。

第三，要通过技术搭建互联和共享的防震减灾科普资

源，惠及基层科普体系。科学普及要取得地毯式的扩散效果，必然在二次甚至多次传播上下功夫，经历从"科学普及""公众理解科学"到"科学传播"三段发展，最终借助公众的自发传播，达到科普全民化的效果。科普内容和手段从属性上强调科学性和趣味性的结合，基层科普在趣味和互动性上有优势，但在内容和资源的科学性上并不占优势，这方面的优势在于更专业的部门和机构。要促进基层科普形成分享式传播效果，应当需要通过政策和技术构建科普资源和产品的共享机制，自上而下形成科普资源产品的产出和推广

顺畅的渠道，同时也有利于基层科普体系向上寻求技术支撑和辅助。

对防震减灾科普体系而言，基层科普的成效直接决定了防震减灾科普的整体水平。在互联网时代，单向的科普传播能力已经在减弱，防震减灾科普知识的传达和分享，依赖于公众的积极参与。基层科普直面公众，是距离公众最近的科普阵地。提高对防震减灾基层科普的重视和研究，探索推进防震减灾科普基层化和综合化，是今后一段时期科普宣传的重要方向。

总体而言，防震减灾基层科普体系应当基于两个工作方向：一是科普场所和设施的普及，包括场馆体验式科普和图文宣传类科普，二是契合互联网时代资源共享和互联特征的科普信息化手段创新。围绕这两个方向辅以政策引导和鼓励措施，增强部门协作优势互补，搭建上下互联的科普资源和产品库，吸引社会力量参与防震减灾科普。在很多方面，社区基层已经开展了丰富的实践和有益的探索，也推动地震管理部门思考如何因势利导、承上启下，在政策扶持、科普管理和资源共享方面提出实质性举措，引导防震减灾科普基层化的效果得到进一步巩固和发展。

厦门市东孚学校创建防震减灾科普示范学校纪实[*]

　　为大力开展防震减灾科普教育活动，认真贯彻福建省教育厅、福建省地震局关于《福建省防震减灾科普示范学校认定与管理办法》文件精神，积极落实厦门市东孚学校"创建精品学校，办人民满意教育"的办学理念，增强广大师生的防震减灾意识和自觉性，提高地震灾害防御的自救互救能力。同时，探索学校防震减灾教育工作的新思路，大力普及防震减灾科普知识，可以达到"教育一个孩子，影响一个家庭，带动整个社会"的目的。厦门市地震局与厦门市东孚学校携手创建"防震减灾科普示范校"，从调研论证，落实启动到动手创建，几年来，厦门市防震减灾科普示范校建设取得了令人鼓舞的成绩。

中国地震局地壳研究所副所长吴荣辉、福建省地震局副局长史粼华等领导、
专家莅临东孚学校指导"防震减灾科普示范校"建设工作

　　厦门市东孚学校前身系厦门市东孚中学，创办于 1969 年，1981 年后开始兼办职业中专，2007 年更名为厦门市海沧区东孚学校，与海沧职专分设，同年 9 月搬迁到新建校区办学。2008 年 9 月，学校与厦门一中合作办学，成为厦门一中海沧附属学校。新建校区位于国家四 A 级风景区——美丽的天竺山脚下，占地面积达 4.2 万平方米，建筑面积达 2.98 万平方米，设计班级数为 51 班，基建投资 6700 万，设备投资七百五十万。校园采用了先进新颖的庭院式设计，拥有现代化的完善设施，教学楼和生活用房的抗震烈度设计取值 7，

* 作者：毛松林，福建省厦门市地震局。

全部达到抗震设防要求，拥有 13700 平方米的标准大操场作为应急疏散避险场地，教室和功能室等齐备，配备完善。

厦门市东孚学校是九年一贯制义务教育初中校，有较强的师资队伍和较高的教育教学水平，获得"厦门市教学质量进步奖"、海沧区"六年课改先进集体"等荣誉称号，是海沧区较有知名度的学校。学校坚持"创特色精品学校，办人民满意的教育"理念，走特色办学之路；变革教育方法，注意开发非智力因素，挖掘学习潜能；变革教学模式，创设民主开放的情景教学氛围；变革管理方略，构建框架式网格化管理机制；实践以人为本思想，构建特色办学新模式，努力提高教育教学质量，力争实现跨越式发展。

1 深化"以人为本，热爱科学"的防震减灾科普教育理念

早在厦门市东孚中学创办之初，厦门市地震局就在学校设立了"东孚水氡地震观测实验室"并随着学校的搬迁而搬迁，30 多年来，在双方的共同努力下，地震观测实验室一方面科研工作从未间断，观测数据连续完整，为地震研究及其预测预报提供了有价值的珍贵资料；另一方面，地震观测实验室向全校师生开放，学校不定期的组织学生参观实验分析过程，了解测量原理。几十年里，装着地震科普知识，带着科学的梦想，从这里走出了一批批献身科学事业的莘莘学子。

在这 30 多年来，厦门市地震局与东孚学校互相支持，建立了良好的合作关系及深厚的友谊。在此基础上，充分整合市地震局和学校教育科普资源，把让孩子爱科学、学科学、用科学，让学生学会自救互救的本领，教育一个孩子，影响一个家庭，带动整个社会作为共建科普示范校根本出发点，以加强中学生公共安全教育和提高学生的科学素养为目标，以防震减灾科普教育为抓手，将防震减灾科普知识纳入学校校本课程的教学内容，拓展素质教育途径，使广大师生共同接受防震减灾科普教育，增强学生地震灾害防御和自救互救能力，同时激发学生学科学、用科学的兴趣，提高学生科学素养，进而为培养具有严谨科研作风和热爱科技事业的莘莘学子，促进爱科学、学科学、用科学良好校风的形成，为构建和谐社会和平安校园建设奠定基础。

2 组建"富有远见、开拓务实"的防震减灾教育领导机制

厦门市地震局与东孚学校于 2008 年 1 月 15 日签署了《共建防震减灾科普示范校协议》，根据协议精神及时建立了由厦门市地震局领导、海沧区教育领导、东孚学校领导组成的"防震减灾科普示范校"领导小组。

其中专职和兼职地震科技辅导员老师，共同负责全校防震减灾科技教育和科技活动，并做到各学科、各小组学期有计划、日常有活动、期末有总结，防震减灾科技教育、科技活动成绩突出，积极组织学生参加科技创新大赛。

为了保证创建工作顺利进行，东孚学校专门组织有关人员到市地震局以及其它防震减灾科普教育基地单位参观学习，借鉴他们的经验，对照创建标准和本校的实际，制定了具体的创建工作计划。中国地震局和福建省地震局，特别是厦门市地震局领导多次来校具体

指导下，领导小组对照创建标准和本校的实际，把"完成防震减灾科普示范校建设，并努力使之成为我市具有重要影响力的科普教育基地"作为学校全面建设的一项重要工作，从学校基础入手，制定了学校具体的实施工作计划，筹建防震减灾科普教育经费，开展了形式多样、教育深刻的防震减灾教育科普活动，制定校园突发事件应急预案并定期进行疏散演练，几年来，已取得显著地成效。

3　建设"直观显现、实践体验"的防震减灾教育综合展厅

根据防震减灾科普示范校建设和学校发展的需要，由厦门市地震局和东孚学校共同出资约 25 万元，完成了防震减灾展览厅的建设。防震减灾展览厅分三大板块：

第一板块主要包括水氡观测站和电磁波监测台站：由市地震局开展正常的地震科研活动，并通过不间断的实验、分析等科研工作，对于实验展览厅的功能起到持续长久的推动作用。

第二板块为地震科普展览厅：装有震动式模型台、厦门市地震监测手段分布模型台、震动和距离演示仪、震动和加固演示仪、震动记录器、纵波和横波演示仪、太阳系演示仪、地球仪模型、岩石标本橱窗、录像放映系统等较为先进的设备，通过图示、模拟装置、实物展示、现场体验、模型操作、原理机以及科教片、纪录片观看等形式，设计安排地震科普知识、避震以及自救互救能力学习等。

第三板块为科技兴趣小组实验室，重点安排：

①水氡观测仪和电磁波监测仪操作流程、规范标准等学生科学实验内容；

②兴趣小组的科技小课题及其研究思路、科技小论文和成果展示室；

③兴趣小组的科技交流平台、网上资料查询平台；

④防震减灾、地学以及励志等相关书籍、报纸、读物等阅览室.

⑤厦门市出露岩石矿物标本制作、展览室。展厅布置符合中小学生实际，有利于学生动手参与，校本课程的开发，有力支持和指导了地震科普宣传教育活动。

4　构建"身临其境，触手可及"的防震减灾野外实践基地

防震减灾科普示范校实践基地是防震减灾科普示范校科普活动的重要组成部分，它构建起校内外相结合、课本知识与社会实践相融合的素质教育运行机制。科普实践基地的作用是通过普及科学知识、传播科学思想、倡导科学方法、弘扬科学精神，以推动青少年防震减灾科普教育工作，并拓展了学校科普活动场所和空间，它已成为我市防震减灾科普示范校建设的特色和亮点。目前，万石植物园、厦门市科技馆等已建成我市防震减灾科普示范学校的科普实践基地。

厦门万石山实践基地，以其天生丽质的自然景观为底色，以举世闻名的石蛋地貌为特色，集万种植物、地质地貌、山水旖旎为一体，学生们站在山顶融入沧海桑田的地质历史长河之中、踏上阶地圈点厦门岛的地貌、踩在断层破碎带上眺望延伸方向、触手可及巨石感受节理的力量，万石山实践基地已成为我校开展防震减灾科普教育的重要组成部分。厦

门市科技馆已经建立起了以青少年科技活动为中心、以特色展览为内容、以馆校互动为载体的科普教育发展模式，新建了模拟地震体验平台，不仅极大丰富了科技馆的各项科普活动，也成为了学校防震减灾教育的第二课堂，使学生在参观学习、轻松娱乐中接受防震减灾科普知识，收到了良好的效果。以科普实践基地的夏令营活动为载体，在学生中开展实践教育、体验教育和各种科技教育活动，配合防震减灾科普示范校和学校的素质教育，激发对科学的兴趣，培养学生创新精神和实践能力。东孚学校利用科普实践基地举办了地学夏令营等多种不同主题的青少年科技教育活动，活动中同学们主动到实践基地收据有关资料和数据，参加主题演讲。

5 开展"形式多样、内容深刻"的防震减灾教育科普活动

5.1 建立防震减灾活动日制度

结合学校特点和全国防震减灾纪念日相关要求，建立健全学校防震减灾科普活动日制度。把每年的 5 月 12 日为活动日，并在市地震局和海沧教育局的指导下，开展一系列防震减灾科普活动，主要包括（"六个一"）：

（1）出一期防震减灾相关内容的黑板报并组织一次学生参观和黑板报评比；

（2）上一堂防震减灾科普教育课；

（3）组织一次地震应急疏散演练；

（4）组织一次野外科普考察；

（5）开展一次科技兴趣小组科技报告会；

（6）编报一组新闻报道（电视或报纸形式、东孚学校和地震局分别以科技活动日等内容编报相关新闻单位或上级主管部门）。

5.2 加强防震减灾课堂渗透

学科教师以防震减灾展览厅为教学阵地，以现行教材内容为主体，在教学课堂中渗透地震知识。同时，加强学科中的专题教育例如：化学——氢离子的变化；物理——地震波、地磁波；政治——地震法规学习；地理——地球知识；语文——守护生命演讲等，将防震减灾知识纳入初一、初二的校本课程内容之中，做到有教学计划、有教案、有讲义，学期各学科有考核总结，特别是以地理学科作为校本课程开设的主阵地。

5.3 开发防震减灾校本课程

学校成立了专门的防震减灾校本课程开发小组宣传组负责开发，在市地震局、海沧区教育教研中心专家指导下，于 2008 年暑假完成了防震减灾校本课程《点亮生命》编撰、出版。校本课程的具体内容是：第一单元：人类的家园——地球。第二单元：群灾之首——地震。第三单元：如何防震减灾。其内容包括天文、地理、地震、地质、地貌等科普知识和学生防震减灾等自救互救技能。

校本课程成功开发后，老师根据学校安排课程进行校本课程

教学，教学形式灵活多样，做到课堂教学有特色，课外活动有实效。

5.4　成立防震减灾兴趣小组

科技兴趣小组活动确定以下课题：

（1）水氡观测实验。在专职老师或实验员的指导下，学生自己动手完成取样、制样、测试、记录数据成果等几个工作环节，了解水氡观测实验的全过程。从而培养学生严谨的科研作风。

（2）地震定位。利用市地震局地震台网监测数据和数据处理软件，学生自己选定一次地震事件并动手进行地震三要素定位（地震发生的时间、地点和震级），接着给出地震定位成果图及其说明，最后签名留念。通过此课题的实际操作，培养学生的科学成就感。

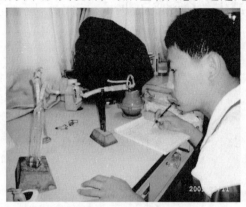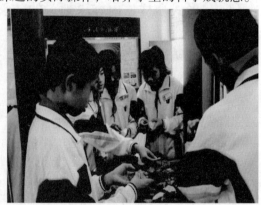

（3）厦门岩石矿物标本采集与制作。由学生自己动手采集厦门境内出露的不同岩石矿物样品，并在专家指导下，进行分类、命名、标本制作和展览，通过此课题的看展，激起学生投身科技工作的兴趣。

（4）海啸灾害分析。针对可能由于海底地震引起的海啸而造成的地震次生灾害，通过调查厦门陆地与海平面的现状以及设定的海啸规模，分析如果海啸发生时厦门可能遭受的灾害和区域及其人口数量、工农业和商业等经济情况，并提出对策建议。此课题旨在引导学生科学思维，同时，开发学生的丰富想象力。

5.5　编制防震减灾应急预案

（1）东孚学校主要编制了《东孚学校地震应急预案》、《东孚学校防震减灾知识读本》和《东孚学校地震应急避难场所指南》等材料，组织全校师生认真学习。

（2）配备地震应急物品。

为学生配置了共 200 个地震应急包，内有太空锡箔急救毯、呼救信号警报器、求生哨子、卡扣式止血带、抗风防水火柴、无烟蜡烛、活性炭口罩、个人信息卡等。

在年段室、各处室、展厅、学校公共场所配置生命地震应急包，内有四合一手摇多功能电筒、折叠式多用铲医药急救包、生命能量型救生口粮、应急饮用水、太空锡箔急救毯、应急帐篷、应急睡袋、多功能军刀、求生哨子、卡扣式止血带、活性炭口罩、瞬冷冰袋、个人信息卡等 31 项装备，将为延续危机中的生命提供基本保障。

（3）组织全校安全疏散演练。学校由保卫处、德育处负责，分别于 6 月 5 日，9 月 11

日，12 月 5 日进行全校安全疏散演练，提
高学生的灾害和紧急应变能力。

5.6 举行防震减灾宣传活动

（1）专题展板宣传：东孚学校利用市
地震局提供的防震减灾科普知识宣传展览
板，生动而全面地向师生介绍了地震知识、
防震方法，提高全校师生防震减灾的相关
知识知晓率。

（2）观看主题影视：在市地震局的帮
助下，学校组织学生观看了《地震揭秘》、
《直面地震》等防震减灾录像，学生通过录像资料一方面了解了地震小知识、防震自救互
救的小常识等，拓宽了知识面，激发了学科学、爱科学的兴趣，另一方面看到了地震给人
类带来的巨大灾难，使学生在历史事实面前认识到防御自然灾害必要性和重要性，从小就
树立防灾减灾的意识。

（3）撰写心得体会：科普活动周中，学生观看了防震减灾的录像后，许多学生写了观
后感。

（4）开展知识竞赛：由校团委组织学生进行防震减灾知识竞赛，
宣传防震减灾知识，提高学生参与积极性。

（5）爱心捐款活动：在为汶川大地震灾区募捐活动中，学校两次组织师生为汶川大地
震灾区捐款达三万多元，其中有不少师生还通过其它场合、渠道踊跃捐献。

（6）专家教育讲座：东孚学校先后邀请全国抗震英雄模范等人到校开展讲座。

5.7 创建防震减灾学校网站

学校除了运用常规的黑板报、手抄报、橱窗、展板等形式进行宣传教育外，东孚学校
购买了上百册的防震减灾科普教育书籍，装配了装有丰富多彩防震减灾知识的电子触摸
屏，并充分发挥现代网络优势，创建防震减灾学校网站，积极宣传防震减灾知识，定期发
布内容丰富、学生喜闻乐见的防震减灾科普知识，方便师生自主学习，深受师生喜爱。

5.8 组织学生"夏令营"活动

为了充分发挥学校教育的主渠道作用，通过开展形式多样的活动，对青少年学生进行
防震减灾基础科学知识、地震自救和紧急避险技能的教育，增强中小学生防震减灾意识，
提高地震灾害的防御和自救能力，以及向社会开展"二次宣传"的能力。在厦门市教育
局、厦门市地震局、海沧区教育局、海沧区人防、海沧区团委的关心、支持下，学校连续
多年承办了厦门市中学生防震减灾教育夏令营。夏令营开展了丰富多采的活动，组织营员
学习了防震减灾知识、观看录像、进行防震减灾能力训练，参观了市地震局防震减灾科普
教育馆等，营员们积极撰写参加夏令营的感想，此次活动获"厦门市市级优秀夏令营"的
荣誉称号。

5.9 点亮生命大型激情讲座活动

组织学校师生、家长齐集大操场，聆听了"让生命充满爱"大型专题演讲，接受了一

次震撼心灵的爱心教育洗礼。本次专题演讲由"中国时代之声演讲团"荣誉团长、首席演讲家，有着中国"激情演讲第一人"之誉的邹越教授主讲。

会场里，学生与家长并排而坐，认真倾听，大家都心潮澎湃，许多人当场流下了激动的泪水。这次演讲给家长和同学都带来了巨大的灵魂冲击与震撼。许多家长都对学校组织这样的演讲表示赞扬，而通过聆听演讲，家长、同学们都更加深刻地领会到了"爱"的含义，更加懂得珍爱生命，珍惜亲情。对他们树立正确的社会主义荣辱观，构建和谐校园、家庭、社会具有重要意义。

6 愿景展望

厦门市地震局与东孚学校通过共建防震减灾科普示范学校，让师生获得了一生必备的防震减灾的知识和能力，更重要的是通过防震减灾教育提高了学生的科学素养。虽然我们在此过程中做了一些工作，使师生识别地震，防震避震、自救互救能力有了一定的提高，同时也通过学生的宣传，一定程度上带动了社会，基本上达到"教育一个孩子，影响一个家庭，带动整个社会"的目的。但是我们深知这项工作是一项长期的任务，还有许多工作需要我们更加努力去完成。未来我们将着重做好以下几点工作，并建立"厦门市防震减灾科普示范学校标准"，进一步推进"东孚模式"：

一是服务中小学生。努力把东孚学校建设成厦门市中小学生防震减灾科普教育基地和样板，使学校防震减灾科普教育资源服务于更多的学生，为他们的健康成长，为他们科学探究提供良好的学习、探索环境。

二是带动社区教育。进一步向社会开放东孚学校的防震减灾科普教育资源，定期向社区开放展厅、探究活动室、地理探究园，并通过新闻媒体大力宣传报道，扩大教育面，为提高社会防震抗震能力做出贡献。

三是辐射东南沿海。积极探索与其他地区特别是港澳台地区建立合作平台，加强交流，使东孚学校成为厦门市乃至东南沿海具有重要影响力的科普教育基地，成为与港澳台地区中小学交流、学习、合作的一个重要平台。

地震科普园地之防灾科技学院"问地园"*

　　我国位于世界两大地震带——环太平洋地震带与欧亚地震带的交汇部位，受太平洋板块、印度板块和菲律宾板块的挤压，地震断裂带十分发育。我国地震活动具有频度高、强度大、震源浅、分布广的特点，是一个震灾严重的国家。统计表明，我国的陆地面积占全球陆地面积的1/15，人口占全球人口的1/5左右，然而我国的陆地地震竟占全球陆地地震的1/3，而因地震死亡的人数竟达到全球的1/2以上。20世纪全球共发生3次8.5级以上的大地震，其中2次发生在我国；全球发生2次导致20万以上人口死亡的地震也都发生在我国，一次是1920年宁夏海原地震，造成23万多人死亡；一次是1976年的河北唐山地震，造成24万多人死亡。21世纪以来，我国发生2次8级以上地震，它们是2001年11月14日发生在昆仑山的8.1级地震和2008年5月12日发生在四川省的汶川8.0级地震，其中，发生在四川汶川的8.0给特大地震造成近10万人伤亡，直接经济损失达8451亿元人民币。与其他自然灾害导致的人员死亡相比，地震灾害是群害之首[1]。

　　我国地震多发、灾情严重的程度单靠专家的解读，媒体的宣传是远远不够的。科普园林设计的问世，既解决了科学知识难以理解和科学远离生活的特点，又将科普宣传融入到民众生活中。

　　防灾科技学院是全国仅有的以防灾减灾高等教育为主、立足防震减灾行业的全日制普通高等学校。为了普及地震知识，防灾科技学院在以汶川地震为背景，同时结合现代化园林设计理念的前提下，给广大师生和民众呈现了一个美丽、独特的地震科普园林——问地园（图1，图2）。

图1　问地园鸟瞰图

* 作者：盛书中，华东师范大学；张利，张小娟，防灾科技学院；龚丹，华东师范大学；郭子铎，防灾科技学院。

图 2　问地园中心图

1　"问地园"命名里的探究精神

问地园坐落于防灾科技学院承基楼正南方，是一个造型奇特的校中之园。它面积不大，设计师利用木石花草在园林中呈现出了各种图案形状，园中树木团团相围，层层衔接。

园名命名少了鸟语花香，但透着防灾特色和校园精神。

问地园中的"问"字有两层含义。第一，有带着疑问探求真理之意。伟大浪漫主义诗人屈原曾在《天问》中就喊出了对天、对地、对自然的提问。我们的设计也是秉承先人的探索精神，在问地园中专门设计了一条"问"字形的小河，当你站在承基楼楼顶时，你会发现，它从园西带着疑问潺潺地流进园中，最终汇聚在一个点上。像是带着疑问一路流过，一路探索。第二，铭记灾害，勇于担当。"问"的谐音为"汶"，有纪念汶川地震之意；同时，在花园中心有一个较大的圆形道路，道路旁边种有银杏树，其中有 5 棵银杏树下有突起圆形凳，12 棵银杏树下有石砌的圆环（图 2），寓意着"5·12"这个特殊的日子。"5·12"是一个唤醒人们沉痛记忆的词，是中国的防灾减灾日，是一个让世人震惊、国人刻骨铭心的灾难性大地震的代名词，我们防灾科技学院又隶属于中国地震局，是全国仅有的以防灾减灾高等教育为主的全日制普通高等本科院校，作为防灾学子更应铭记这个特殊的日子，铭记"5·12"汶川地震，时刻督促自己发奋学习，担当重任，以满腔的热情积极投身防震减灾事业之中，以备祖国之需。

再说"地"字，也有两层含义。第一，探求地球规律之意。从古至今，地质灾害不断，人类为了防灾减灾，一直在思索和探求地球的规律。公元 132 年，东汉科学家张衡创制了测量地震的仪器——地动仪，地动仪的诞生反映人类对地震的理解更加深刻，它是人类第一次利用惯性成功检测地震发生的仪器，是现代测震学的奠基石，是中国古代科技的杰出代表。第二，围绕"地"的核心专业。我校立足防震减灾行业，建有地球物理学、地质学、地下水科学与工程等防灾减灾核心类专业，这些专业都反映了学校的特色和亮点。

2 "问地园"景观的地震寓意及地震常识

问地园坐落着复原的"地动仪"[2]，在园林的正北方，面对着承基楼，既是有纪念地震鼻祖张衡之意，又体现了防灾科技学院的历史沿革和办学特色，防灾科技学院的前身是1975 年国家组建的"国家地震局天水地震学校"。公元 132 年，东汉科学家张衡发明了验证地震发生的仪器——地动仪，地动仪的诞生使人类对地震发生的方位有了进一步的确定，它是人类第一次利用惯性成功检测到地震发生的仪器，是现代测震学的奠基石，是中国古代科技的杰出代表。地动仪的出现将激发人们对我国古代灿烂科技的追忆，同时也会激发人们思考地震是如何被检测到的，其原理是什么？从而引导人们对地震及其灾害成因的深入思考。

地动仪所在之处寓意着震中，一次地震中破坏最为严重的地方（即宏观震中）或是震源在地表的投影点（即微观震中）[3]，同时说明我国在古代就可测出地震的震中方位。在地动仪的周围，有着四段高矮不同的、小石块堆砌的墙。这些高低石墙代表着震中附近遭到地震破坏的建筑物，突显了震后建筑物被破坏的惨败景象。

花园中心设计为较大圆形道路，道路外围有着一圈圈的小路，大圆与小圆，象征着震源与震波。鸟瞰花园北部小路环环相扣，寓意震波向四周传播开来；远离震源的南部没了小路，震波消失。从道路设计可以看出震波在地球内部传播的复杂性，在有的地方衰减消失得较快，有些地方慢。这些道路设计也反映了地震破坏情况的烈度图——破坏程度不同区域的分界线，在园中还有几个较大的圆形区域，这些区域为烈度图中的异常点——与周围地区破坏程度截然不同的地方。

在圆形道路西方，设计了一条长廊，长廊西边出口处有安排了几本大大的石书，长廊与石书设计也有着深刻内涵。从表象看，把长廊寓意为防震减灾事业，石书寓意为知识的殿堂，像似告诉防灾学子，防震减灾事业的路很长，科学知识的探求却永在；用地质学方法看，透过石头看地球的过去；用地球物理的方法，看地球的现今状态，预测未来，使人类与地球和谐相处。

长廊石书西面设计南北向两排柳树，柳树中间有道路，道路两侧是灾害图案图片宣传专栏，专栏内容是国内外发生的重大自然灾害简介图，设计者的初心是让大家停下脚步，了解灾害，认识灾害，从而树立防灾减灾意识。

整体看"问地园"的设计，"震源"与"地震波"明晰，"问号"又在震源之中。这种设计理念也在向人类发问："地震缘由何在？何时发生？下一次又将在何方？如何防灾减灾……"，弄清这些问题，人类才能更好的防御和减轻地震灾害，同时这也是防灾科技学院学子的使命。

问地园的设计从东向西，犹如唐僧取经，途中必定充满荆棘与艰辛。作为防灾学子，走进的是科学知识殿堂，走向的是防震减灾事业，胸怀的是担当崇高理想，铭记的是"崇德博智，扶危定倾"校训。

3　地震科普思考与建议

在防灾科技学院师生以及已毕业的校友中，提起问地园，无人不欣赏其美景，无人不能畅谈其意。可见防灾科技学院问地园既是防灾科技学院师生晨读和休闲的重要场所，同时也为地震科普提供了重要的素材和良好的途径，让防灾科技学院的师生们在日常校园生活中受到地震灾害文化的熏陶，在潜移默化中增强了师生们的防震减灾意识。

防灾科技学院问地园在普及地震基本知识和增强地震灾害意识中展现了重要作用，因此，我们建议不论是在校园建设还是城市园林建设中，多一些类似"问地园"的花园，将地震科普与人民群众的日常休闲紧密地联系在一起，达到寓学于乐，使地震灾害意识深入到群众生活和思想潜意识中，将有利于增强国民的地震危机和防震减灾意识的提高。

参 考 文 献

[1] 中国地震科普网，我国地震灾情有什么特点［DB/OL］，http：//www. dizhen. ac. cn/baike. asp，2017/10/27。

[2] 冯锐，田凯，朱涛，等，张衡地动仪的科学复原［J］，自然科学史研究，2006（b12）：53～76。

[3] 赵晓燕，于仁宝，地震概论［M］，清华大学出版社，2013。

建设地震微信公众服务平台
主动为社会大众提供震后应对服务[*]

在 2016 年防震减灾联席会议，国务院副总理汪洋指出，要树立防范胜于救灾的意识，变被动救灾为主动减灾，进一步强化防震减灾责任落实，强化应急应对准备，开展防震减灾宣传教育，普及防震减灾知识，提升群众防灾意识和自救互救能力。

随着移动技术的发展，移动应用的逐步深入到移动互联网时代，多媒体业务不仅包括单向的用户接收信息，还包括更多模式的互动。可以与用户更好地沟通，推送图片、视频，用户更直观地感受移动服务。国内地震系统开展一系列基于专业人员的地震灾情反馈及专业应急移动平台的研究，中国地震台网在移动终端开发了地震目录信息移动客户端版，能为社会大众提供基本地震三要素服务。但目前尚缺少能通过移动终端为社会大众提供更为直接地震烈度及震感信息，以及传播震后社会大众应对地震方法的移动终端平台。福建省地震局多年来致力于面向社会公众提供地震应急信息服务和科普教育，所研发的"地震公众服务"和"福建地震信息服务"在全国许多地区得到推广，受到社会公众广泛认可。为此，有必要推广应用基于智能移动终端位置服务结合微信移动互媒体技术的地震微信公众服务与科普知识发布平台，实现日常可以为用户普及地震应对科普知识服务，在震时快速提供地震震感信息服务，震后给出社会大众地震应对信息服务，给出避难信息以及震害自救互救信息。

1 满足社会大众需求是地震公众服务系统的基本目标

地震微信公众服务平台是在分析总结前人工作的基础上，通过技术创新，实现地震部门主动服务社会的技术平台。满足社会大众需求是地震公众服务系统的基本目标。

（1）满足社会大众震后应对指导的需求，地震监测台网对地震速报速度越来越快，但仅仅提供地震三要素，普通社会大众难于直观判断地震对于自己影响有多大，地震震感如何，快速提供社会大众个人位置地震震感和震后应对措施，特别是震后地震应对行为指导是社会大众的根本需要，满足这些需要是地震部门的根本责任。

（2）适应新媒体技术发展的需求，互联网与信息技术的不断发展，新媒体时代终于来临，拉近了传者与受者的距离，为每个传统受众都提供了成为传播者的可能，极大地提高了受众的地位，打破了传统媒体传播的单向性。

（3）满足社会大众地震科普知识普及的需求，通过组织多种形式的活动，扩大宣传范

---

* 作者：蔡宗文，福建省地震局。

围的广度和深度，使广大人民群众掌握防震避险、自救互救的知识和基本技能，增强应对地震突发事件的能力，切实提升防震减灾能力和水平。这些传统的科普知识宣传途径，将会逐步被电子化所替代。

（4）满足科普知识推广能力提升的需求，公众从自身工作和生活的实际出发，立足解决实际生活问题和具备参与社会事务的基本能力而对科学知识产生了需求。其次是社会的科普需求，致力于维系人与自然的和谐关系，促进经济社会可持续发展。公众对地震科普渠道和形式的需求顺应信息化的发展趋势。顺应信息通讯技术沿数字化、网络化、智能化的发展方向，视频化、移动化、社交化、游戏化的科普作品越来越多地进入公众的视线。社会大众需要地震震感推送服务、地震震后应对指导服务，提升防灾减灾日、科技活动周等重点时段开展大型防震减灾宣传教育活动的能力，提升科普阵地条件，以及宣教作品的推广能力。

2　利用地震微信公众服务平台，实现地震信息快速传播

随着智能手机和互联网技术的普及，微信作为一个新兴的信息交互平台逐渐被大众熟知、接受并迅速流行，人们通过微信发送文字、图片、语音和视频，获取和交流在这里变得简单和轻松，而微信公众号是在个人微信的基础上新增功能模块，通过这一平台，不论是个人还是企业都能打造一个属于自己的公众号，实现信息的发布和网友互动。

作为以手机为载体的自媒体来说，微信有着微博无法比拟的优势。首先，从新闻性的角度来看，微博的时效性的确是更快于微信，但微博建立在弱关系的基础上，长于信息传播，而微信更加侧重于互动性和社会功能。其次，微信的用户粘性优于微博，建立在亲友、同学、同事等熟人关系链上的微信让用户在心理上对微信更加亲近，愿意长期关注和使用，活跃性更高；再次，从信息传播角度来看，微博呈现发散式的传播，而微信更加注重信息的点对点传播，用户也更主动获取自己关注的信息，使信息传播更加精准化，影响更深。在信息传播方式多样化的今天，对于地震科普宣教工作，开通官方微信是大势所趋。微信具有覆盖面广、传播速度快、操作简单等优点，与 QQ、微博等自媒体平台一样，将作为新时期一个十分重要的通信交流媒介平台，为此微信将为地震公共服务提供良好的基础平台。

地震微信公众服务平台本身具有自媒体的特性，不仅可以通过服务号主动推送的信息送达用户手中，而且可以利用微信的朋友圈转发、分享，快速扩大社会覆盖面，从而为地震震情信息传播以及震后应对指导的传播提供快速有效途径（图 1）。

地震微信公众服务平台上的信息，也可以迅速提供给新闻媒体，新闻媒体可以利用自身自媒体平台进行转发编辑，迅速向民众提供地震震情信息以及震后应对措施，为震后社会稳定提供正面的宣传力量（图 2）。

图 1 张家口 3.3 级地震发布的信息被迅速传播示意图

图 2 新闻媒体的自媒体报纸快速
引用地震震情信息图示

3 为社会大众提供地震震情、震后应对指导服务，提升地震部门主动服务社会的能力

地震公众服务平台利用现有的地震监测速报资源，采用基于可视化卫星影像 Webgis 技术，自动获取地震速报信息，智能识别地震破裂方向，实现地震信息实时显示。基于 LBS 技术构筑一个可以发布地震实时信息、地震灾情信息，实现灾情信息反馈及收集，为社会大众及领导指挥决策提供震情服务、地震应对建议以及地震科普知识，并为大众提供信息定制功能，为"三网一员"提供灾情反馈服务和宏观观测数据上报功能。能满足不同层次和不同用户的需要。推动地震微信公众服务平台服务社会产品多样化，为领导提供辅

助参考服务，为社会大众提供切实可行的震后应对指导服务（图3，图4）。

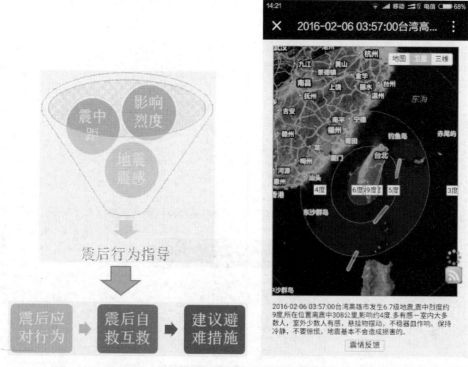

图3　系统提供地震震感及震后指导服务示意图　　图4　地震震情及应对指导实例示意图

4　自动推送地震科普信息，潜移默化引导民众地震应对行为

　　系统提供丰富地震科普知识数据库，能自动根据用户使用习惯推送地震科普信息，潜移默化地提高大众的防震减灾知识以及应对地震能力。实现地震常识、震前准备、震时处置、震后救援以及自救互救知识定时按需发送给微信定制用户，实现地震科普信息个性化、人性化服务。具有科普知识测试试题库，可以随机生成试题题目数量和试题难度，自动合成具有判断题、单项选择题和多项选择题的科普竞赛试题集，具有自动校正试题难度能力的知识测试模块，建立了信息应答智能系统，实现地震信息、地震应对信息、震情反馈心态、地震科普信息个性化定制，智能匹配等功能，提高了目标公众信息接受度，提升了地震系统主动服务能力，见图5。

5　灾情反馈及自动处理，为震后应急指挥提供决策依据

　　在侦测到用户地震烈度达到Ⅱ度以上时，系统自动发送灾情反馈要求信息给目标用户，目标用户可以点击进入现场地震烈度报送模块，或直接发送图片及视频。根据用户地震影响大小默认选择地震烈度，用户可以根据自己感觉对照单选烈度震感列表选择，提交后自动记录当前经纬度和地震编号入库。可以为震后判断灾情提供依据，为震后应急指挥提供参考，见图6。

图5　科普知识推送及科普知识竞答图示

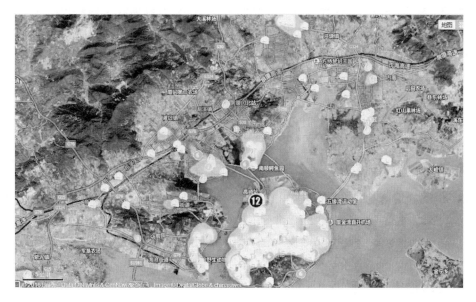

图6　2016年2月6日高雄6.7级地震厦门用户热图及烈度反馈分布示意图

努力推进云南校园地震安全工程，
切实提高校园地震安全教育水平[*]

随着我国全面建设小康社会及实现中华民族伟大复兴历史进程的推进，面对依然严重的地震灾害的威胁，党和国家对防震减灾工作和地震安全教育提出了更高的要求和标准。校园地震安全教育是其中最基础、影响最广泛的工作之一，云南又是我国地震灾害最严重的省份，全面分析云南校园地震安全教育，探索不断提升地震安全教育水平的有效途径和方法，是落实党的十九大报告"树立安全发展理念，弘扬生命至上、安全第一"思想的具体行动，具有重要的社会意义和现实意义。

1   云南是我国地震灾害最严重的省份之一

云南地处印度洋板块与欧亚板块碰撞带东侧，地质构造复杂，构造运动强烈，地震活动具有频度高、震级大、分布广、灾害重的特点，加上地层破碎，地震次生灾害极易发生，是我国破坏性地震频繁发生、地震灾害特别严重的省份之一。

20 世纪，云南发生 5 级以上破坏性地震 333 次，其中 7 级以上大震 13 次。特别是1970 年以来，仅 7 级地震就高达 8 次之多，造成 1.8 万余人死亡，直接经济损失超过 200亿元。1970 年 1 月 5 日云南通海 7.8 级地震是新中国成立以来，除 1976 年唐山地震和2008 年汶川地震外，人员伤亡和经济损失最惨重的一次地震。

2000 ~ 2014 年的 15 年间，云南共发生 5.0 级以上破坏性地震 53 次，其中 6.0 ~ 6.9级地震 9 次，累计造成人员死亡 815 人，失踪 112 人，受伤 11511 人，直接经济损失超过508 亿元。

根据 2016 年 6 月 1 日正式实施的第五代《中国地震动参数区划图》，云南 129 个县市区都处于Ⅵ度以上的地震烈度设防区。其中，Ⅶ ~ Ⅸ度烈度设防的有 116 个，约占全省国土面积的 84%。这就意味着云南多数地方都面临地震的潜在威胁。

2   云南校园地震安全教育工作

中央政治局第 23 次集中学习，习总书记强调要坚持以防为主、防抗救相结合的方针，坚持常态减灾和非常态救灾相统一，全面提高全社会抵御自然灾害的综合防范能力。防震减灾宣传教育是预防地震灾害的基础性工作和常态减灾的有效途径。

学校是人员非常密集场所，孩子是家庭和社会的希望、国家的未来，校园地震安全备受党和国家高度关注。《防震减灾法》第四十四条就专门规定，学校应当进行地震应急知

---

* 作者：余丰晏，云南省地震局宣传教育中心。

识教育，组织开展必要的地震应急救援演练，培养学生的安全意识和自救互救能力。

加强学生地震基本知识和防震避震、自救互救常识教育，增强其自我保护和自救互救能力，能切实减轻地震灾害对学生的人身伤害，这是从血的教训中总结出的有益经验。

2008 年汶川地震中，伤亡最大的就是学校。然而，安县桑枣中学，一所位于绵阳周边的中学，由于平时经常进行地震演习，地震发生后，全校师生 2200 多名学生，上百名老师，从不同的教学楼和不同的教室，有序疏散撤离，以班级为单位站好，无一伤亡，充分证明了地震安全教育的重要性。

为加强中小学生防震减灾知识教育，增强广大师生防震减灾意识，提升大中小学生安全教育素质，我国在防震减灾科普"六进"活动中纳入"防震减灾科普进校园"。云南 2009 年启动防震减灾科普示范学校建设工程，目前已认定省级防震减灾科普示范学校 46 所，州级防震减灾科普示范学校近 400 所，县（区）级 600 余所，申报并被认定的国家级科普示范学校 2 所，仅曲靖市就创建了 104 所市级、5 所省级防震减灾科普示范学校，按照到 2020 年全市 134 个乡（镇、街道）至少有一所防震减灾科普示范学校的创建目标，全市 134 个乡（镇、街道）有 82 个已经创建了至少一所防震减灾科普示范学校，乡镇覆盖率达到 61%，通过示范样板的辐射力、影响力，有力地推动了学校的地震安全教育。

3 云南省地震安全教育存在的问题

居安思危。云南的校园地震安全教育虽然这些年来取得一些进展，但是与全国先进省份相比，与《中共中央、国务院关于推进防灾减灾救灾体制机制改革的意见》中"实现在校学生全面普及"的要求和防震减灾的实际需求相比，差距还很大，仍然存在一些突出问题和薄弱环节。

3.1 缺乏全省规划和相关部门之间战略合作

云南校园地震安全教育目前没有制定全省规划，地震部门和教育部门之间的合作尚需进一步深化，校园地震安全教育还没有实现科学化、规范化、常态化。

就校园地震安全教育而言，地震部门有先进的专业技术和知识，各级各类学校有丰富的教育经验，而教育行政部门有着把安全教育落到实处的十分明显的组织管理优势。如何整合地震部门和教育部门在科研、科普、教育、行政管理等方面的资源和优势，调动一切有利因素，全方位深度合作，通过科学组织、周密实施、逐步推进，达到教育内容和方法科学有效、全面覆盖各大中小学校，是新时代、新形势、新要求下我们需要解决的问题。

3.2 缺少实用有效、科学规范、特色鲜明的教育产品

教育是教育工作者利用教育资源，将知识和能力传授给受教育者，并使之变成受教育者经验和能力的过程。建立一套全面科学、针对性强、简单合理的地震安全教育产品，是实施地震安全教育的基础。

学校要开展安全教育，设立安全课程，就要从安全教育教材的建设做起，这是一个重要的抓手。我国的学校是按学生年龄分层开展教育的严密组织，对进行安全教育有着十分有利的条件。开发和建立与学生认知年龄相适应的学习培训教材，建立与之相适应的课程

教育标准，会使得教育更加具有针对性，更科学、更规范。一般而言，幼小学生喜欢通过图画、动漫、视频等媒介来学习，而大学生则更喜欢通过现代媒体进行自主全面的学习。根据大中小等层次学生的特点，建立图册、动漫、游戏、视频、教材、网络课程等不同载体的教材和课程标准，让学校根据各年龄段学生的学习特点开展教育，是确保安全教育落到实处最有效的方法。

3.3 缺少一支安全教育的骨干队伍

云南省目前有小学 19389 所，中学 2729 所，高等学校 75 所，在校生达 767.63 万。面对这样一个规模庞大的群体开展工作，如果仅依靠地震部门少数几个专家，是做不好也做不到位的。把安全教育落到实处，做到全覆盖，需要培养一大批进行安全教育的骨干教师。为此，需要在全省组织开展骨干教师培训，由地震和教育方面的专家对骨干教师开展安全教育的组织管理、安全教育、逃生演练、安全教育评价考核等方面的培训，使之成为安全教育及管理的基础力量，再由他们对各校老师进行培训，由教师对学生进行安全教育。简言之，就是由教育厅和地震局共同负责州（市）、县（区）骨干教师培训，县（区）骨干教师负责各校骨干教师培养，各校骨干教师负责组织各校学生教育及逃生演练。

4 以校园地震安全教育工程为抓手，不断提升全省地震安全教育水平

坚持问题导向，解决突出问题，这是搞好地震安全教育的根本路径。经过调研和与教育方面的专家反复研讨，我们认为，有必要在云南推进校园地震安全教育工程，构建一个涵盖大中小学在内的校园地震安全教育体系，全面提高我省地震安全教育的水平和能力。

4.1 成立地震安全教育组织机构，推进校园地震安全教育工程

构建云南校园地震安全教育管理体系，统领全省地震安全教育工作。具体内容如下：

（1）成立地震安全教育领导小组，负责领导、组织全省的地震安全教育工作。领导小组由云南省教育厅、云南省地震局分管领导，相关部门（单位）主要负责同志组成。

领导小组下设地震安全教育工程专家组，由教育安全管理、教育以及地震科研、科普、宣传策划等方面的专家组成，负责地震安全教育的日常组织和管理工作。具体负责校园地震安全教育工程的立项项目书制定（包括工程的可行性报告、工程的目标内容制定、工程的实施方案），预算编制，招标文件任务书制定等工作；负责招聘课题组，指导、评改、验收课题组的大纲、工作方案、中期成果、分项成果、总成果。

（2）招聘校园地震安全教育工程课题实施组，负责工程的实施工作。课题实施组通过在全国招标产生，应标条件由专家组制定，具体负责开展地震安全教育需求调查，编写课题工作方案、分项任务大纲，实施课题并形成成果，组织开展教学试点，印制出版教学、宣传材料。

4.2 推进安全教育产品研制

通过设计制作一系列不同类型的校园安全教育课程、教材，构建适合不同层次、不同需要的安全教育资源库，为科学规范地开展地震安全教育打下了坚实的基础。开发内容包括：

（1）一套 MOOC 课程（教师版、大学生版、中学生版、小学生版），即大规模在线开放课程（More Online Open Course）。

（2）一套画册（社会张贴版、小学生版、幼儿版）。

（3）一本地震知识普及教材（组织管理人员及培训教师用）。

（4）一本地震逃生演练教程（组织管理人员及培训教师专用）。

（5）一张视频光盘（社会宣传）。

（6）一套宣传歌曲（知识版、逃生版等）。

（7）2~3 部公益广告。

通过这些资源建设，构建更加全面、更加科学、更加系统的教育资源库，以适应在不同平台、不同层次人群进行安全教育的需要。

4.3 实施推广

在全省范围大中小学校联合推广地震安全教育，工作内容包括：

（1）由教育厅、地震局联合，组织全省大中小学开展地震安全教育，开展地震应急演练，科学规范地实施地震安全教育。

（2）制定教师培训计划，在全省范围分期、分批、逐级培训地震安全教育骨干教师，确保安全教育的组织落实。

（3）依托校园地震安全网络课程及资源库资源，组织开展社会化教育宣传推广工作，使安全教育做到社会全覆盖。

（4）联合制定校园地震安全教育考核评定指标，将地震安全教育纳入对学校的目标考核，每年共同对学校地震安全教育进行考核评定验收，确保地震安全教育落到实处。

5 结语

把地震安全教育纳入国家基础教育，使我国大中小学生掌握基本的防震避险知识和自救互救技能，既是落实《防震减灾法》《中共中央、国务院关于推进防灾减灾救灾体制机制改革的意见》和习总书记关于防灾减灾救灾新理念新思想新战略的重要举措，也是落实《中小学公共安全教育指导纲要》的具体行动，它产生的是"教育一个孩子，影响一个家庭，带动整个社会"的辐射作用，对于提升全社会防震减灾意识和综合防范能力意义重大。校园地震安全教育，是地震部门和教育部门应该加强和深化的重要公共服务内容。

云南省数字地震科普馆解说词[*]

地震能预报吗？地震来临怎么办？欢迎走进云南数字地震科普馆！

地球在浩瀚的宇宙中优雅地旋转着，美丽迷人，叹为观止；自转一周带给我们白天和黑夜，公转一周迎来春、夏、秋、冬；地球运动，造就了美丽的山河湖海、奇异的动植物世界……美不胜收。

专家推测，地球内部地幔物质的对流运动，使得地壳逐渐受力、变形，直到有一天，在地球深部某处，这种变形超过岩石的承受极限而突然破裂和错动，激发地震波，就发生了地震。

1 地震咋回事

地壳由岩石圈板块拼接而成，漂浮在熔融状态的软流圈之上，高温高压的地幔物质对流，驮载着大大小小的板块一起运动，有的相互挤压，有的相互远离。地下岩石破裂突发构造地震，地下岩浆活动触发火山地震，地下溶洞塌陷引发塌陷地震。

大地震无疑是世界上最恐怖的自然现象之一，所引发的地震灾害具有突发性和强大的破坏力，既神秘又可怕。2008 年汶川 8 级地震，造成大量的人员伤亡和财产损失，仿若昨天，历历在目！

全球主要有三大地震带：环太平洋地震带、欧亚地震带和大洋海岭地震带。据统计，85% 的地震发生在板块边界，这表明板块运动常常伴随地震的发生。我国地处欧亚地震带的东侧、环太平洋地震带的西侧，是一个多地震的国家。

云南位于欧亚地震带东段的侧缘，印度板块向北东方向的推挤是云南地震发生的主要动力源，具有频度高、震级大、分布广、灾情重四大特点。特别是云南的山地面积占总面积的比例高达 94%，地震引发的崩塌、滑坡、泥石流等次生灾害十分严重。

仅以 2014 年为例，云南发生 5 级以上地震 8 次，造成 619 人遇难、112 人失踪、约 300 亿元的重大经济损失，警示刻骨铭心！

我国古代东汉时期，张衡发明了世界上第一台地动仪（或称验震仪），利用它只能判断有地震发生和地震发生的大致方位。

现代地震仪运用电磁感应原理，可把地面的震动放大数万倍甚至数十万倍，从而记录到人们感知不到的极其微弱的地震。

地震时，如果你感觉到上下的抖动，说明速度较快的纵波到了；稍后你会感觉到摇晃，这是稍慢的横波。如果纵波和横波到达的时间差很小，只有几秒，这可能是震中距小于 100 千米的地方震；如果你只感觉到强烈的摇晃，这可能是震中距大于 100 千米、小于

* 作者：李道贵，云南省地震局；郭荣芬，云南省气象局；李勇，周桂华，云南省地震局。

等于 1000 千米的近震, 感觉到强烈的地震, 不论是地方震或是近震, 都必须迅速采取应对措施、防患于未然。

震中距大于 1000 千米的远震传来的地震波, 最大只会感觉到轻微的晃动, 不会产生强烈的破坏。

利用纵波与横波的速度和到达台站的时间, 可以计算震源距(地下深部震源到台站的距离)。方法是分别以台站为中心, 震源距为半径, 可以画出很多的圆, 通常只需要 3 个台站画出的圆, 就会交汇出一个较小的区域, 其中心就是地震震中的大致位置; 震中到任何一个参考点的距离就叫震中距。这就是地震的定位原理。破坏性地震的快速、精确定位, 可为抢险救灾争取黄金时间!

科学家对全球地震台记录到的地震波进行分析, 可反演地球的内部结构, 发现地震波有反射和折射, 进而可把地球划分为地核、地幔和地壳, 因此, 地震波好似照亮地球内部的一盏明灯!

2 震时怎么办

面对突发的大地震, 你是躲还是跑? 横波与纵波每相差 1 秒、距离相差约 8000 米。例如, 某中学距震中 24 千米, 横波比纵波慢 3 秒, 纵波到: 有位敏感的女生先站起来; 一、二、三; 横波到, 站立不稳、被迫蹲下, 根本没有办法跑; 还没有离开教室, 地震已经结束……那么, 地震来临怎么办呢? 正确的做法是:

室内——就地躲避是基本原则, 可利用卫生间、承重墙、柜子构成的三角空间蹲下, 护住头部; 远离玻璃碎片、远离外墙瓷砖, 不要去阳台, 更不能跳楼; 切勿乘坐电梯。强烈震动结束后, 应及时迅速撤离到室外开阔地避震。

室外——要远离围墙、广告牌、电杆和电线。

车内——要迅速避开滑坡、滚石和立交桥, 地震后要尽快离开高山峡谷地带, 不要试图乘车穿越已经损毁的桥梁和山洞。

被困——要立刻用衣物遮住口鼻, 不要点火, 拓展生存空间, 少运动、保体能, 择时敲击管道, 等待救援。

室内、室外哪里更安全呢? 纵波到: 一楼的学生跑出了教室; 一、二、三——恰恰这个时候横波到, 墙砖脱落、玻璃碎片……因此, 有高空坠物的室外往往更危险!

钻桌子与"安全三角"哪个更靠谱? 汶川地震时, 小渔洞镇靠近断裂带 27 米的房屋严重毁坏, 远离这 27 米的房屋并没有倒塌, 可见, 高空坠物比房屋倒塌的概率要高很多, 因此, 钻桌子、钻床是首选, 无处可藏再寻找"安全三角"避震。

1988 年 11 月 6 日, 云南澜沧耿马相继发生 7.6 级和 7.2 级地震。当第一次地震发生时, 由于摇晃剧烈, 看电影的 300 多人紧抓座椅, 被迫就地躲避; 当他们能站稳的时候、迅速撤离电影院, 第 2 次 7.2 级地震随即发生, 整个电影院轰然坍塌。如果不及时撤离, 后果不堪设想。这就是先躲后跑、安全疏散的典型例证。

预报、预警的区别是什么? 预报是地震发生前发出的预告, 临震预报仍是全人类共同面临的科学难题。预警是地震发生后, 利用电波与地震波速度的差异, 在地震波尚未到达震中区外围之前发出的警报。

地震预警的时间，受限于最早记录到地震波并发出信息的台站距离震中的距离，以震中为中心，该距离范围内的区域都是预警盲区。只有在盲区的外围环形区域内，预警系统才可以提前发出预警信号，通过控制装置自动断电、自动关煤气、控制列车紧急刹车等，进而减轻地震灾害损失。地震的破坏程度随地震预警时间的延长而快速减弱，地震预警的有效时间随震级的增大而延长，6 级及以上强震的预警有效时间通常只有二三十秒，7 级及以上大震的预警有效时间也多不会超过一分钟。

3 震后怎么救

震情就是命令、时间就是生命，地震后的救援分秒必争，尤其是云南山地救援更为紧迫。统计表明：地震后半小时获救，生还率高达 95%；震后第 3 天获救，生还率仅有 35%，因此，自救互救尤为重要。

第一，优先保证呼吸，可用衣物遮住口鼻，救人过程中要注意喷水降尘，注入新鲜空气，清除口鼻尘土等。

第二，优先保护头部，万一被困不要点火，保护原有支撑条件，小心拓展生存空间，少运动、保体能，少量饮水或进食。

第三，保护脊椎和眼睛，可借助木板或担架保护脊椎，保持身体水平，不可强拉硬拽，废墟下救出长时间被困伤员要注意蒙上双眼，避免外界强光伤害眼睛。

救人原则：一是先近后远，舍近求远会错失救人良机；二是先多后少，先救学校医院等人口稠密的被困人员；三是先易后难，可以扩大救援队伍、提高救援效率。

主震往往使建筑物的结构受到重创，而强余震则更容易引发受损建筑物的倒塌，造成新的伤亡，因此，强余震的防范是重点：决不允许心存侥幸，决不允许到危房搜捡财物，严密防范强余震，注意地质灾害隐患的排查和监控。

震级是地震释放能量大小的量度，震级越大，能量越高。震级每相差 2 级，能量相差 1000 倍（震级相差 1 级，能量相差约 32 倍）。如 9 级地震相当于 1000 次 7 级地震、相等于 1 百万次 5 级地震释放的能量。

烈度是地表或建筑物遭受地震影响程度描述，我国将地震烈度划分为 12 度，数字越高、破坏越重。比如，汶川地震的最高烈度为 11 度，随着震中距的加大、烈度依次递减。地震发生后，地震烈度分布预测图可为抗震救灾、紧急救援提供科学依据。

对于被地震压埋的兄弟姐妹们，分分秒秒都可能决定着他们的生死，因此，全面准确的灾情信息、及时到达的救援力量、训练有素的救援队伍、先进实用的救援装备是何等重要！

在地震现场，救人是第一要务，保通是关键环节，安置是根本利益。当地政府会千方百计帮助受灾群众：有饭吃、有衣穿、有房住、有学上、有干净水喝、有伤病能医治。社会各界应万众一心，众志成城，确保抗震救灾工作科学、有序、高效。

4　地震怎么防

人无远虑，必有近忧。我们把学到的避震知识变成临灾条件下的自觉行动，需要演练；我们变被动救灾为主动防灾，需要"预案"。根据《云南省突发事件应对条例》，学校每年应当开展 2 次应急演练，注意 3 个环节：

一是躲避 20 秒：一次 6 级地震的持续时间很少超过 20 秒，所以演练的报警声建议设置为 20 秒。避震姿势是保护头部，抓牢桌脚，也可以利用柜子、墙角等安全三角就地躲避。

二是疏散 100 秒：报警声一结束，有序疏散开始。每个弯道、出入口应有安全值守，一手护头，一手保持平衡，避开玻璃碎片、外墙瓷砖和电杆电线，按照"预案"撤离到指定地点。

三是及时总结：在疏散到安全地带后，及时清点人数，妥善处置意外情况，查缺补漏，总结经验，不断改进，提高演练质量。

我们不能阻止地震的发生，但可以通过科技手段防御和减轻地震灾害，保护我们的生命财产安全。预防比救灾更人道、更经济、更高效，所以建设工程应特别注意：

一是科学选址。什么样的建筑能抵抗山体滑坡？因此，城市规划和重大生命线工程一定要避开活动断层，尽可能远离软弱地基，无法避让时，一定要对地基进行必要的工程处理。

二是抗震设防。建设工程要达到国家标准，要有构造柱和圈梁，构造柱好比人体的脊柱，圈梁好比人体的肋骨。抗震设防，建筑成本会增加约 10%，却能在大震中保住我们的性命。

三是施工质量。禁止使用土坯或预制板建设房屋；面积大小不重要，更重要的是建筑质量，特别是农村应当变追求数量为注重质量。

城市是政治、经济、文化的中心，财富集中，人口密度高，所以防御的重点在城市。当你看到广场、公园等地方有地震应急标志标牌，这里就是地震应急避难场所。

房屋倒塌是造成人员伤亡的重要原因，建设具有抗震性能的房屋是减轻人员伤亡和财产损失的有效措施，因此，提高农村民居的地震安全是减少人员伤亡的关键。

城中村是抵御地震灾害的薄弱地带，一旦发生地震，城中村的安全隐患甚至比农村还严重。因此，已建而未实施抗震设防的建筑，务必进行抗震加固；新建建筑物，一定要进行抗震设防，重视施工质量，严防"豆腐渣"工程出现。

我国建筑物抗震设防的基本要求是小震不坏、中震可修、大震不倒。对国家重大工程、生命线工程和经历地震的工程，应当进行抗震性能的鉴定。否则，将对直接责任人和主管人员依法给予处分，构成犯罪的，依法追究刑事责任。

5　我国地震科技水平如何

1966 年河北邢台 7.2 级地震后，在周恩来总理的关怀下，我国的地震预测预防拉开了序幕：研究发生地震的规律，寻求预报地震的方法，总结防御地震的经验。

监测新技术：采用宽频带、大动态、高精度、数字化，探索新方法、新技术，开展立体监测。一是向深部发展，开展深井水位、地温、氡、汞、氦等多参数监测，分析地球物理、地球化学的微弱变化。二是向高空发展，地球受太阳的影响有太阳风，受月亮的影响有固体潮，空间对地 GNSS、InSAR、电磁卫星观测等，可能从更广阔的范围监测到地震的前兆信息。

主动源技术：云南省建成全球第一个大容量气枪地震信号发射台，通过定点重复激发，精确观测波速变化，给地球做 B 超，绘制"地下云图"，探索地震监测新技术。

防震新技术：在建筑物地基与上部结构之间，安装橡胶减隔震垫、阻尼器等特殊装置，一层钢板一层橡胶，以柔克刚，消耗地震能量，使上部结构免遭地震破坏，保护建筑主体安全。昆明新机场的减隔震技术被评为云南十大科技进展之一。

救援新技术：地震灾情速报、烈度速报、搜救机器人、航拍无人机、应急指挥决策系统等新技术的运用和不断完善，就是为了准确掌握灾区情况，确保救援力量第一时间赶赴震区，确保地震救援科学、有序、高效。

截至 2017 年，来自 62 个国家的 311 名地震科研、灾害管理人员来云南参加"地震学和地震工程以及紧急救援培训"，加快了国际合作的步伐，也标志着中国的防震减灾技术在某些方面跨入世界先进行列。

行政对策：《中华人民共和国防震减灾法》《云南省防震减灾条例》《云南省建设工程抗震设防管理条例》是防震减灾依法行政的依据，云南省人民政府全面提升防震减灾能力、采取的十项重大工程、三小工程、校安工程、农村地震安全工程正在不断取得成效。

社会对策：学习防震避险的科学知识，掌握自救互救的基本技能以及抗震设防的基本要求。科学减灾，主动防灾，珍爱生命，才有梦想，我国全民科学素养行动正在蔚然成风。

地震对人类的影响是巨大的，因为生命只有一次，地震中失去了将无法挽回。我们应当爱科学、学科学，保护美丽家园的同时，首先保障生命安全；提高生活质量的同时，首先提高生命质量。

世界是物质的，物质是运动的，运动是有规律的，规律是可以认识的。我们坚信，如此巨大的地震能量，在释放前一定有蛛丝马迹！随着科技的进步，大数据、云计算……总有一天，人类一定会揭开地震的奥秘！

发挥科普馆开展地震科普宣传的桥头堡作用[*]

受环太平洋地震带及欧亚地震带共同影响，我国是一个地震灾害非常严重的国家。20世纪以来，总共发生的四次造成死亡人数二十万人以上的地震，就有两次发生在我国。进入21世纪，我国境内大地震频发：2001年昆仑山西口8.1级地震，2008年四川汶川8.0级地震，2010年青海玉树7.1级地震，2013年四川庐山7.0级地震，2017年四川九寨沟7.0级地震，以及刚刚发生的台湾花莲6.5级地震……尽管地震一次又一次给人们敲响警报，但现实是广大民众防震减灾知识的普及程度和我国快速增长的经济发展水平严重不匹配，绝大多数群众对于地震知识的了解，还停留在"感觉到地面摇晃时，迅速躲避到桌子床底下"等较为片面的认识阶段。但是随着社会的发展，人们对地震灾害的关注度逐渐升高，对地震知识的需求也越来越大。由于国家对防震减灾事业的高度重视，资金的大量投入，近年来，一批地震科普展馆如雨后春笋般的在我国各地建成。天津市地震局也在2011年及2016年先后建成了两个综合性的防震减灾科普教育基地。

2011年建成的天津滨海防震减灾科普教育基地是在2011年7月28日，即唐山地震三十五周年纪念日当天正式对外开放的。作为当时天津地区最大的地震科普展览馆，展厅建筑面积600余平米，布展面积900余平米，分为序厅和地震灾害展区、地球和地震知识展区、监测预报工作展区、震害预防工作展区、应急救援和自救互救展区共五个展区组成。通过文字图片展板、地震仪器实物展览、多媒体展品相结合的形式，向参观者普及防震减灾知识。展馆运行六年年来，共接待了接近三百余批次，一万五千余人次的参观。

天津市地震局在汲取了滨海防震减灾科普教育基地的运行经验后，于2016年在天津市自然博物馆内建成了天津市防震减灾科普教育基地。该展馆展厅占地面积728平方米，分为序厅、地震知识展区、防震减灾展区、公众服务区及尾厅共五个展区。展厅采用了现代化的布景技术，在序厅再现了当年唐山地震中天津受损最严重的和平区崇仁里一带震后的景象，给观众带来强烈的慷震撼与共鸣。除了传统的文字及图片展览，展厅最大的特点是设置了20台可供观众动手操作体验的多媒体互动展品。它们运用了最新的计算机投影及拼接屏技术，水雾成像技术，全息投影技术，动作捕捉技术等高科技手段。剖析地震原理，还原地震场景，让观众能够身临其境，在互动中学习，在玩耍中体验，真正达到用科技体验灾害，用知识保护生命，提升他们在遭遇地震灾害时的自救互救能力。建在自然博物馆内的天津市防震减灾科普教育展馆，从2017年1月25日正式对公众开放运行以来，展馆的高科技性、趣味性吸引了大量的观众。尤其来这里参观的孩子，对各种互动展品更是流连忘返。统计结果显示，该展馆平均平日接待观众超过千人，节假日观众接近万人，开馆以来接待观众已经超过百万人次。如此巨大的受众人数，是我们以往开展的传统地震科普形式无法企及的。这一展馆的建成，为天津市防震减灾知识的普及工作有效开展

* 作者：许贺，天津市地震局防震减灾教育培训中心。

作出了巨大的贡献，其社会效益难以估量。

我是两个地震科普馆的讲解员，六年来，我亲身感受了地震科普馆为普及防震减灾知识所做出的贡献。总结回顾几年来的科普讲解工作，我认为发挥科普馆开展地震科普宣传的桥头堡作用是做好地震科普宣传的关键所在，为此提出以下几点建议。

第一，加大地震科普馆的投入和建设力度。虽然我国已经建成了许多地震科普馆，但是数量仍远远不够，国家仍应该加大地震科普馆的投入和建设力度。我国地震灾害多发。在当前还无法准确预报地震的情况下，最大限度的减少地震灾害对人民生命财产损失的最好方法，就是在将建筑物盖结实的同时，向广大民众普及好防震减灾知识。大家知道，我国幅员辽阔，人口分布不均，经济发达程度不均衡，防震减灾知识在群众中的普及率还非常低，加之人口众多，以当前地震科普馆的数量，还远远达不到使全民普及防震减灾知识的能力。相比起同样地震灾害严重的邻国日本，如何预防地震、震中怎样避险、灾后如何有效率地开展自救和互相救助，这些知识和技能已经渗入日本国民的生活中，成为一种常识和习惯。所以每次震后，日本民众普遍能有冷静而有序的表现。日本地震科普馆的数量也众多，例如日本光东京一地，就有十七个对公众开放的地震体验馆，每年每个展馆平均接待观众 1.5 万人次以上。相比之下，我国许多城市和地区，还没有一个地震科普馆。即使是地震科普馆数量最多的安徽、江苏两省，国家级防震减灾科普教育基地也只有 8 个。所以跟地震科普发达国家相比，我们的科普馆的数量，还远远不够。

第二，地震科普展馆不能千篇一律，应抓住当地群众最关心的重点问题布置展馆。我们国家幅员辽阔，不同地区的地质结构差异较大，不同地区发生地震后产生的次生灾害也不同，所以不同地区的群众对地震科普知识关心的内容也不同。而地震科普涉及到的知识是包罗万象，它包括了地球物理学、气象学、自然科学等的诸多方面的知识。如果在有限的空间内将地震科普涉及到的所有知识都进行布展，很有可能是所有的知识都浅藏辄止，观众参观的感受无疑为隔靴搔痒，看似所有方面都看到了，但是好像又什么都没学到。所以我觉得不同地区的地震科普馆应密切结合当地环境及人民生活习惯，有重点布展。比如在大城市的科普馆里，重点普及不同建筑抗震能力、高层建筑地震逃生的正确方法，在商场及马路上正确躲避的方法，以及地震谣言的巨大危害；在学校等地开设的科普馆，要重点普及人员密集型地区的地震正确逃生方法；在沿海地区开设的科普馆要重点普及海啸知识和海边逃生方法；在山区，多普及地震造成的山崩，堰塞湖等灾害的应对方式等。这样就能形成不同地区地震科普馆的当地特色，使当地群众可以学以致用，更好的适应当地地震科普的需要。

第三，建精品地震科普馆，建真正有乐趣的地震科普馆。当前我国的地震科普馆，布展方式大都较为传统。基本都是通过文字和图片的展板布展，辅以少量的互动展品这种方式。总的来说科技含量偏低，地震科普缺乏乐趣，缺乏能真正吸引眼球的地震科普展品。比如来地震科普馆的观众最想体验的，就是感受地震的震动台。但是由于价格昂贵，地震台在地震科普馆的普及率还非常低。但是这样的展品，才是最有意义的。此外，利用最新的科技手段，如 VR 虚拟现实技术，4D 电影等最新技术去研发地震科普展品及地震科普宣传片，能使观众在虚拟的世界中对地震感同身受；通过动作捕捉技术，热红外感应技术去开发逃生互动展品，能使观众在紧张中真正模拟地震逃生。这样开发出来的展品，定能大大吸引观众。我相信高水平高技术地震科普展品的投入，会使参观者记忆深刻，流连忘返，真正达到"来了还想来"的效果。这样的精品展馆，不仅能吸引大量的观众，更能让观众真真正正把地震科普知识学到心里。

第四，地震科普馆的选址也尤为重要。我国的地震科普展馆大都建立在地震局或地震台。而地震台大都建立在较为偏僻的地区，再加上平日里地震科普馆的相关讯息在媒体的曝光率偏低，大部分群众都不知道当地的地震科普馆在哪里。这直接造成了地震科普馆的利用率偏低。以天津市的两个馆为例。坐落于滨海台的地震科普馆，六年来的接待人数不到两万——这还是我们每年在 5.12 全国防灾减灾日和 7.28 唐山地震纪念日等重点时段通过媒体做了大量的宣传后的结果。但是坐落于天津市中心天津自然博物馆的地震展厅，一年的参观量就能突破一百万人，后者的参观量是前者的三百倍以上！由此可见，将地震科普馆建于老百姓最方便去的地方，才能真正提高利用率，发挥好普及地震知识的作用。

在今天，做好地震科普，使我国人民基本普及地震常识及震后自救互救知识，仍是一项任重而道远的任务。在新媒体不断出现，优秀地震科普作品不断涌现，多媒体科普网站陆续上线的今天，地震科普馆作为最传统的科普方式，仍然有其不可替代的作用。在当前的科学领域里，没有过时的科普知识，只有落后的科普方式。新思路下的布展方式，新技术的不断运用，精品科普馆的不断建成，必将使科普馆继续成为地震科普知识普及的的桥头堡和排头兵！

从鹫峰地震台到北京国家地球观象台

——地震科技星火列传[*]

　　我国是地震灾害十分严重的国度，1920 年海原大地震里氏 8.5 级，史称"寰球大震"，举国震惊，在人口稀少的西北地区死亡人口达到惊人的 28 万多，可见震害之严重。次年，翁文灏博士率队赴震区科考，随后推动对地震的观测研究，筹建中国人自己的地震观测台。经过近 10 年的努力，终于 1930 年由李善邦先生主持在北京西北郊的鹫峰建立了中国人自己的第一座地震台，点燃了我国现代地震观测研究的科技星火。

鹫峰地震台原貌（李善邦摄于 1930 年）

第一代地震人工作现场剪影

　　重走李善邦当年的路，从北京城区往西北方向出城，走圆明园西路出五环，绕过百望山进入山后地区，再沿着京密引水渠岸边一路往西，一直到达鹫峰国家森林公园，鹫峰地震台旧址就位于公园入口不远处。一路走来，回想当年李善邦们骑着毛驴带着电瓶去清华大学充电的情形，一趟就要整整一天，一个月一次，这样的路他们一走就是七年。88 载以后的今天，鹫峰地震台已经发展为包含白家疃园区、观测山洞和鹫峰台旧址三处场所的北京国家地球观象台。

---

　　* 作者：王红强，中国地震局地球物理研究所。

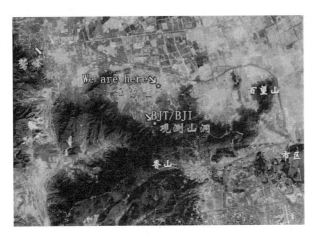

北京国家地球观象台（含鹫峰、白家疃和山洞）位置简图

1930 年代鹫峰台地震人工作场景

历经近 10 年艰辛创建的鹫峰地震台却只工作了七年就被迫停止观测。1937 年 7 月 7 日抗日战争爆发后，诺大的华北已容不下一张安静的书桌，也容不下一座与世无争的地震台。

"七·七事变"后，李善邦、秦馨菱等中国第一批地震学家从鹫峰向后方撤离，辗转到达战时陪都重庆，在物资极端匮乏的条件下，研制出国产的第一台地震仪——霓式地震仪，终于在鹫峰地震台停摆六年之后，在重庆北碚（战时的西部科学院，聚集了一大批科技人才）恢复了地震观测，北碚地震台成为二战期间欧亚大陆上唯一坚持观测的地震台。

抗战胜利后，地震台迁往南京，建立了水晶台地震台，观测五年后，又于 1952 年与北极阁地震台（国人自建的第二座地震台，1931 年建成于南京北极阁）一同迁入鸡鸣寺，合并成立南京鸡鸣寺地震台。在动荡不安的政局下，科学家们一直在努力坚持地震观测研究，守护着地震科技的星火燃燃不息。

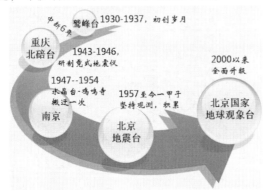

从鹫峰地震台到北京国家地球观象台 88 载演化史

抗战烽火中研制的霓式地震仪示意图

1954 年，地震台迁回北京，限于场地等因素，将地震台重建于海淀区温泉镇白家疃村，位于鹫峰以东约 10 公里，后来发展为北京地震基准台。1982 年底在位于白家疃园区以南两公里的半山坡上建成了大型观测山洞，之后一直作为观测重地。山洞总长约 320 米，有 20 个硐室，由于远离人类活动的干扰，并且里面常年保持恒温恒湿，因此是开展

地震动、地形变和重力等日常观测的理想场所。至此，北京地震基准台发展为包含白家疃园区、鹫峰地震台旧址和观测山洞三处场所的野外科学站，新千年以来，地震台升级为北京国家地球观象台，先后被命名为国家级野外科学观测研究站和国际科技合作基地。

修缮一新的鹫峰台旧址
（现为北京市文物保护单位和科普基地）

前任许台长沿着幽深的山洞走向硐室

　　白家疃园区是观象台的主体，占地面积约 100 亩。观象台现有固定人员 23 人，其中 40 岁以下占 70%，一半以上具备高级职称，拥有博士学位的也占到一半以上，已经实现了博士看台（看守的看），博士们轮流倒班，值守在地震监测的第一线，接触到第一手的观测数据，希望他们利用学识来破解地震难题！当然了，学历不等于能力，关键在于如何努力！

位于白家疃路的观象台大门

白家疃园区航拍图（大片绿色为地磁观测区）

　　作为野外地震科学站，观象台的日常业务工作主要是观测，不是一时一天的观测，而是常年不休24小时不间断的监测，时刻"监视"地球异动，60年来取得了骄人的监测成绩，曾经连续12次获得全国台站地磁观测资料年度评比第一名，11次获得全国地震观测资料评比第一名。六十年如一日的坚持和积累，只为把一张蓝图绘到底。观象台不是一个台在"战斗"，迄今全国已有1300个左右的固定点地震台站，如同散布在国土疆域上的哨兵，时刻监视着大地的异动。

2000年，观象台被科技部纳入国家重点野外科学观测试验站，挂牌试运行，七年后以优异成绩转正，目前成为地球物理领域14个国家野外科学观测研究站的领队，承担规划新一批国家级野外观测站的重任，并领衔设计和规划地震行业的地球观象台系列，计划从全国的地震台中间优选一批核心台站升级为地球观象台，升级后或将按照新的扶持力度进行建设和维护。

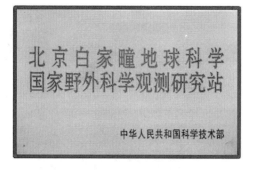

作为野外地球科学观测研究站，要开展的工作可以概括为各种观测、各种研究和为观测研究创造条件和搭建平台的各种建设，以及为了更好的观测和研究开展的国际合作和援外台网建设！观测是为了获得高质量的原始数据，为科学研究提供素材和资料，而研究则是要从数据中提取有价值的信息，发现规律，解释地球奥秘，解决地震科学难题，对观测技术的研究则反过来可以用于优化观测方法。

科学是无国界的，地震科学更是。一次大地震的震动半小时内即可传遍全球任何角落，引起全球震动，对地震信息的捕捉需要全球布局，地震科学研究需要国际合作。观象台的国际合作是有传统的，从鹫峰台时期的国际资料交换、从1980年代持续至今的中美

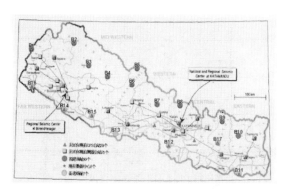

尼泊尔地震台站（现有＋计划援建）
分布图

澜沧江－湄公河流域国家地震技术
培训班成员合影

地震科技合作，到现在中国地震科技开始大规模的走出去。2011 年，国际科技合作基地挂牌，大规模对外援建地震台和地震台网的工作逐渐铺开，构建中国主导的全球地震台网成为新的蓝图，目前正为尼泊尔和肯尼亚援建地震台网，配合国家"一带一路"战略，观象台于 2016 年底举办了澜沧江－湄公河流域国家地震观测与防震减灾技术培训班，目前正在筹备中亚地区国家地震观测技术培训班。

除了地震台的监测业务单元，院里还有其他一些科学单元（平台）：中国地震科学探测台阵、地震观测与地球物理成像行业重点实验室、地球物理观测设备质量检测平台等。

中国地震科学探测台阵技术中心管理和维护着 1400 多套宽频带地震仪，相当于 1400 多个简易的流动地震台，它们是机动部队，可以对重点研究的地区进行加密观测，对选定地区一般需要持续观测 1～2 年。

中国地震科学探测台阵装备库和技术中心　　　中国地震科学探测台阵仪器维护测试

在重点实验室的室内岩石实验单元，可以开展对地震的微小尺度模拟实验，即对构成地球的材料介质——岩石进行实验研究，通过电液伺服的压力试验机对岩石样品施加压力，使其逐渐变形直到发生破裂，这一过程即是对地震孕育和发生过程的微小尺度模拟，模拟这一过程可以同时研究整个"地震"过程中岩石各种物理参数的变化。取得这些基础的实验数据以后，就可以进行分析并与野外的观测数据结合起来研究地震触发的临界条件、发生的精细过程等科学问题了。

重点实验室、实验楼　　　　　水平双轴向压力机，用于大尺度岩石样品的
加压和摩擦实验

地球物理观测设备质量检测平台目前主要用于测震仪器的质量检测。地震仪在入网前需要通过一系列的严格检测：振动台检测、通用电子检测、环境适应性检测和稳定性、自噪声等性能的比测。通过振动台给地震仪输入一个已知的振动信号，以检测地震仪的各种标称参数。环境适应性检测是通过各种装置模拟地震仪器在野外的实际运行环境，以测试地震仪的运行可靠性，具体包括跌落、温湿度变化、淋雨和水密性、防砂尘、抗老化等测试项目。

超低频振动台（用于地震计的振动检测）　　　　零磁空间（用于地磁仪的检测）

零磁空间在屏蔽了天然地磁场的前提下，利用线圈产生人工磁场，并用高精度电路控制流经线圈的电流大小，从而产生大小精细可调的磁场，有了人工可控的磁场环境，就可以对弱磁强度测量仪器进行检测和标定实验。零磁空间内还可以开展岩石在变形和破裂过程中释放出的异常电磁信号的实验研究，也曾开展过很多人体磁场和生物磁学实验。

在开展地震监测业务和地震科学研究之余，观象台常年坚持开展科普宣传和培训实习活动，近十多年累计接待来访人员近 8000 人次，新近又入选教育部"全国中小学生研学实践教育基地"，从 2018 年开始将陆续接待中小学生前来研学，研学活动的主题设定为"认识地震，应对地震"。

防灾科技学院学生参观　　　　人大附中学生测试自制的用于参赛的简易地震仪

总之，以鹫峰地震台为起点，经过近 90 年的磨练，北京国家地球观象台早已发展为一个集野外观测和科学研究为一体，对内人才培养和对外科普宣传并重的国家级综合野外科学基地，从 1930 年 9 月 20 日鹫峰地震台记录到第一个地震，1943 年在重庆北碚研制出第一台国产地震仪，经历了战时漂泊 20 年以后回到北京于 1957 年 7 月 1 日在白家疃地震台重新开始地震和地磁观测，到 2000 年底北京地震基准台升级为北京国家地球观象台，一脉相承，勾勒出我国地震科技发展的缩影。如今，中国地震科技的星火已经燎原，全国上万名地震工作者日夜奋战在地震战线，为了国家和人民的防震减灾事业锐意进取、砥砺前行。

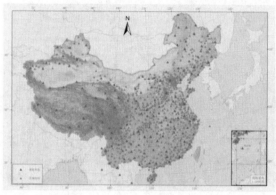
全国地震台站分布图（截至 2005 年）

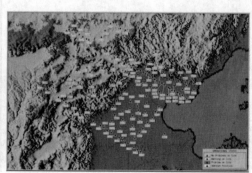
华北地区野外流动台站分布图

云南省州（市）防震减灾科普工作调研[*]

2016 年 5 月 30 日，在全国科技创新大会、中国科学院第十八次院士大会和中国工程院第十三次院士大会、中国科学技术协会第九次全国代表大会上，习近平总书记发表了重要讲话，他指出科技创新、科学普及是实现科技创新的两翼，要把科学普及放在与科技创新同等重要的位置。2016 年 7 月 28 日，在在唐山抗震救灾和新唐山建设 40 年之际，习近平总书记来到河北唐山市，就实施"十三五"规划、促进经济社会发展、加强防灾减灾救灾能力建设进行调研考察。他强调，同自然灾害抗争是人类生存发展的永恒课题。要更加自觉地处理好人和自然的关系，正确处理防灾减灾救灾和经济社会发展的关系，不断从抵御各种自然灾害的实践中总结经验，落实责任、完善体系、整合资源、统筹力量，提高全民防灾抗灾意识，全面提高国家综合防灾减灾救灾能力。

防震减灾作为政府主导的公益性事业，是政府履行公共服务职能的根本出发点和落脚点。防震减灾科普是国家科普工作的重要组成部分。做好地震科普工作，使公众掌握防震减灾知识和技能尤为重要[1]。地震部门作为防震减灾宣传工作的重要主体之一，如何加大防震减灾科普宣传力度，推动宣传工作的创新，适应时代发展要求，在宣传形式和内容上推陈出新，是值得我们深思的[2]。鉴于此，为深入做好防震减灾科普宣传，将宣传工作沉底，做到入脑入心，笔者到云南省大理州、丽江市和迪庆州，就州（市）防震减灾科普宣传工作进行调研，有一些感想，现写下来与大家一起分享。

1 州（市）防震减灾宣传工作现状

（1）局领导重视防震减灾科普宣传，将防震减灾宣传工作纳入年度工作总体计划，在重要时段周密安排、精心组织进行常规的科普宣传。常规宣传经验比较足、但效果不太明显，方式稍显落后，主要宣传方式为利用报刊、电视、广播、网站、手机短信、宣传栏、讲座、演练、发放宣传材料等。

（2）主动积极创新宣传手段，丰富宣传内容。如大理州弥渡县创造性的采用民间传统的花灯形式、将防震减灾宣传内容融入其中，深受当地群众欢迎；丽江市结合旅游区特点，给全区所有酒店客栈发放宣传品，对导游进行避震技能培训，将防震减灾宣传同旅游深度结合；迪庆州利用藏区特点，编印藏文宣传手册，走进寺院进行宣传（下图）。

（3）适应新形势、新要求，主动出击，宣传载体多样化。在建立门户网站进行宣传的同时，积极同所在地宣传部门、电视台、车载电台、报纸等多方协调，主动提供材料，适时宣传。针对新媒体的传播广度，丽江局已建成自己的微信公众号，迪庆州也准备做自己的微信公众号。

* 作者：武晓芳，余丰晏，马玉涛，云南省地震局。

形式多样的防震减灾宣传产品

2　防震减灾宣传工作存在的问题和建议

（1）宣传内容缺乏趣味性和通俗性，较多的宣传资料都是在十项重点工程时期印制的和翻印，内容没有根据各地区不同特色进行区分设计。宣传方式单一，多为常规宣传日发放宣传资料、摆放展板等"摆地摊"形式。

（2）宣传普及率不高，沉底不够，尤其在广大农村地区，缺乏有效方式将防震减灾常识宣传到户到个人。在常规的宣传中，也只是发发资料，请专家做讲座，没有对适用性以及效果的反馈。

（3）宣传材料语言死板，群众接受度不高。科普讲座 PPT 语言不规范，很多从事相关工作的同志，利用自身的工作经验或网络查找的内容总结了一套自己的宣讲内容，没有经过专家论证，口径不统一。

（4）与其他政府部门的横向联系较少，存在地震部门单打独斗的局面，防震减灾宣教工作无法全面、有效开展。

3　积极探索防震减灾科普宣传新方法

防震减灾科普宣传是一项综合性、群众性、实践性很强的活动，在日常宣传中，我们要以坚持维护社会稳定为落脚点，以增强广大人民群众防震减灾法律法规、科普知识、自救互救能力为重点，采取群众喜闻乐见容易接收的形式，深入持久的加强防震减灾宣传工作[3]。

（1）创新宣传内容，结合云南多民族特点，融入各民族的文化传统，创造一批群众喜闻乐见、具有区域特色的宣传产品，统一推广到全省。如，将防震减灾常识编入广场舞曲中，由局老干部舞蹈队排练推广。

（2）建立同联席单位、政府部门的横向合作，联动宣传。如，同教育厅联合发文，在中小学乃至大学生每学期的学习中，嵌入防震减灾科普知识或逃生技能演练；同广电局联动，借农村电影放映工程，嵌入科普宣传短片，增加宣传广度，打通农村宣传工作"最后一公里"；同科协联系，加强学会组织作用，组织一批大学生志愿者利用寒暑假回归故乡的机会开展宣传。

（3）在中小学深入持久开展防震减灾科普宣传。

（4）建立科普宣传培训长效机制，培养一批宣讲团队。在基层干部培训、州市公务员网络学习课件中嵌入防震减灾培训课程。

（5）积极利用新媒体进行宣传。智能手机普及率高，尤其在农村，可通过新媒体手段，推广防震减灾宣传。

（6）加大对州（市）局科普宣传骨干的培养力度，每年规定进行继续教育培训，以请进来、走出去相结合的方式，请老师讲授、到实地参考等形式加强科普宣传人才培养。

参 考 文 献

[1] 黄威，做好防灾减灾科普宣传工作的思考 [J]，自然科学（文摘版），2016，（3）：231。

[2] 郭心，郭毅涛，防震减灾科普宣传新思路新方法的探索研究 [J]，科技信息，2012，（18）：61，63。

[3] 成都市地震局，成都市防震减灾工作中的科普宣传 [J]，西北地震学报，2005，27（4）：380～382。

农村民居　美丽家园[*]
——农村民居地震安全工程介绍

　　农村民居地震安全工程是一项重要的民生工程，也是一项国家防震减灾基础工程。十多年来，在国务院相关部门的协同配合下，经过各级政府和广大农民群众的共同努力，农村民居地震安全工程实施取得了较为显著的社会效益。

　　党的十八大以来，以习近平同志为总书记的党中央从坚持和发展中国特色社会主义全局出发，明确提出了"四个全面"战略布局。在党中央、国务院的高度重视下，各级政府将防震减灾作为事关国计民生的一项重要工作来抓，经过多年的不懈努力，我国的防震减灾综合能力不断增强，全民防震减灾科学素质明显提高，取得了汶川、玉树、芦山等重特大地震灾害抗震救灾和恢复重建的伟大胜利。通过强化抗震设防要求监管和推进农村民居地震安全工程、中小学校安工程等，有效减轻人员伤亡和经济损失，为"四个全面"建设作出了贡献。

　　我国地处环太平洋地震带和欧亚地震带的交汇部位，地震活动频次高、分布广、强度大。20 世纪以来，我国大陆平均每年发生 5 级以上地震 20 次，6 级以上地震 4 次，7 级以上地震每三年发生 2 次。2000 年至今，我国大陆地区已发生 2 次 8 级以上地震，7 次 7 级以上地震和 364 次 5 级以上地震。据统计，造成地震灾害的 5 级以上地震事件中，农村民居抗震能力薄弱，是造成人员伤亡和财产损失的重要原因，成为人员伤亡巨大的"元凶"。

　　为改变我国农村民居不设防的现状，在各地探索实践的基础上，2006 年，国务院在新疆召开了全国农村民居防震保安工作会议，国务院办公厅转发了中国地震局、建设部《关于实施农村民居地震安全工程的意见》，按照政府引导、农民自愿，因地制宜、分类指导，经济实用、抗震安全，统筹安排、协调发展的原则，扎实推进农村民居地震安全工程的试点示范和全面实施工作。2006 年发布的《国家防震减灾规划（2006—2020 年）》中，明确提出到 2020 年我国基本具备综合抗御 6 级左右地震的奋斗目标，全面提升农村地区民居和公共设施的抗震能力，将"逐步实施农村民居地震安全工程"作为实现国家 2020 年防震减灾奋斗目标的八项重点任务之一。要求科学制定农村民居地震安全工程建设规划，积极探索农村民居防震保安管理途径，切实做好农村民居防震保安技术服务，多渠道筹集农村民居防震保安资金，充分发挥典型的示范带动作用。截至 2015 年底，全国已建成地震安全农居 2000 万户，直接受益群众超过 6000 万人。

　　农村民居地震安全工程实施过程中，各级地震部门加强技术支撑，开展工匠培训，强化宣传引导，加强监督指导，提供公共服务，加大农居抗震新技术和节能环保建材的研发应用，为农居建设选址、设计、施工等提供全面便捷的服务。

---

　　* 作者：李巧萍，中国地震灾害防御中心宣传科普部；刘豫翔，马平，中国地震局灾害防御司。

1 落实抗震设防措施，确保农居工程实效

农村民居地震安全工程的实施充分体现了党和政府"以人为本"的执政理念，极大地减轻了地震灾害损失，提升了综合防灾能力，发展了农村经济，繁荣了减灾文化，密切了党群干群关系，取得一举数得之功效。

1.1 提高了农村综合防灾减灾能力

各地把农村民居地震安全工程融入新农村建设，将农村民居地震安全工程与农村危旧房改造、灾后恢复重建、农牧民定居、避让搬迁、棚户区改造、整村扶贫开发等相结合，把抗震设防等防灾措施落实到农居和基础设施建设中，在提高农村抗震能力的同时，也增强了防御台风、洪涝、滑坡等自然灾害的综合能力，有效避免了农民群众因灾致贫、因灾返贫，促进了城乡防灾减灾能力的同步提升。2009年冬，新疆阿勒泰地区连续遭受三次罕见的强降雪侵袭，数千间老旧房屋遭受破坏，而新建地震安全农居完好无损。

近年来，在四川汶川、四川芦山、甘肃岷县漳县、云南景谷、新疆皮山等地震中，农村民居地震安全工程都经受住了强烈地震的检验，最大限度地降低了人员伤亡和财产损失，减轻了抗震救灾和恢复重建成本。逐步改变了农村"小震致灾""大震巨灾"的状况，有效减轻了人员伤亡。自2004年新疆率先实施农居工程以来，全区共发生66次5级以上地震，新建地震安全农居经受了地震检验，实现了5级地震"零伤亡"，6级地震"零死亡"，而此前8年共发生24次5级以上地震，却造成318人死亡、5199人受伤，形成了鲜明对比。

云南地区近年来的6级左右地震虽然造成了一定的人员伤亡，但地震安全农居没有出现倒房伤人事件。汶川8级特大地震中，位于地震烈度八度区的四川省什邡市和甘肃省文县新建的地震安全农居100%完好，而紧邻的普通农居80%损坏；位于地震烈度十度区的四川省绵竹市盐井村，远超当地设防标准，57户地震安全农居虽遭严重破坏，但无一倒塌伤人。农村民居地震安全工程的实施，显著提高了农村民居的抗震性能，极大地减轻了地震灾害损失和对经济社会的影响。

1.2 增强了广大农民群众的防灾减灾意识

各地充分发挥宣传舆论的导向作用，组织开展农民建筑工匠抗震技术培训，培训人数超过640万人次。通过群众喜闻乐见的形式开展宣传教育，推进主动防灾、科学避灾、有效减灾的知识和理念进村入户，受益群众上亿人。农民群众在参与农居工程建设的实践中，防灾减灾意识不断增强。

1.3 增强了农村经济社会发展活力

农村民居地震安全工程的实施，符合党中央关于新农村建设的部署要求，成为了新农村建设的重要组成部分。通过农村民居地震安全工程的政策扶持和示范引导，带动了农民自建住房和农村基础设施建设，改善了居住环境和村容村貌，实现了安居乐业；带动了农村资金的合理投入，拉动了农村内需，消化了水泥、玻璃、钢材等过剩产能，促进了建筑

业、运输业、服务业的快速发展，促进了农村经济的繁荣发展，实现了农民就业增收。如新疆自 2011 年实施安居富民工程建设以来，全区消费钢材 171 万吨，水泥近 1474 万吨，红砖近 306 亿块，间接拉动家用电器、房屋装修消费约 180 亿元，促进农村富余劳动力转移约 115 万人，带动农民增收 52 亿元。

1.4　繁荣了农村防灾减灾文化

农村民居地震安全工程的实施过程，也是防灾减灾文化不断深入农村的过程。各地充分发挥宣传舆论的导向作用，通过群众喜闻乐见的形式，推进主动防灾、科学避灾、有效减灾的先进文化进村入户。农民群众在参与农居工程的实践中，主动性和自觉性不断增强，防灾意识和科学素质明显提升，不仅成为新农村的建设者，而且成为农村文明的先行者和减灾文化的传播者。农居工程的实施，有力促进了农民群众由被动承灾向主动防灾转变。

1.5　密切了党群、干群关系

党和政府集中力量解决了农民住房安全这件事关民生利益的大事要事，实现了广大农民群众梦寐以求的强烈愿望，深受各族农牧民衷心拥护。农居工程实施中，基层党组织和党员干部身体力行、率先垂范，指导帮助农民群众建设地震安全农居，带领广大农民致富奔小康，党群、干群关系进一步密切，基层党组织的凝聚力和战斗力进一步增强。在新疆、云南等地震多发地区，地震安全农居已经成为保护农民群众生命财产安全的"保障房"，农民安居乐业的"放心房"，体现党和政府关怀的"民心房"，住上地震安全农居的广大农民群众，发自内心地唱响"共产党好""人民政府好"。

2　积累经验推陈出新　农居工程大放异彩

各地在实施农村民居地震安全工程中，积累了不少宝贵经验，主要有以下几个方面：

2.1　党和政府的高度重视和支持是重要保障

农村民居地震安全工程开展以来，一直受到党中央和国务院领导同志的高度重视和关心，为工程的顺利开展提供了坚强的保障。国务院也在印发的多个重要文件中，都对农村民居地震安全工程提出了明确的要求。各地党委、政府从经济社会发展和震情、灾情实际出发，印发了一系列关于加强农村民居地震安全工作的文件，落实了组织领导机构、工作责任制和工作措施，细化了工作程序、具体内容和要求，初步形成了政府主导、地震建设部门统筹协调、相关部门参与、市县实施的工作机制。

2.2　农村民居地震安全工程与新农村建设、移民搬迁等国家工程有机结合是有效抓手

农村民居地震安全工程建设是一项复杂的社会系统工程，涉及范围广、工作量大，必须面向社会，充分整合资源，才能有效推进。通过逐步与新农村建设、移民搬迁、农村危旧房改造、灾后恢复重建等国家工程相融合，农村民居地震安全工程已经成为提高农村生活的一部分，而不是一项单一的工作。例如，新疆地区将农居工程和新农村建设进一步融

合，把农村房屋的抗震设防工作纳入"安居富民工程"，不但要把房子盖结实，还重视相关配套设施的建设，不断缩小城乡差距。

2.3　开展农村民居情况普查、摸清家底是坚实基础

山西等许多省份在这方面开展了很好的工作，依据农村民房主要建筑结构类型的发展变化情况，采取抽样调查的方法，对农村房屋类型进行调查、归类、建立数据库，有的地方针对重点监视防御区农村民居抗震性能开展普查工作，有的地方通过发放调查表的方式对农居情况进行了详细调查。这些卓有成效的摸底工作，为制定工程规划、明确工作任务和制定技术方案等打下了坚实的基础。

2.4　突出重点，分类指导，是推进农村民居地震安全工程全面实施的必由之路

各地在实践中，根据农居抗震能力现状和经济发展实际，既对重点地区给予重点扶持，又在全省、区范围内全面推进。在补助标准上，不但区分拆除重建和改造加固，还针对贫困户、特困户、残疾人等不同对象，实现了由局部的重点防御向有重点的全面防御转变，逐步改变农村地区抗震能力薄弱的状况。

2.5　广泛宣传动员，主动做好服务，引导农民群众自觉、自愿参与，是推动农村民居地震安全工程实施的前提

各地在推进农村民居地震安全工程实施过程中，一方面结合地震给人民群众生命财产造成的巨大损失，采取多种形式，深入广泛地宣传防震抗震知识，提高公众的防震减灾意识；另一方面在编制设计和建造图集、开展工匠培训、建设服务网络体系、提供农居建设咨询等方面，免费为农民群众提供技术服务，通过这些措施，有效引导了农民群众参与农居工程建设的自觉性和主动性。

2.6　尊重农民意愿，突出地域特色，是保证农村民居地震安全工程建设持久发展的重要因素

各地在推进农村民居地震安全工程实施中，根据农村民居建设周期和所有权特点，特别注意尊重农民意愿，尊重农民住房习惯，将农居工程规划与长期形成的各具特色的民族习俗、传统文化和建筑风格相结合，使新建抗震农居与多元民族文化和村镇自然景观相融合、相映衬，既实现了防震减灾目的，又做到了传承民族历史文化，受到了农民群众的广泛欢迎。

2.7　强化工程监管，确保建设质量，是农村民居地震安全工程取得减灾实效的有效保障

在实施过程中各地始终把工程建设质量放在第一位。新疆、云南等地建立工程质量管理体系，配备专职人员，分级落实质量责任制，建立工程质量分步分项验收和督查、通报制度，在设计、技术标准、建筑材料、施工、监督和验收等各环节严格把关，正是有了这些切实可行的措施，所建的抗震农居在历次地震中取得了明显的减灾实效。

3　背景资料

3.1　背景链接 1

2004 年初，针对农村民居抗震设防薄弱的现状，18 位中国科学院和中国工程院院士联名向国务院提出实施我国"农村民居地震安全工程"的建议，温家宝总理、回良玉副总理和曾培炎副总理等中央领导作出重要批示，要求中国地震局商发展改革委、建设部等单位予以研究。2004 年 7 月 20 日，国务院召开全国防震减灾工作会议，要求各级政府和有关部门要加强对农村地区，特别是少数民族和经济相对落后地区的防震减灾工作的指导，通过政府给予适当补贴，制定优惠政策，及时启动农村民居地震安全工程，尽快提高农村地区的抗震能力。

3.2　背景链接 2

《国务院关于加强防震减灾工作的通知》（国发【2004】25 号）提出了我国 2020 年基本达到抗御 6 级左右地震的奋斗目标，明确要求地方各级人民政府必须高度重视并尽快改变农村民居基本不设防的状况，提高农民的居住安全水平，普及防震抗震知识，使广大农民把建设安全农居变为维护自身生命安全的自觉行动。

3.3　背景链接 3

各级地震、建设部门要组织专门力量，开发推广科学合理、经济适用、符合当地风俗习惯、符合抗震设防要求、具有不同户型结构的农村民居建设图集和施工技术，加强技术指导和服务；对农村建筑工匠进行培训，提高农居建设施工质量。地震重点监视防御区县级以上地方人民政府，要通过政策引导和扶持，在农民自愿的基础上，组织实施"农村民居地震安全工程"，总结经验，以点带面，提高农村民居抗震能力。

4　案例

实例 1：海南省政府引导，农民自主，海南农居地震安全工程大放异彩

2005 年 5 月，按照中国地震局的部署，海南省正式启动实施了农村民居地震安全工程。首先开展了全省农村民居抗震设防情况调查工作，抽查了 18 个市县的 46 个乡镇，1933 个村民小组。农村民居抗震性能调查摸底表明，全省广大农民的经济水平还比较低，特别是少数民族地区农民住房条件简陋，大多数农村房屋未经正规设计、施工，基本处于不设防状态，房屋抗震能力普遍低下。2007 年 4 月，按照省委、省政府的部署，海南省正式启动实施了农村民居地震安全试点示范工程建设。全省农村民居地震安全工作从一开始的局部试点示范，发展成为纳入全省重点民生项目在全省铺开，取得了突出的成绩。

农村民居地震安全试点示范工作坚持"政府引导、农民自愿、因地制宜、经济适用、协调发展、抗震安全"的原则，广泛发动群众，调动各方面的积极性，建立了组织机构、保障机制和技术服务体系，探索出政府引导、部门协作、农民自治管理的农村民居地震安

全工程模式。截止 2015 年 10 月底，全省共投入试点示范补助资金 1.3 亿元，建成抗震农居试点示范户 1.8 万户，全省 2664 个行政村 95% 以上已建有抗震农居示范户。

短短 10 年的时间，通过试点、示范，海南以扶贫搬迁、移民、征地安置、新建和旧房改造等形式多样，一座座漂亮、实用、抗震为一体的示范区、示范村、示范户初步建成，同时改变了农民群众的住房建设理念和传统，带动了广大农民群众建设抗震农居的积极性。

实例 2：内蒙古乌海农居工程增添亮丽风景线（略）。

实例 3：新疆民居（略）。

防震减灾示范城市创建工作掠影[*]

为贯彻落实党中央国务院关于防震减灾工作的各项部署，进一步推动各级地方政府落实防震减灾主体责任，激发全社会力量共同参与防震减灾工作，中国地震局深入基层加强调研，广泛吸取基层防震减灾先行先试成功经验，不断探索推动基层防震减灾工作发展的有力举措，开展了防震减灾示范城市创建工作，并在实践中取得显著成效。通过示范城市创建工作，更好地调动了基层政府积极履行防震减灾法定职责，为减轻地震灾害风险，提高全社会抵御地震灾害的综合防范能力，保障经济社会可持续发展发挥了积极作用。

1 推进防震减灾示范城市创建的重要意义

城市防震减灾能力建设是保障国家地震安全，最大限度地减轻地震灾害损失的重要基础。国内外地震灾害表明，高度集中的城市人口与财富，相互依存的基础设施与生命线工程，庞大的生活资料保障供给与环境安全需求，会使潜在的地震风险随着城市发展而增大。在遭遇破坏性地震特别是城市直下型地震时，极易造成唐山、汶川大地震那样的巨大复合型地震灾害，严重制约和影响城市可持续发展。

我国大陆 58% 以上的国土面积、25 个省会城市位于地震基本烈度七度以上的高烈度地区。在推进我国城市化进程中，党中央 国务院高度重视城市防震减灾综合能力建设，《防震减灾法》《国家防震减灾规划》《中共中央 国务院关于推进防灾减灾救灾体制机制改革的意见》和国务院关于加强防震减灾工作的一系列文件，都对城市防震减灾综合能力建设进行了部署。

当前，我国大城市、城市群和中小城市建设与发展迅猛，各级党委政府坚持城市建设与防震减灾一起抓，积极推进防震减灾示范城市、示范社区试点建设，探索城市规划建设与防震减灾综合能力同步提升的发展模式，取得了好的试点经验和明显成效。在汶川、芦山、岷县漳县、乌鲁木齐等地震中，抗震设防能力较高的城市，经受住了破坏性地震考验，有效减轻了地震灾害损失。但我国不同城市的防震减灾事业发展不平衡，中小城市特别是一些位于强震多发区的城市，防震减灾综合能力建设尚不能满足人民对包括地震安全在内的美好生活需要。党的十九大报告提出，要树立安全发展理念，弘扬生命至上、安全第一的思想，健全公共安全体系，提升防灾减灾救灾能力。进一步做好城市防震减灾工作，对于防范城市地震风险，保障城市经济社会持续发展具有重要意义。

相关行业主管部门将示范创建作为推动城市建设发展的重要抓手，在明确工作导向、总结推广经验和引领带动等方面发挥了积极作用。目前，各类城市示范创建工作已覆盖经济、社会、文化、生态文明和防灾减灾救灾等领域，得到了各级党委、政府的认同，也获

---

* 作者：王英，李巧萍，中国地震灾害防御中心；刘小群，马干，中国地震局震害防御司。

得了人民群众的支持，取得的经验值得在防震减灾工作中借鉴与推广。在政策标准上，各相关行业管理部门依据党中央、国务院决策部署和相关法律法规要求，出台了相关管理办法和示范创建标准，把示范创建工作纳入科学化、规范化、制度化轨道，适时进行跟踪管理和动态调整。通过示范创建工作，有效推进了属地管理责任和政府主体责任落实。在组织实施上，大体上分为两类：第一类是由部委直接管理和命名。比如，住建部推进国家园林城市创建，国家旅游局推进中国优秀旅游城市创建，中国科协推进全国科普示范县（市、区）创建，等等。第二类是由相关议事协调机构负责管理和命名，比如中央文明委推进全国文明城市创建、国务院食安办推进国家食品安全示范城市创建、全国爱卫办推进国家卫生城市创建，等等。在激励机制上，各相关行业对于获得命名的城市及单位，给予一定的激励措施。比如，中央财政对海绵城市建设试点给予三年期专项资金补助，直辖市每年6亿元，省会城市每年5亿元，其他城市每年4亿元。质检总局对示范城市提出的标准示范项目给予倾斜支持，并根据实际需要吸收为国家标准起草参与单位等。各省民政部门以奖代补形式，对综合减灾示范社区给予 10－40 万元的专项资金补助。

2 工作概况

汶川地震后，中国地震局积极贯彻落实国务院防震减灾工作联席会议精神，提出了有重点的全面防御的理念，在深入调研、统筹谋划的基础上，探索启动了地震安全示范社区、示范学校等创建工作，印发了一系列规范性文件，并取得了很好的效果。

在示范社区、示范学校等创建工作的基础上，四川、广东、山东、天津、陕西等省份主动作为、大胆创新，结合各地实际，率先开始了创建防震减灾示范县和示范城市的探索。中国地震局适时总结这些基层示范县、示范城市创建经验，把它上升为国家行为。2013 年中国地震局相继印发了《加强基层防震减灾示范工作的通知》《加强城市防震减灾能力建设的指导意见》，对防震减灾示范县、示范城市工作提出了明确要求。与示范社区、示范学校相比，防震减灾示范县和示范城市创建工作，内容更全面，市、县政府主导的成分更重，工作更复杂，包括防震减灾工作的方方面面，城市建筑物抗震设防要求作为示范创建的重要指标，示范创建中，新建、改建、扩建工程必须全部达到抗震设防要求，老旧建筑、危旧房、棚户区也要按计划规划，分期分批进行抗震改造。

截至目前，中国地震局已经认定了深圳、唐山、阳江、济南 4 个城市为国家防震减灾示范城市，四川省崇州市等 19 个国家防震减灾示范县，山东、陕西、河南、广东、江苏、四川、甘肃等省认定了一批省级防震减灾示范县。全国 15 个中心城市在示范城市创建中一直走在前列，除深圳、济南已经完成国家防震减灾示范城市认定外，大连、长春、广州、西安、成都、青岛等中心城市也在积极创建中。

3 工作成效

3.1 强化了地方政府防震减灾主体责任

各级政府通过示范城市创建进一步强化防震减灾主体责任，近 20 个省（自治区、直辖市）将防震减灾示范创建纳入地方法规，进一步推进示范创建工作法制化。政府把防震减灾工作列入重要议事日程，同步谋划、同步安排、同步实施，将"四个纳入"（防震减灾工作纳入当地经济社会发展规划、纳入财政预算、纳入目标考核，以及将抗震设防要求纳入基本建设管理程序）列为最基本的考核指标，有力推动防震减灾措施全面落实，防震减灾示范创建工作，从申报到创建的每一个过程，党委领导高度重视，亲自抓亲自管，做到了"主动过问，有求必应"，不仅各项工作有保障，还从荣誉上给予防震减灾部门高规格的表扬，防震减灾工作氛围得到根本扭转。

3.2　提升了城市防震减灾综合能力

加强城市防震减灾能力建设，是最大限度地减轻地震灾害风险的重要方面。城市示范创建工作涉及到地震监测、震灾预防、应急救援、灾情速报、科普宣传等方方面面。通过示范创建，有序开展地震灾害风险排查，全面推进风险点、危险源排查、评估与治理，逐步消除城市防震减灾的薄弱环节，新建、改建、扩建工程全部达到抗震设防要求，老旧建筑、危旧房、棚户区按计划规划，分期分批进行抗震改造，地震风险区划、活动断层探测等基础性工作得到普遍开展，抗震设防能力得到显著提升，防震减灾知识普及率得到明显提高，地震应急救援体系得到逐步健全，市场和社会力量参与防震减灾活动机制得到不断完善，城市防震减灾工作步入科学化、规范化、制度化轨道，防震减灾成果不断转化为惠及广大公众的具体措施，切实提升了城市地震监测、工程抗震、非工程减灾、应急救援、社会防灾等城市地震灾害综合防范能力。

3.3　开辟了综合减灾的工作新格局

防震减灾示范城市创建工作，内容上全面反映了市县防震减灾法定职责与工作要求，组织形成上以政府分管领导为创建领导小组组长、相关部门为成员单位的工作机制，有力地调动了地方政府和相关部门的积极性，推动了防震减灾措施的全面落实，促进了齐抓共管局面的形成。各地在创建过程中，依靠各自的优势和特色，结合实际，各显其能，创新机制，为示范创建工作积累了丰富的经验。各地通过示范创建，激发探索切合当地实际的新方法、新路子，解决了防震减灾事业发展中遇到的新问题，充分发挥了示范创建带动和引领作用。如成都市通过工程型减灾、科技型减灾和应急型减灾的"三型减灾"以及实施"十大工程"，提升城市防震减灾能力；长春市通过实施"一体两翼""双轮驱动""四化融合"实现防震减灾事业飞速发展；天水市碧桂园社区商住楼全部采用消能减震技术，保障了房屋的抗震安全，等等。

3.4　找到了推动市县工作的新抓手

防震减灾示范城市创建工作，考核的是市县政府，检查的是防震减灾各相关部门法定职责落实，极大地拓展了市县政府主导防震减灾工作的范围，进一步把防震减灾工作融入当地经济社会发展的各个环节，真正实现了在党委政府领导下，各部门密切协作，全社会积极参与的发展模式，经验弥足珍贵，值得大力推广，已经成为现有体制和新形势下推动基层防震减灾工作的有效抓手和载体。

3.5　丰富了防震减灾工作内涵

在创建防震减灾示范城市、示范县等过程中，通过重新梳理法定职责，全面推进了各项防震减灾工作，建立量化和定性的指标体系，并逐条落实、对标达标，防震减灾综合能力得到全面提升。部分市县还根据自身工作特点，加入了特定的防震减灾文化元素和减隔震技术应用等，进一步丰富了防震减灾工作的内涵，有效推动了示范创建工作的规范化建设。

3.6 更加贴近了群众生活

防震减灾示范城市创建过程中，广泛动员和依靠家庭、社区、企业等基层社会单元，以及街道、县、市等基层政府，有效调动了各级政府及职能部门的积极性和社区、家庭、个人等全社会参与防震减灾的热情，以示范创建为契机，排查整治社区、企业等存在的地震安全隐患，打造平安和谐的地震安全家园。防震减灾示范创建扎根于群众，服务于群众，更加注重群众地震安全需求，使防震减灾更加深入人心、贴近生活。